普通高等教育实践实训类系列教材

数控系统综合实践

曹锦江　编

机 械 工 业 出 版 社

本书以提高学生数控机床电气安装调试综合知识应用能力为出发点，选取在国内具有代表性的两类数控系统——广数数控系统和FANUC数控系统，从电气控制系统综合设计、电气安装施工、电气硬件电路调试、电气接口调试、进给伺服电动机电气调试、主轴电动机电气调试、电动刀架电气调试以及机床螺纹加工等方面来编写，内容以项目化方式编排并通过实验平台验证实践成果。在实践项目部分还增加了相应的理论知识，使理论与实践相结合，提升学习效果。

本书可作为高等院校电气工程及其自动化、数控技术、自动化、机电一体化技术等专业及相关专业的数控机床电气控制实践环节教材或理论教学参考书，也可作为相关工程技术人员的参考资料，还可作为高素质数控系统电气应用开发人才的培训教材。

图书在版编目（CIP）数据

数控系统综合实践/曹锦江编．—北京：机械工业出版社，2021.5（2023.6重印）

普通高等教育实践实训类系列教材

ISBN 978-7-111-67933-2

Ⅰ.①数…　Ⅱ.①曹…　Ⅲ.①数控机床-数字控制系统-高等学校-教材　Ⅳ.①TG659

中国版本图书馆CIP数据核字（2021）第058758号

机械工业出版社（北京市百万庄大街22号　邮政编码100037）
策划编辑：路乙达　责任编辑：路乙达　陈文龙
责任校对：梁　静　封面设计：张　静
责任印制：邓　博
北京盛通商印快线网络科技有限公司印刷
2023年6月第1版第2次印刷
184mm×260mm · 14.5印张 · 357千字
标准书号：ISBN 978-7-111-67933-2
定价：45.00元

电话服务　　　　　　　　　网络服务
客服电话：010-88361066　机　工　官　网：www.cmpbook.com
　　　　　010-88379833　机　工　官　博：weibo.com/cmp1952
　　　　　010-68326294　金　　书　　网：www.golden-book.com
封底无防伪标均为盗版　　机工教育服务网：www.cmpedu.com

前 言

“数控机床电气安装调试实习”是南京工程学院自动化（数控技术）等专业的重要实践课程。本书是在“数控机床电气安装调试实习”课程实习指导书基础上优化编写而成的实训教材。原实习指导书经过多年实践教学使用，基本能满足应用型本科自动化（数控技术）等专业教学大纲的要求。本书优化了实践内容，把相对复杂的基于广数数控系统的实践项目分解为八个项目，从电气控制系统综合设计、电气安装施工、电气硬件电路调试、电气接口调试、进给伺服电动机电气调试、主轴电动机电气调试、电动刀架电气调试以及机床螺纹加工等方面进行了项目化编排；而基于 FANUC 数控系统的实践项目分解为七个项目，包括硬件综合连接、电气接口设计、参数功能调试、PMC 编程与开发、进给电动机调试、主轴电动机调试、电动刀架调试，每个项目之间既相互关联，又相对独立，满足了不同层次的教学需要。

本书特点如下：

(1) 数控系统选型具有代表性，有利于举一反三

本书选用两类数控系统，一类是广州数控设备有限公司推出的技术比较成熟的 GSK980TDc 系统，该系统在国产数控系统中很有代表性；另一类是日本发那科（FANUC）数控系统 0i C/D/F 系统，其在国内占有相当大的市场份额。对两类典型数控系统的学习有利于读者实际应用中的举一反三。

(2) 项目化方式编排，有利于安排教学计划

将基于广数数控系统的实践项目分解成八个项目，而将基于 FANUC 数控系统的实践项目分解为七个项目，指导教师可以结合各自学校具体情况灵活安排教学计划。

(3) 理论与实践一体化项目编排，有利于加深对实践知识的理解

在本书部分项目中，根据实践内容需要，补充了够用的基本原理和知识素材，有利于读者加深对实践项目任务需求的理解，从而加强对实践知识的融会贯通，提高了实践动手能力。

本书在编写过程中，得到了学校相关部门的大力支持。在编写阶段，本人所指导的学生提供了修改建议；在定稿阶段，高世平和赵建峰老师做了部分实验验证工作，在此特别表示感谢。

本书在编写过程中，除参考了广州数控设备有限公司以及北京发那科机电有限公司提供的技术资料，还参考了其他大量技术资料以及网络资料，在此一并表示感谢！

由于编者水平有限，书中难免有错误和不妥之处，恳请读者批评指正。

编　者

目 录

前言

上篇 典型数控系统机床电气控制综合实践

第1章 数控机床电气控制综合实验装置简介 …… 2
1.1 实验装置概述 …… 2
1.2 数控系统接口 …… 16
1.3 实验装置的组成模块 …… 26
第2章 基于广数数控系统的实践项目 …… 44
2.1 项目1 数控机床电气控制系统综合设计实践 …… 44
2.2 项目2 数控机床电气安装施工实践 …… 46
2.3 项目3 数控机床电气硬件电路调试实践 …… 50
2.4 项目4 数控系统输入输出电气接口调试实践 …… 52
2.5 项目5 数控系统控制进给伺服电动机电气调试实践 …… 55
2.6 项目6 数控系统控制主轴电动机电气调试实践 …… 80
2.7 项目7 数控系统控制电动刀架电气调试实践 …… 96
2.8 项目8 数控系统控制机床螺纹加工实践 …… 105

下篇 FANUC 数控系统综合实践

第3章 FANUC 数控系统综合实验装置 …… 110
3.1 实验装置简介 …… 110
3.2 实验装置的电气组成 …… 111
第4章 基于 FANUC 数控系统的实践项目 …… 115
4.1 项目1 FANUC 数控系统硬件综合连接实践 …… 115
4.2 项目2 FANUC 数控系统电气接口设计实践 …… 133
4.3 项目3 FANUC 数控系统参数功能调试实践 …… 148
4.4 项目4 FANUC 数控系统 PMC 编程与开发实践 …… 162
4.5 项目5 FANUC 数控系统控制进给电动机调试实践 …… 203
4.6 项目6 FANUC 数控系统控制主轴电动机调试实践 …… 208
4.7 项目7 FANUC 数控系统控制电动刀架调试实践 …… 216
附录 …… 220
附录A PMC SA1/SB7 版本操作菜单 …… 220
附录B PMC 的 0i D PMC/L 版本操作菜单及界面 …… 221
附录C FANUC LADDERⅢ编程软件的操作步骤 …… 222
参考文献 …… 228

上　篇

典型数控系统机床电气控制综合实践

第1章 数控机床电气控制综合实验装置简介

数控机床电气控制系统实验装置（简称实验装置）是选用国内使用较多的广州数控设备有限公司（简称广数公司）生产的数控系统作为控制核心，再结合数控机床特点，设计而成的电气控制系统实验装置，主要用于教学、技术培训以及科研测试。

1.1 实验装置概述

1.1.1 数控技术基本知识

1. 数控机床的组成

数控机床一般由输入输出设备、计算机数控装置（Computer Numerical Controler，CNC，又称数控系统）、伺服单元、驱动装置、电气控制装置、辅助装置、机床本体及测量反馈装置等组成，如图1-1所示。

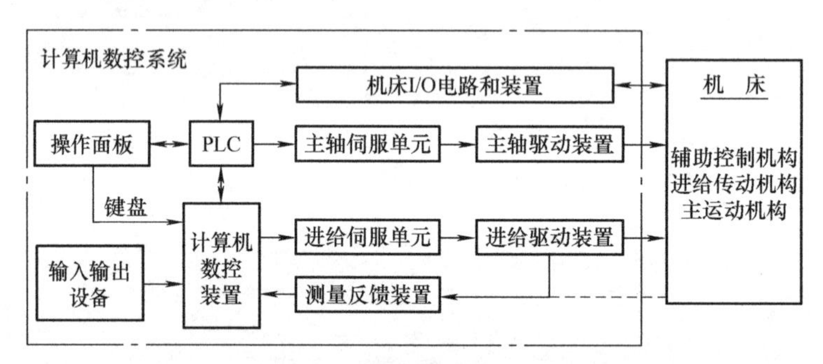

图1-1 数控机床的组成

目前，数控系统已经把操作面板、输入输出设备（通信接口、显示、按键等）集成在一起，图1-2所示为广数公司生产的数控系统GSK980TDc。

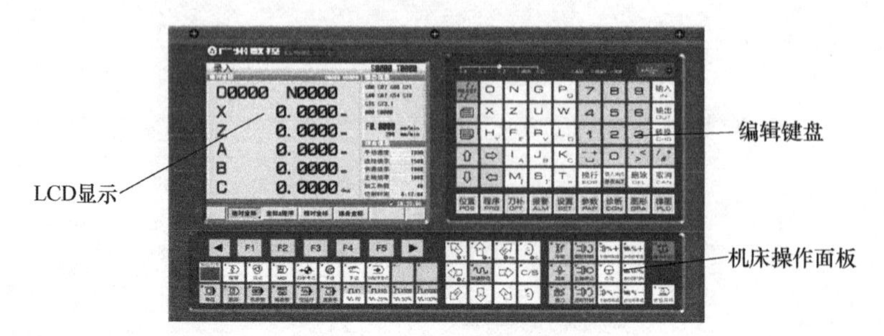

图1-2 广数GSK980TDc

常见的数控机床结构示意如图 1-3 所示，数控机床主要由主轴结构部分、X 轴和 Z 轴进给结构部分、换刀机构等组成，进给伺服电动机与滚珠丝杆也可采用直连方式，而不用减速机构。数控机床电气控制组成框图如图 1-4 所示。

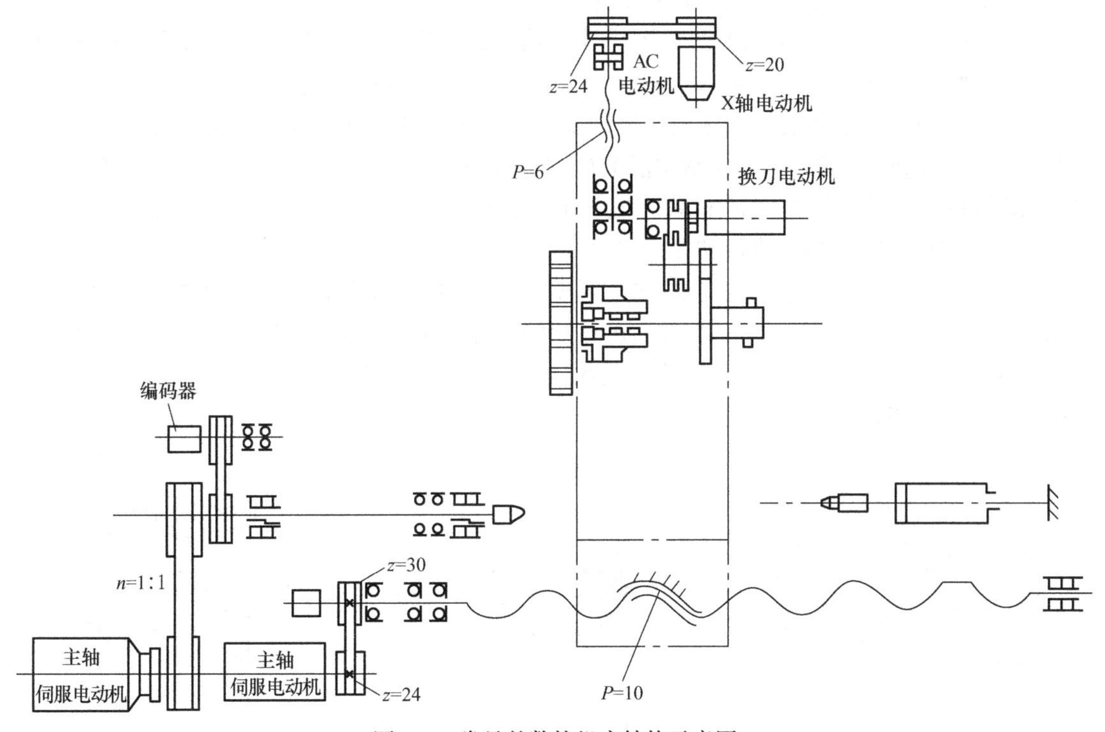

图 1-3　常见的数控机床结构示意图

从图 1-4 可以看出，数控机床电气控制系统主要由主轴调速（变频器）及电动机、X 和 Z 轴进给驱动器及电动机、冷却控制电路、刀架正反转控制电路以及其他信号控制电路组成。

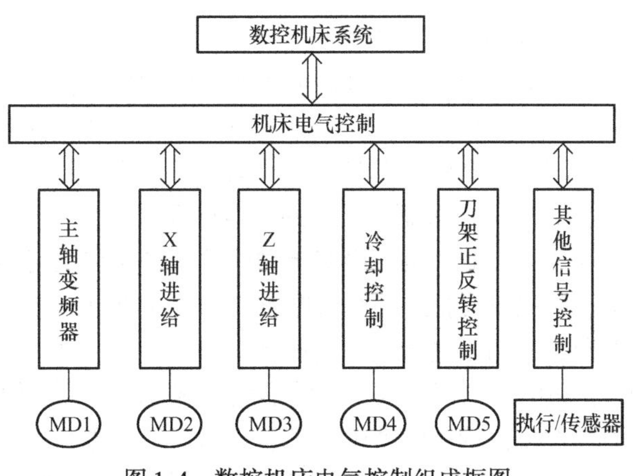

图 1-4　数控机床电气控制组成框图

2. 机床数控系统

数控机床是由机床数控系统及机械、电气控制、液压、气动、润滑、冷却等子系统（部件）构成的机电一体化产品，机床数控系统是数控机床的控制核心。机床数控系统由控制装置、伺服（或步进）电动机驱动单元、伺服（或步进）电动机等构成。

数控机床的工作原理：根据加工工艺要求编写加工程序（以下简称程序）并输入 CNC，CNC 按程序向伺服（或步进）电动机驱动单元发出运动控制代码，伺服（或步进）电动机通过机械传动机构完成机床的进给运动；程序中的主轴起停、刀具选择、冷却、润滑等逻辑控制代码由 CNC 传送给机床电气控制系统，由机床电气控制系统完成按钮、开关、指示灯、继电器、接触器等输入输出器件的控制。目前，机床电气控制通常采用可编程序逻辑控制器（Programable Logic Controler，PLC）完成，PLC 具有体积小、应用方便、可靠性高等优点。由此可见，运动控制和逻辑控制是数控机床的主要控制任务。

GSK980TDc 同时具备运动控制和逻辑控制功能，可完成数控机床的二轴运动控制，还具有内置 PLC。根据机床的输入、输出控制要求编写 PLC 程序（梯形图）并下载到 GSK980TDc，就能实现所需的机床电气控制要求，方便了机床电气设计，也降低了数控机床的制造成本。实现 GSK980TDc 控制功能的软件分为系统软件（以下简称 NC）和 PLC 软件（以下简称 PLC）两个模块，NC 模块完成显示、通信、编辑、译码、插补、加减速等控制，PLC 模块完成梯形图解释、执行和输入输出处理。

GSK980TDc 出厂时已装载了标准 PLC 程序，涉及 PLC 控制功能的说明将按标准 PLC 程序的控制逻辑描述，说明书中以“标准 PLC 功能”来标识。机床制造厂可以修改或重新编写 PLC 程序，因此，最终 PLC 控制的功能和操作请参照机床制造厂的使用说明书。广数系统机床电气部件组成示意图如图 1-5 所示。

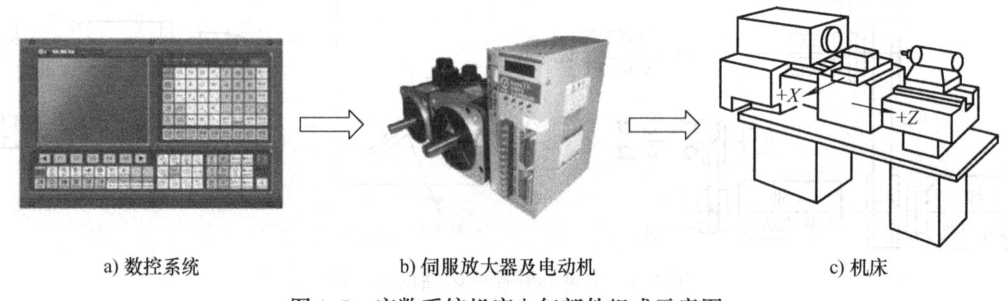

a) 数控系统　　b) 伺服放大器及电动机　　c) 机床

图 1-5　广数系统机床电气部件组成示意图

3. 进给驱动器及电动机

进给驱动器是驱动进给电动机的放大部件，驱动器根据控制的电动机不同，控制原理也不同。在数控机床中，进给轴的驱动执行部件有直流伺服电动机、步进电动机和交流伺服电动机，该驱动器能实现对相应电动机的位置控制、速度控制以及转矩控制等。

（1）交流伺服驱动装置的基本原理

交流伺服驱动装置由交流伺服驱动单元和交流伺服电动机（三相永磁同步伺服电动机）组成。伺服单元把三相交流电整流为直流电（即 AC→DC），再通过控制功率开关管的开通和关断，在伺服电动机的三相定子绕组中产生相位互差 120° 的近似正弦波电流（即 DC→AC），该电流在伺服电动机中形成旋转磁场，又因伺服电动机的转子采用强抗退磁的稀土永磁材料制成，伺服电动机转子的磁场与旋转磁场相互作用产生电磁转矩，驱动伺服电动机转子旋转。流过伺服电动机绕组的电流频率越高，伺服电动机的转速越快；流过伺服电动机绕组的电流幅值越大，伺服电动机输出的转矩（转矩 = 力 × 力臂长度）越大。主回路框图如图 1-6 所示，图中 PG 为光电编码器（脉冲发生器的一种）。

（2）交流伺服驱动装置的基本结构

交流伺服驱动装置接收数控系统等控制单元（也称上位机）的速度（或位置）指令，控制伺服电动机绕组电流的频率和大小，使伺服电动机转子的转速（或转角）接近速度

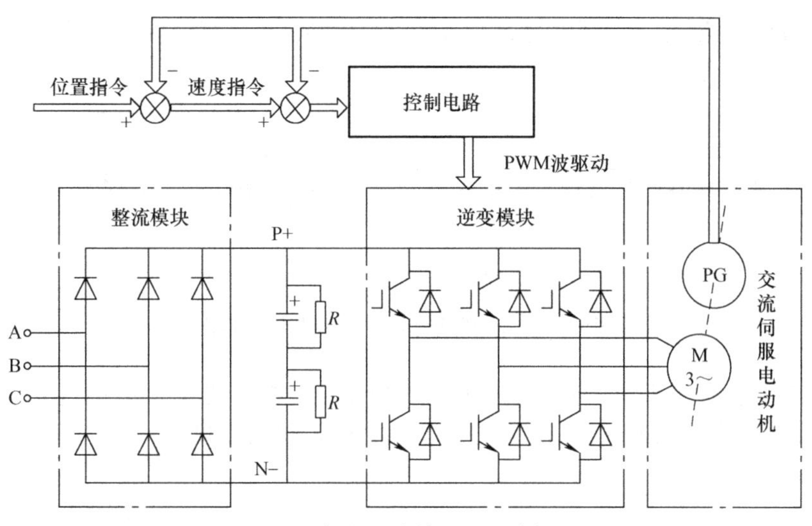

图1-6　伺服驱动单元主回路框图

（或位置）指令值，并通过编码器的反馈信号来获得伺服电动机转子转速（或转角）实际值与指令值的偏差，交流伺服驱动装置不断调整伺服电动机绕组电流的频率和大小，使得伺服电动机转子转速（或转角）实际值与指令值的偏差控制在要求的范围内。交流伺服驱动装置的基本结构如图1-7所示。

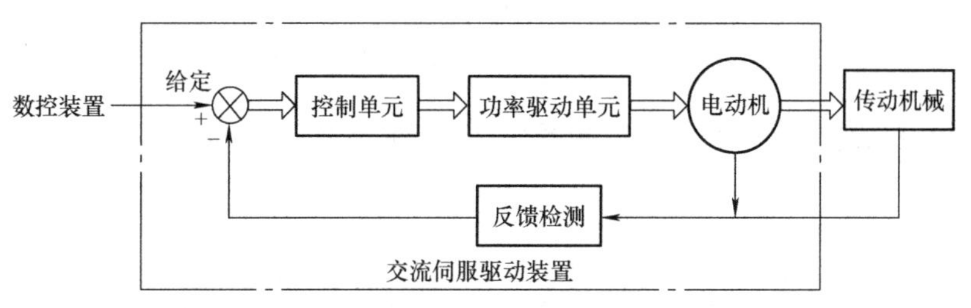

图1-7　交流伺服驱动装置的基本结构

（3）进给驱动控制的四种控制方式

1）开环进给驱动系统。开环进给驱动系统结构示意图如图1-8所示。

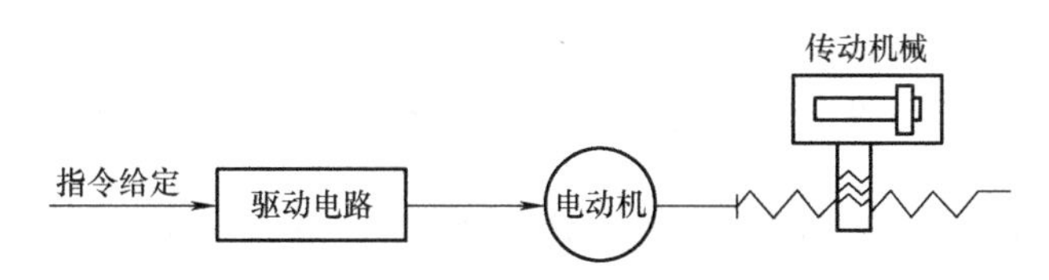

图1-8　开环进给驱动系统结构示意图

系统由数控系统输出控制信号，经驱动电路放大后驱动步进电动机，此处的电动机常为步进电动机。

2）半闭环进给驱动系统。半闭环进给驱动系统结构示意图如图1-9所示。

系统由数控系统输出控制信号，经驱动电路放大后，驱动伺服电动机，由伺服电动机尾部的PG（Pulse Generator，脉冲发生器）进行速度检测并反馈给放大器，进行位置检测并反馈给 CNC 进行位置控制。PG 既进行速度信号反馈检测，也进行位置信号反馈检测。

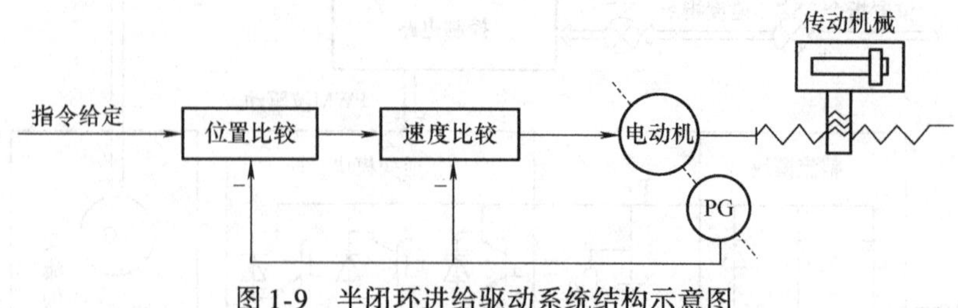

图 1-9　半闭环进给驱动系统结构示意图

3）全闭环进给驱动系统控制。全闭环进给驱动系统控制结构示意图如图 1-10 所示，速度反馈来至伺服电动机的检测，而位置反馈来自直线位移的检测。

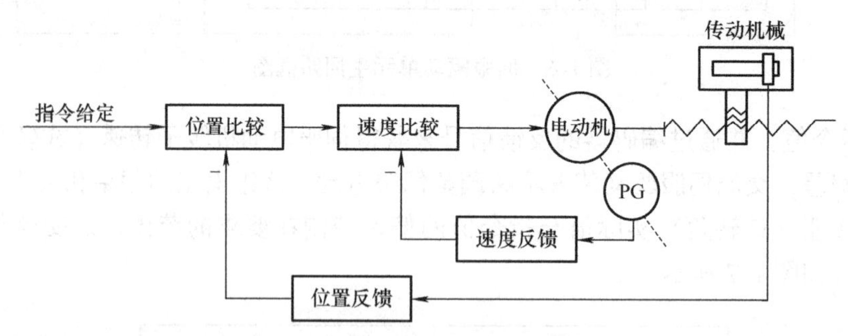

图 1-10　全闭环进给驱动系统控制结构示意图

4）三环控制系统。经典的三环控制系统结构示意图如图 1-11 所示。

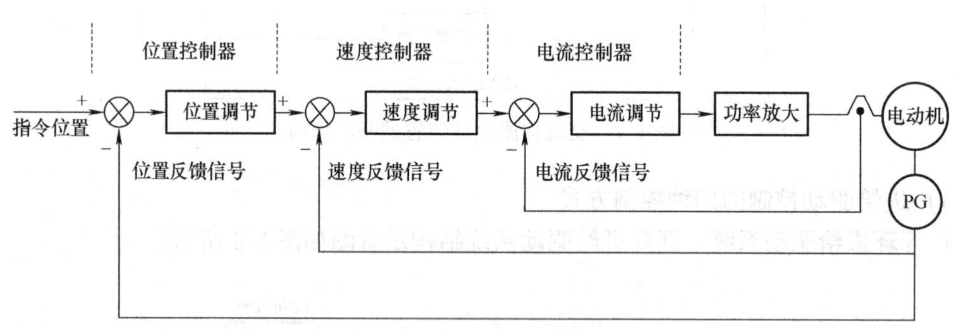

图 1-11　经典的三环控制系统结构示意图

经典三环控制系统中的三环是指：位置环、速度环、电流（转矩）环。图 1-11 中，PG 是光电编码器，由光电编码器进行速度环和位置环反馈。电流环由放大器内部检测电动机绕组电流并进行检测反馈。

在新型国产数控系统中，数控系统输出脉冲信号至进给驱动器，由驱动器实现三环（位置环、速度环、电流环）控制，而不是把位置数据直接反馈给数控系统。

在下篇中介绍的 FANUC 数控系统中，三环的控制关系如图 1-12 所示。

图 1-12 中，FANUC 数控系统输出的位置数据和速度数据通过数控系统的发那科串行伺服总线（FANUC Serial Servo Bus，FSSB）与伺服放大器连接进行串行通信。位置和速度检测由

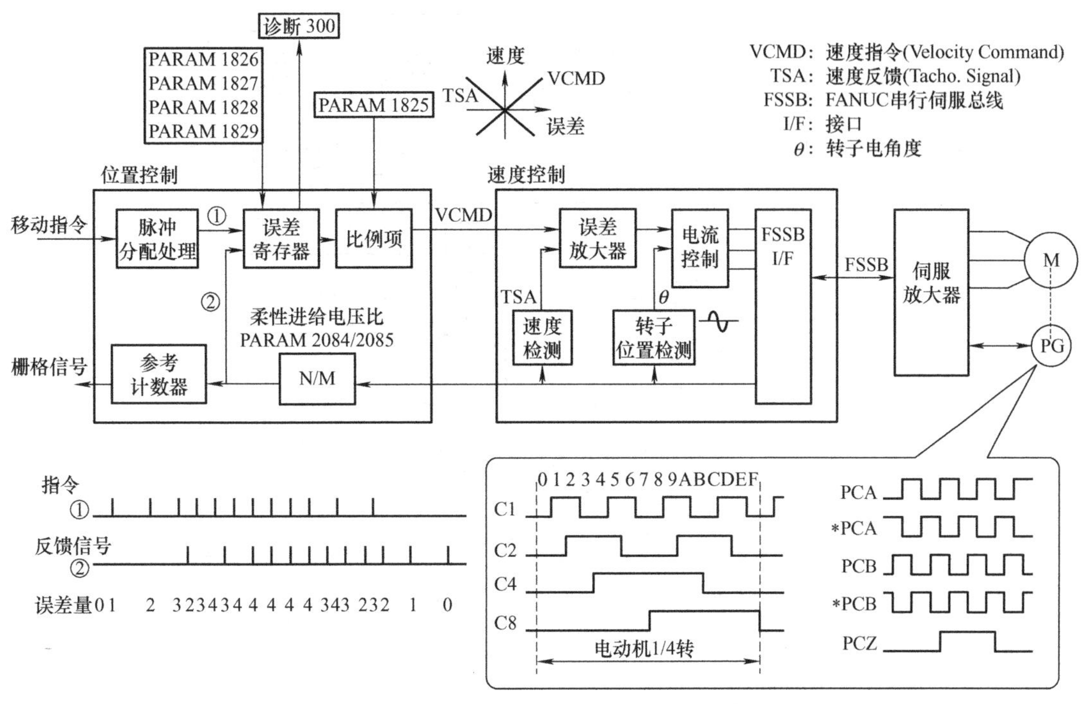

图 1-12 FANUC 数控系统三环的控制关系

伺服电动机的光电编码器反馈到伺服放大器，再通过光纤电缆与数控系统实现串行通信。

4. 主轴调速及电动机

由于数控机床加工工艺需要，主轴一般需要调速，特别需要主轴调速运行的平滑性，一般希望主轴可无级调速。从经济实用角度来讲，一般选用变频器来实现主轴的无级调速，即变频器调速。变频器调速是通过改变输入电源到输出电动机的运行频率，从而达到对电动机的调速目的。变频器工作原理如图 1-13 所示。

从图 1-13 可以看出，三相电源输入变频器后，通过整流电路转换成直流，再根据控制信号，通过逆变电路转换成交流（交-直-交）。

控制方式主要有三种，一种开关量方式，另一种模拟量方式，还有一种是总线方式。开关量主要控制三相异步电动机的起动、停止、正转、反转、故障复位、速度换档等动作。模拟量主要控制三相异步电动机的速度或电动机的正反转，具体使用需参考各种变频器的使用说明书。总线方式控制取决于产品规格。

在变频器主电源输入规格中，常见的主电源输入规格有 3 ~ 380V、1 ~ 220V 和 3 ~ 220V 等，也有中高压变频器，数控设备中常用低压变频器，即 380V 电压以下变频器。

变频器接收的模拟控制信号常见规格有 0 ~ 10V、0 ~ ±10V、0 ~ 5V、4 ~ 20mA。总线方式常用总线有以太网、CAN 总线、PROFIBUS、CCLINK 总线等。

CNC 输出控制主轴调速的模拟电压常见规格有 0 ~ 10V 或 0 ~ ±10V，输出电压范围还可以通过数控系统参数进行调整。

数控机床主轴用变频器控制的三相异步电动机通常都是在工频（50Hz）以下工作，若需在工频以上工作，需选适配的变频电动机。

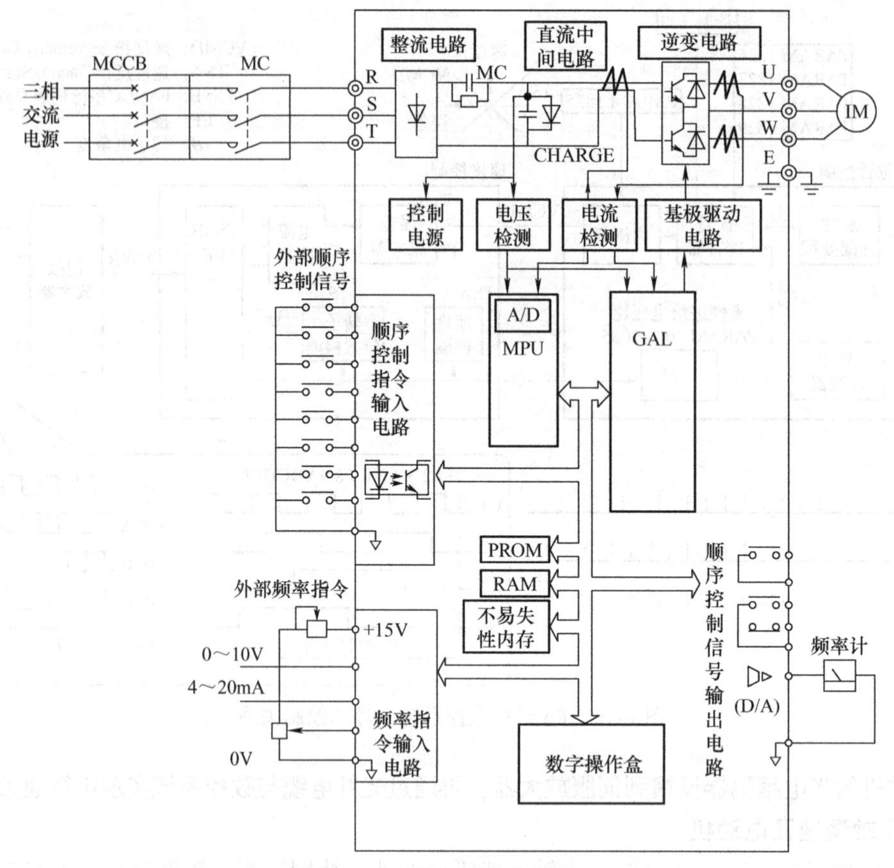

图 1-13　变频器工作原理

1.1.2　实验装置简述

1. 实验装置的基本功能

实验装置是用于培养学生掌握数控机床的加工编程方法、数控机床电气设计、安装、调试、维修等实际动手能力的一套实用实习实验装置。实习实验装置模块化设计，便于组合和扩展，也便于检查和调试，利用装置可以掌握数控机床的电气组成、控制原理及电气设计方法，元器件的选择原则，数控机床电气布局、安装及电气调试等方法。此外，还能够模拟工业生产过程，达到工业生产现场实践效果。

学生不仅可按照推荐的方式进行设计、安装与调试，也可根据各自对课程设置的要求，自行设计、组合安装与调试，这可以更好地培养学生的动手能力和分析能力。该装置也可帮助科研技术人员进一步了解数控机床电气组成架构，并为数控机床电气系统的二次开发提供了实践平台。

2. 实验装置主要配置

数控系统选用的由广数公司生产的 GS980TDc，伺服驱动器选用广数公司生产的 GS2000T，伺服电动机选用 GSK SJT 系列交流伺服电动机，主轴调速变频器选用三菱 D700 变频器，电动换刀刀架选用四工位刀架体。

1.1.3 实验装置的组成部件

1. 数控系统

广数 GSK980TDc 是基于 GSK980TDb 升级软硬件推出的新产品，具有横式和竖式两种结构，采用8.4in㊀彩色 LCD，可控制5个进给轴、2个模拟主轴，最小指令单位为0.1μm。该产品采用图形化界面设计，对话框式操作，人机界面更为友好。PLC 梯形图在线显示、实时监控，具有手摇脉冲发生器（简称手脉、手轮）㊁试切功能。实物如图1-14所示。

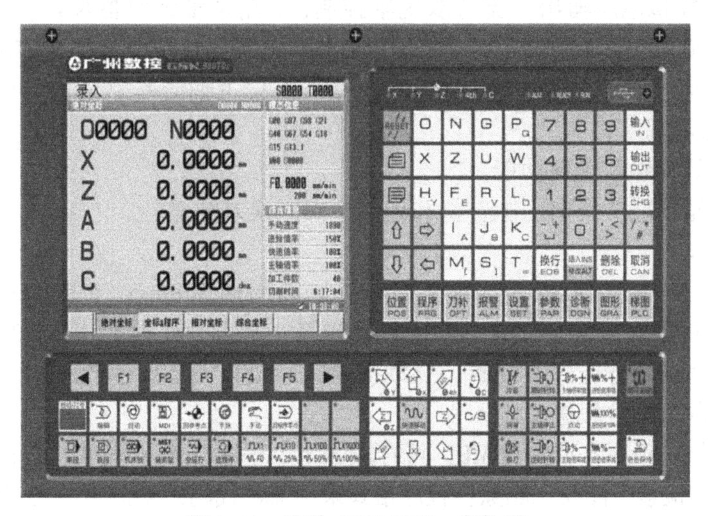

图1-14 广数 GSK980TDc 实物图

主要性能指标如下：

1）X 轴、Z 轴、Y 轴、4 th 轴、5 th 轴五轴控制，Y 轴、4 th 轴、5 th 轴的轴名、轴型可定义，联动轴数为3轴；PLC 控制轴数为5轴。

2）控制精度1μm、0.1μm 可选。

3）最高速度为60m/min（0.1μm 时最高速度为24m/min）。

4）适配伺服主轴可实现主轴连续定位、刚性攻丝及刚性螺纹加工。

5）支持语句式宏代码编程及带参数的宏程序调用。

6）支持公制（米制）/英制编程，具有自动对刀、自动倒角及刀具寿命管理功能。

7）支持中文、英文、西班牙文及俄文显示，由参数选择。

8）具备 USB（Universal Serial Bus，通用串行总线）接口，支持 U 盘文件操作、系统配置和软件升级。

9）1路手轮输入，支持手持单元。

10）进给轴功能有：

最小输入和指令增量为0.001mm(0.0001in）和0.0001mm(0.00001in)，可选最大行程

㊀ 非法定计量单位，1in=0.0254m。

㊁ 专业术语中，手轮、手脉、手摇、手摇脉冲发生器都为同一实物，广数数控系统中常用手轮。

为±99999999×最小指令增量。

11）快速倍率：F0、25%、50%、100%共四级实时修调。

12）进给倍率：0~150%共十六级实时修调。

13）插补方式：直线插补、圆弧插补、螺纹插补、椭圆插补、抛物线插补、极坐标插补、圆柱插补和刚性攻丝。

14）自动倒角功能、螺纹功能和加减速功能。

15）主轴功能有：

2路0~10V模拟电压输出，支持双主轴控制；1路主轴编码器反馈，主轴编码器线数可设定（100~5000p/r）；编码器与主轴的传动比可设为（1~255）:(1~255)；主轴转速可由S代码或PLC信号给定，转速范围为0~9999r/min；主轴倍率为50%~120%共8级实时修调；主轴恒线速控制。

16）多种刀具补偿和管理功能。

17）精度补偿功能：反向间隙补偿和记忆型螺距误差补偿。

18）PLC功能有：

两级PLC程序，最多5000步，第1级程序刷新周期为8ms；支持PLC警告和PLC报警；支持多PLC程序，当前运行的PLC程序可选择；基本I/O为41输入/36输出。

19）操作管理：操作方式有编辑、自动、录入、机床回零、手轮/单步、手动、程序回零；多级操作权限管理、报警日志。

20）程序编辑：程序容量为40MB，可存放384个程序（含子程序、宏程序）；编辑功能有程序/程序段/字检索、修改、删除；程序格式采用ISO代码，支持语句式宏代码编程；支持相对坐标、绝对坐标和混合坐标编程；程序调用支持带参数的宏程序调用，4级子程序嵌套。

21）通信接口有RS232和USB，RS232接口支持零件程序、参数等文件双向传输，支持PLC程序、系统软件串口升级。USB接口支持U盘文件操作、U盘文件直接加工，支持PLC程序、系统软件U盘升级。

22）安全功能：紧急停止、硬件行程限位、软件行程检查、数据备份与恢复。

2. 进给驱动器及伺服电动机

GS2000T系列交流伺服驱动器（又名全数字式交流伺服驱动单元）是广数公司开发制造的新一代全数字交流伺服驱动单元，包含位置控制和速度控制两种模式，可配套各种开环和闭环控制系统，进给驱动器及伺服电动机广泛应用于数控机床、自动化行业。伺服驱动器内部采用国际先进的电动机控制专用芯片（TMS320LF2407ADSP）、大规模可编程门阵列（Complex Programmable Logic Device，CPLD）和智能化功率模块（Intelligent Power Module，IPM），集成度高、体积小、保护完善、可靠性高。采用最优PID（Proportion Integral Derivative）算法完成PWM（Pulse Width Modulation）控制，性能已达到国外同类产品的先进水平。

交流伺服驱动器外观如图1-15所示。与步进驱动相比，GS2000T系列交流伺服驱动单元具有以下优点。

（1）避免失步现象

伺服电动机自带编码器，位置信号反馈至伺服驱动单元，与开环位置控制器一起构成半闭环控制系统。

（2）宽速比、恒转矩

调速比为1:5000，从低速到高速都具有稳定的转矩特性。

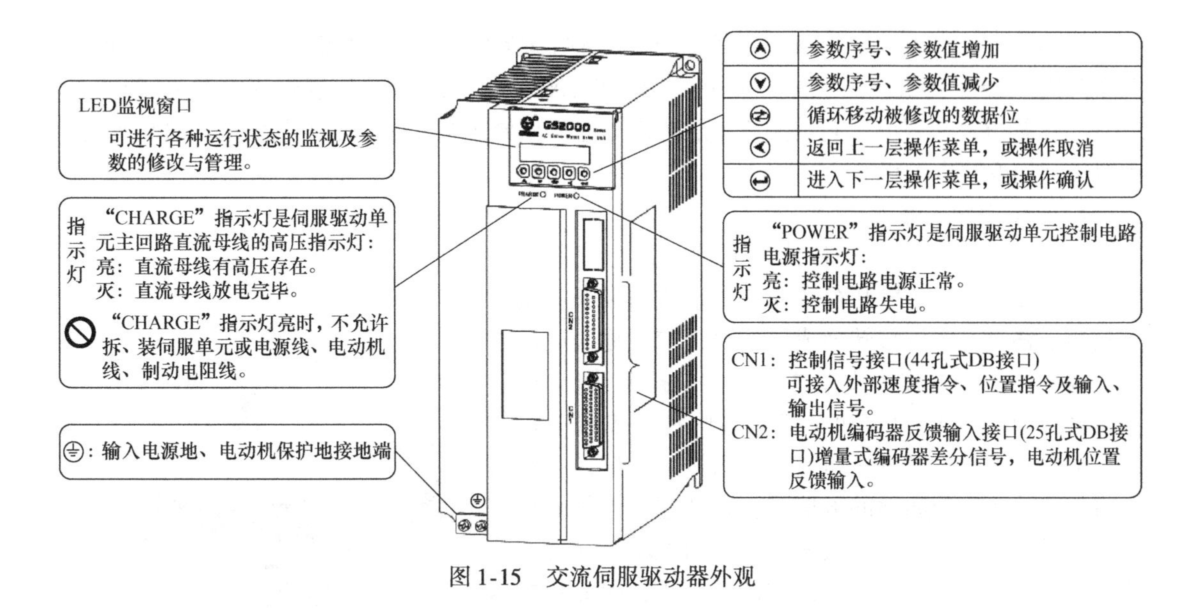

图1-15　交流伺服驱动器外观

（3）高速度、高精度

伺服电动机最高转速可达3000r/min，回转定位精度为1/20000r。

（4）控制简单、灵活

通过修改参数，可对伺服驱动单元的工作方式、运行特性做出适当的调整，以适应不同的要求。

与GS系列交流伺服驱动器配套的伺服电动机为SJT系列交流伺服电动机，交流伺服电动机实物如图1-16所示。

3. 主轴调速器及电动机

在数控机床中，一般选用变频器作为主轴调速器，主要根据零件加工工艺需要，控制主轴旋转速度和运行状态。数控系统操作面板上一般都有手动主轴正转、反转和停止按键，相应控制主轴的正转、反转和停止。在零件加工程序中，可以通过编程实现主轴旋转和转速控制，如加工中希望实现主轴正转300r/min，只要编制M03 S300即可。本实验装置选用的变频器实物如图1-17所示。

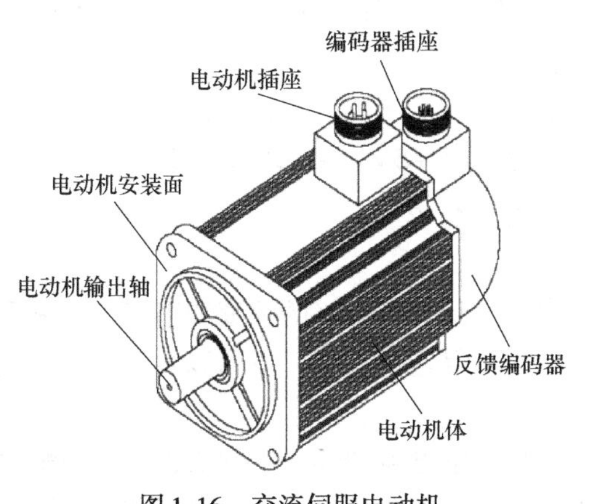

图1-16　交流伺服电动机

图1-17　变频器实物

本实验装置选用三菱 D700 系列的变频器，D700 系列变频器主电源输入有 200V 和 400V 两个等级，200V 等级输入电源为单相/三相 AC 200～240V；400V 等级输入电源为三相 AC 380V。主轴电动机根据工艺需要，一般选用普通三相异步电动机，若工艺要求和价格允许，也可以选用变频电动机。

4. 主轴用编码器

编码器（Encoder）是将信号或数据进行编制并转换为可用以通信、传输和存储的信号形式的设备。编码器把角位移或直线位移转换成电信号，前者称为旋转式光电编码器，后者称为直线式编码器。按照读出方式，编码器可以分为接触式和非接触式两种；按照工作原理，编码器可分为增量式和绝对式两类。增量式编码器是将位移转换成周期性的电信号，再把这个电信号转变成计数脉冲，用脉冲的个数表示位移的大小。绝对式编码器的每一个位置对应一个确定的数字码，因此它的示值只与测量的起始和终止位置有关，而与测量的中间过程无关。旋转式光电编码器实物如图 1-18 所示。

图 1-18　旋转式光电编码器实物

编码器按码盘的刻孔方式不同，分类如下：

1）增量型：每转过单位角度就发出一个脉冲信号（也有发正余弦信号，然后对其进行细分，斩波出频率更高的脉冲），通常为 A 相、B 相、Z 相（有的产品技术资料把 Z 相定义成 C 相）输出，A 相和 B 相为相互延迟 1/4 周期的脉冲输出，根据延迟关系可以区别正反转，而且通过取 A 相、B 相的上升沿和下降沿可以进行 2 倍频或 4 倍频；Z 相为单圈脉冲，即每圈发出一个脉冲。

2）绝对值型：对应一圈，每个基准的角度发出一个唯一与该角度对应的二进制数值，通过外部记圈器件可以进行多个位置的记录和测量。

旋转式光电编码器的材料有玻璃、金属和塑料，玻璃码盘是在玻璃上沉积很薄的刻线，其热稳定性好、精度高；金属码盘上直接是通和不通刻线，不易碎，但由于金属有一定的厚度，精度受到限制，其热稳定性比玻璃码盘差一个数量级；塑料码盘是经济型码盘，其成本低，但精度、热稳定性和寿命均要差一些。

编码器每转（旋转 360°）提供多少的通（或暗）刻线称为分辨率，也称解析分度，或直接称多少线，一般在每转分度 5～10000 线。

旋转式光电编码器在数控系统的作用：反馈数控机床主轴的转速，在螺纹加工中参与检测主轴转速。根据连接数控系统不同，编码器电源有 +5V、+12V 或 +24V 几种，编码器一般常用电气接口信号为 +5V、0V、A、$\overline{A}$、B、$\overline{B}$、Z、$\overline{Z}$。

5. 电动刀架

电动刀架是数控机床的基本配置，回转刀架必须具有良好的强度和刚度，以承受粗加工的切削力，同时也要保证回转刀架在每次转位的重复定位精度。下面以六工位鼠齿盘电动刀架为例介绍其换刀过程中的机械原理。

数控系统发出换刀信号，控制机床电气系统的继电器动作，电动机正转带动蜗轮和蜗杆运动，蜗杆将鼠齿盘上升到一定高度时，离合销进入离合盘槽，离合盘带动离合销，离合销带动销盘，销盘带动上刀体转位。当刀体旋转到所需刀位时，霍尔元件电路发出到位信号，电动机反转，反靠销进入反靠盘槽，离合销从离合盘槽中退出，刀架完成粗定位，同时销盘下降，端齿啮合，完成精定位，刀架锁紧。电动刀架实物如图 1-19 所示。电动刀架传感器实物如图 1-20 所示。

图 1-19　电动刀架实物

图 1-20　电动刀架传感器实物

6. 常用机床电器

在数控机床电气设备中，机床电器部件必不可少，有低压断路器、熔断器（熔丝）、接触器、中间继电器、时间继电器、热继电器、按钮、指示灯、传感器等，具体制造原理、选择原则以及实物参考相关教材或网络资料。

本书使用到低压断路器、接触器、中间继电器、开关电源（直流稳压电源）、指示灯、按钮、接近开关等常用器件。

实践时需要注意以下几个知识点：

（1）低压断路器

低压断路器的主要功能是保护负载设备。选择低压断路器时要注意保护负载的类别(感性负载还是阻性负载)、保护的过载电流等。

（2）接触器

接触器主要用于设备或负载需要频繁通断的场合。选择接触器时，注意接触器的线圈工作电压、主触点通过的电流、辅助触点的数量和规格、触点类型［常开（NO）或常闭(NC)］、安装尺寸等。

（3）中间继电器

在继电保护与自动控制系统中，用以增加触点的数量及容量，还被用于在控制电路中传递中间信号。选择中间继电器时，注意中间继电器的工作电压、触点流过的电流、触点的数量和规格、安装尺寸等。

（4）直流稳压电源

直流稳压电源按习惯可分为化学电源、线性稳定电源和开关电源。现在自动化设备需要稳压电源只要根据设计参数外购即可。常见的电源输入是 AC 220V/输出 DC 24V，电流容量根据需要选用，少量电源可以定制输入电压、输出电压以及电流容量。实习中不单独使用外购电源，供给实习用数控系统的电源是 AC 220V，然后由数控系统向外部提供的 DC 24V 电源，详见 GSK980TDc 数控系统技术资料和后续接口介绍。工程项目中，稳压电源应视工程项目而定。

（5）传感器

传感器是一种检测装置，能感受被测量的信息，并能将感受到的信息，按一定规律变换为电信号或其他所需形式的信息输出，以满足信息的传输、处理、存储、显示、记录和控制等要求。它是实现自动检测和自动控制的首要环节。传感器各种各样，在数控机床电气控制中，常用传感器有旋转光电编码器、直线光栅尺、圆光栅、同步感应器、磁尺、接近开关、霍尔元件等。具体制造原理和选型原则可参考相关书籍和网络资源。

7. 实验装置的组成模块

实验装置集中安装了数控机床电气控制系统的主要部件：数控机床系统、主轴变频调速系统、进给驱动器及伺服电动机、三相异步电动机、换刀电动机等部件。

将各个部件根据功能模块化设计，实验装置的组成模块主要有主回路板、主轴调速板、信号控制板、进给驱动板、刀架控制板、信号输入板、数控系统、电气原理图板以及执行台等。其中，电气原理图作为设计安装调试参考，执行台由 X 轴和 Z 轴伺服电动机、主轴电动机、换刀电动机以及编码器等组成。组成模块如图 1-21 所示。

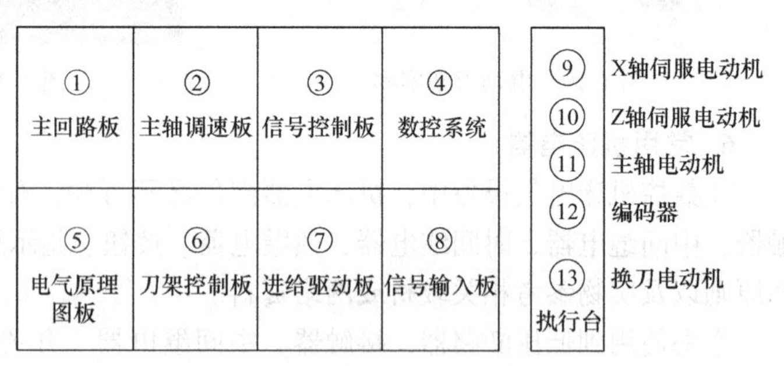

图 1-21 实验装置的组成模块

1）主回路板的作用是各主要电器电源的分配与保护、主电源启动和停止、中间继电器的控制等。

2）数控机床因零件加工工艺需要，主轴一般都是无级调速。本实验装置选用日本三菱 D700 系列变频器用于主轴调试控制实验。

3）信号控制板是把数控系统输入输出信号对应转换引置到实验板，便于学生施工。

4）在国产数控系统当中，具有代表性的系统有广数数控系统、华中数控系统、华兴数控系统、凯恩帝数控系统等。在国外数控系统中，具有代表性的系统有西门子数控系统、FANUC 数控系统、三菱数控系统、NUM 数控系统、FAGOR 数控系统等。本实验装置选用广数 GSK980TDc 数控系统。

5）为便于学生了解和消化数控机床电气控制综合实验装置，提供有实验装置电气原理图，为学生自行设计数控机床电气原理图、安装及硬件调试提供参考。

6）刀架控制板主要是安装自动换刀电气控制电路电器，工厂中常见的换刀电动机是三相异步电动机，也可以使用单相异步电动机或交流伺服电动机。本实验装置选用单相电动机驱动的四工位刀架方式。

7）进给驱动板主要安装有交流伺服驱动器，它接收数控系统的脉冲信号来控制交流伺服电动机。本实验装置进给驱动器选用广数系统配套的 GS2000T 系列进给放大器及伺服电动机。

8）输入控制板是为了模拟机床上的输入信号。信号板上选用了钮子开关、传感器（接近开关）等开关信号，模拟数控机床现场信号输入。

9）执行台主要安装有 X 轴伺服电动机、Z 轴伺服电动机、主轴电动机、编码器、换刀电动机等。

若实验装置控制机床，则把执行台上的电动机等部件安装在机床上，同时在数控机床上安装 2 个进给轴减速传感器和 2 个进给轴超程开关，信号引入实验台与机床互连端子排。

不带机床的实验装置实物如图 1-22 所示，带机床的实验装置实物如图 1-23 所示。

图 1-22　实验装置实物（不带机床）

图 1-23　实验装置实物（带机床）

1.2 数控系统接口

1.2.1 数控系统的基本操作及编程指令

1. 数控系统的基本操作

广数 GSK980TDc 采用集成式操作面板，面板划分如图 1-24 所示

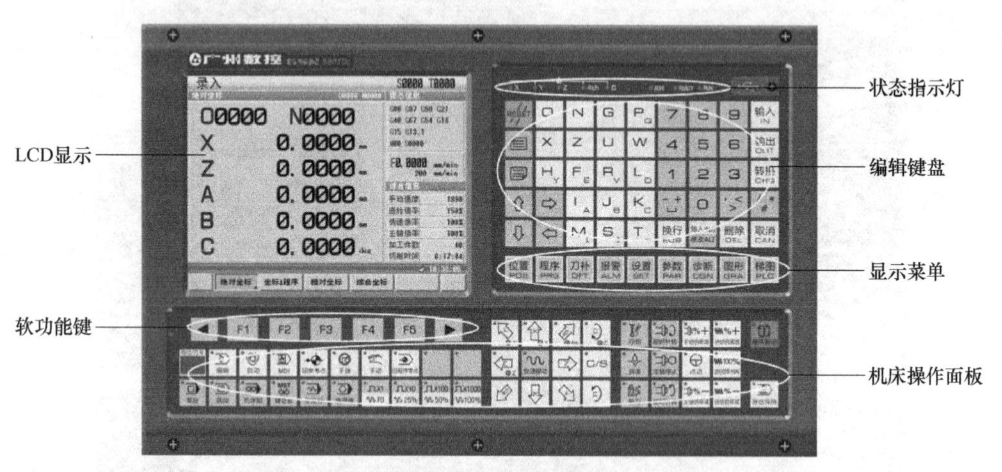

图 1-24　广数 GSK980TDc 集成式操作面板划分

广数 GSK980TDc 有编辑、自动、录入、机床回零、手轮/单步、手动、程序回零、手轮试切共八种操作方式。

(1) 编辑操作方式

在编辑操作方式下，可以进行加工程序的建立、删除和修改等操作。

(2) 自动操作方式

在自动操作方式下，自动运行程序。

(3) 录入操作方式

在录入操作方式下，可进行参数的输入以及代码段的输入和执行。

(4) 机床回零操作方式

在机床回零操作方式下，可执行进给轴回机床零点操作。

(5) 手轮/单步操作方式

在手轮/单步操作方式中，CNC 按选定的增量进行移动。

(6) 手动操作方式

在手动操作方式下，可进行手动进给、手动快速、进给倍率调整、快速倍率调整及主轴启停、冷却液开关、润滑液开关、主轴点动、手动换刀等操作。

(7) 程序回零操作方式

在程序回零操作方式下，可分别执行进给轴回程序零点操作。

(8) 手轮试切操作方式

在手轮试切操作方式下，可以通过转动手轮来控制程序执行的速度，从而达到检测加工

程序是否正确的目的。

2. 与调试有关的部分操作界面

（1）设置SET界面

在数控系统面板上按“设置SET”功能键，进入设置菜单界面，设置菜单包括“CNC设置”“系统时间”“文件管理”“机床功能调试”四个子菜单，通过反复按“设置SET”键或相应的软键实现各子菜单的切换，如图1-25所示。

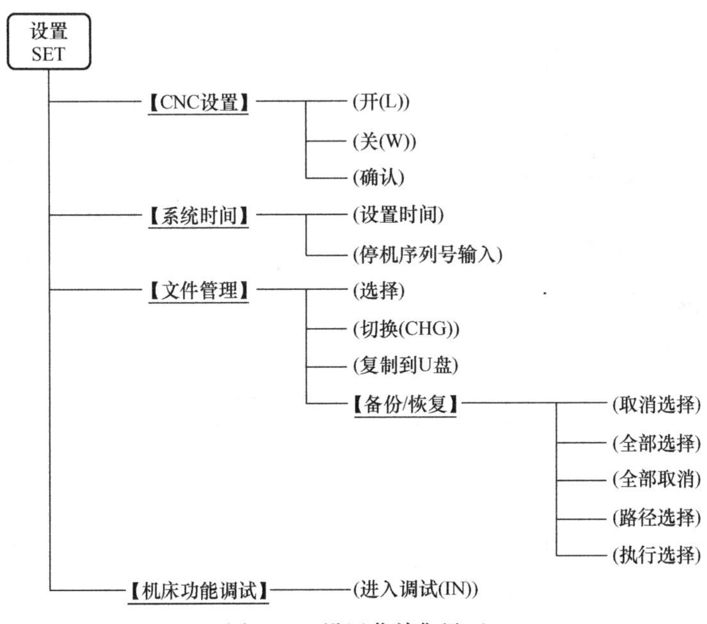

图1-25　设置菜单集界面

（2）CNC设置界面

CNC设置界面如图1-26所示，该界面可进行开关设置、权限设置和参数操作。

（3）机床功能调试

机床功能调试界面如图1-27所示，调试项目有：系统基本功能、标准梯形图基本功能、系统高级功能、电子齿轮比计算四项。

（4）参数PAR界面

在数控系统面板上按“参数PAR”功能键，进入参数设置菜单，参数设置菜单包括“状态参数”“数据参数”“常用参数”“螺距补偿”四个子菜单，通过反复按“参数PAR”键或按相应的软键在各子菜单中切换，如图1-28所示。

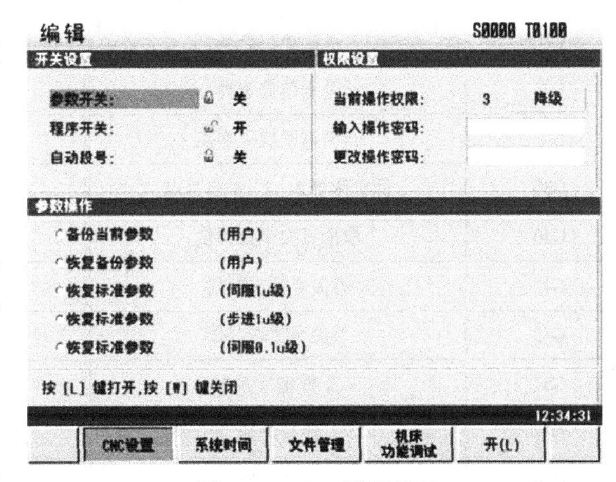

图1-26　CNC设置界面

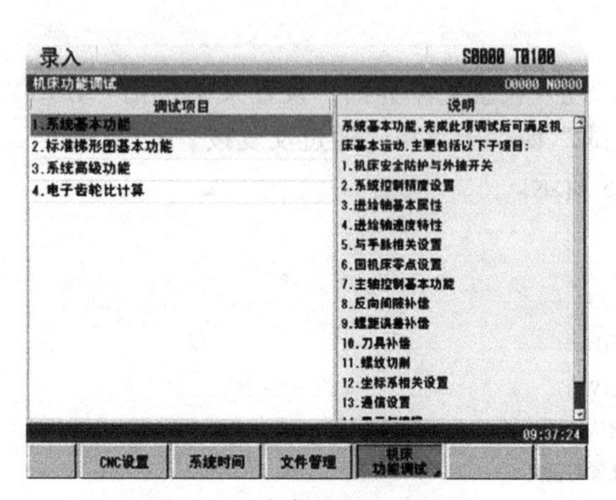

图 1-27　机床功能调试界面

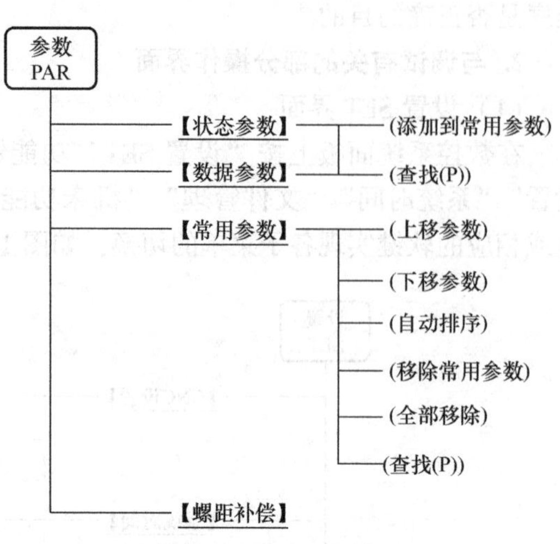

图 1-28　参数设置菜单界面

3. 数控系统基本编程指令

数控系统基本编程指令见表 1-1。

表 1-1　数控系统基本编程指令

指　　令	指令含义	指　　令	指令含义
G00	快速移动	M00	程序暂停
G01	直线插补	M01	程序选择停
G02	圆弧插补（顺时针）	M02	程序运行结束
G03	圆弧插补（逆时针）	M03	主轴顺时针转
G04	暂停代码	M04	主轴逆时针转
G20	英制单位选择	M05	主轴停止
G21	公制单位选择	M07	—
G28	自动返回机床零点	M08	冷却液开
G30	回机床第 2、3、4 参考点	M09	冷却液关
G40	取消刀尖半径补偿	M30	程序运行结束
G41	刀尖半径左补偿	M41	主轴自动换档 1
G42	刀尖半径右补偿	M42	主轴自动换档 2
G54	工件坐标系 1	M43	主轴自动换档 3
G98	每分进给	M12	卡盘夹紧
G99	每转进给	M13	卡盘松开

1.2.2　数控系统的接口

数控系统接口位置如图 1-29 所示。

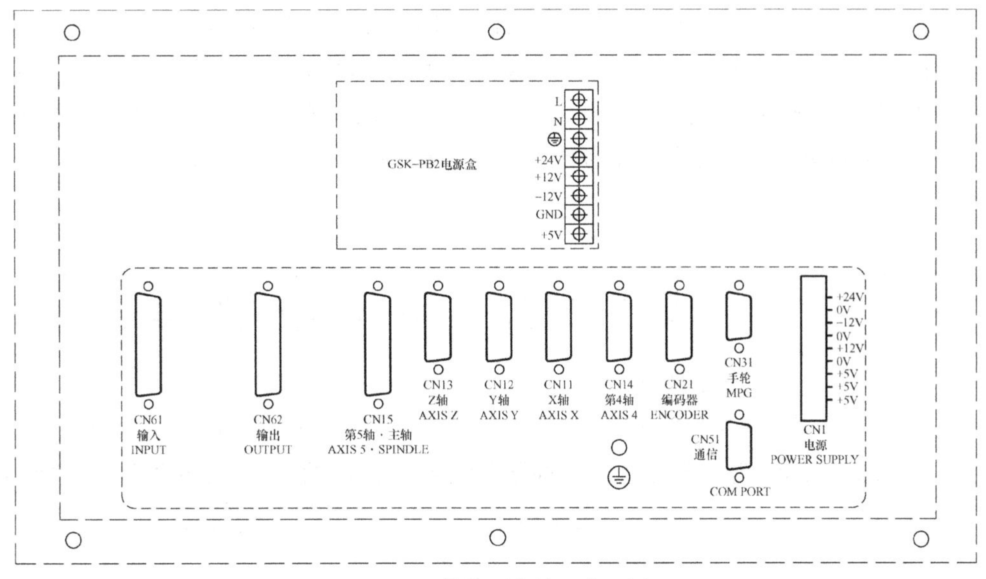

图 1-29　数控系统接口位置图

接口说明：

1）GSK-PB2 电源盒：提供 +5V、+24V、+12V、-12V、GND 电源。

2）滤波器（选配）：输入端为 AC 220V 电源，PE 端接地，输出端接 GSK-PB2 电源盒的 L、N 端。

3）CN1：电源接口。

4）CN11～CN14：15 芯 D 形插座，分别连接 X 轴、Y 轴、Z 轴、第 4 轴（4th 轴）驱动单元。

5）CN15：25 芯 D 形插座，连接第 5 轴（5th 轴）主轴驱动单元。

6）CN21：15 芯 D 形针插座，连接主轴编码器。

7）CN31：26 芯 D 形插座，连接手轮。

8）CN51：9 芯 D 形插座，连接 PC RS232 通信接口。

9）CN61：44 芯 D 形插座，连接机床输入。

10）CN62：44 芯 D 形插座，连接机床输出。

1. 与伺服驱动单元的连接

（1）轴控制输出接口

CNC 的插座 CN11～CN14 输出轴控制信号接口定义如图 1-30 所示。

1: CPn+
2: DIRn+
3: PCn
4: +24V
5: ALMn
6: SETn
7: ENn
8: 空

9: CPn-
10: DIRn-
11: 0V
12: +5V
13: +5V
14: 0V
15: 0V

信号	说明
CPn+、CPn-	指令脉冲信号
DIRn+、DIRn-	指令方向信号
PCn	零点信号
ALMn	驱动单元报警信号
ENn	轴使能信号
SETn	脉冲禁止信号

图 1-30　CNC 输出轴控制接口

其中，CPn +/CPn − 指令脉冲信号（输出）和 DIRn +/DIRn − 指令方向信号（输出）均为差分信号（AM26LS31）；数控系统输出轴脉冲信号接口如图 1-31 所示。

图 1-30 中的 PCn 为由伺服驱动器提供给数控系统的零点输入信号，机床回零时用编码器的 1 转信号或接近开关信号等来作为零点信号，接口图如图 1-32 所示。

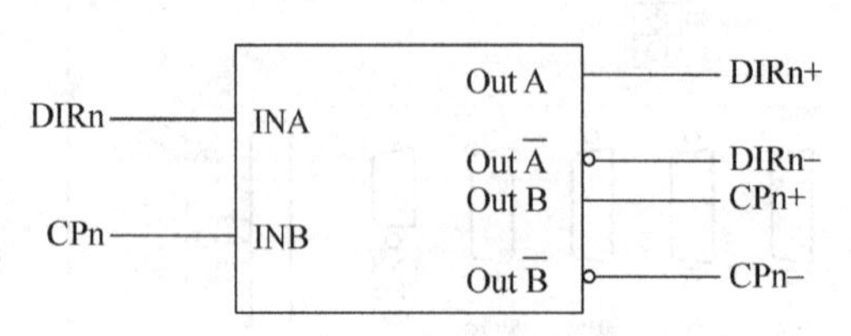

图 1-31　CNC 输出轴脉冲信号接口图

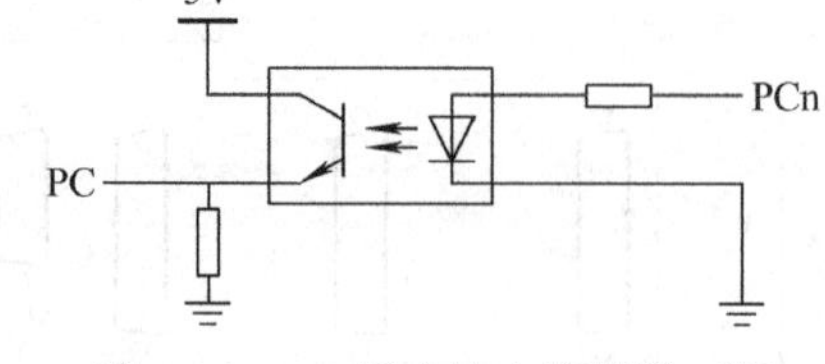

图 1-32　PC 零点输入信号接口图

图 1-30 中的 ALMn 为由驱动单元（伺服驱动器）提供给 CNC 的驱动单元报警信号，由 CNC 参数 NO. 9 的 Bit0 ~ Bit4 位设定驱动单元报警电平是低电平还是高电平，接口图如图 1-33 所示。

图 1-30 中的 ENn 为数控系统输出给驱动单元的轴使能信号，CNC 正常工作时，ENn 信号输出有效（ENn 信号与 0V 接通），当驱动单元报警时，数控系统关闭 ENn 信号输出（ENn 信号与 0V 断开），如图 1-34 所示。

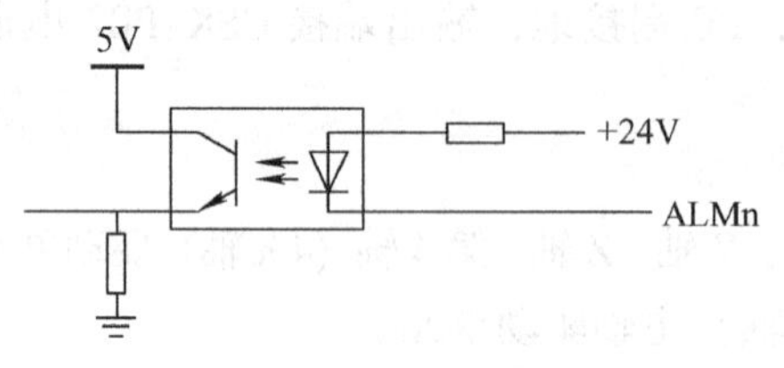

图 1-33　ALM 驱动单元报警信号接口图

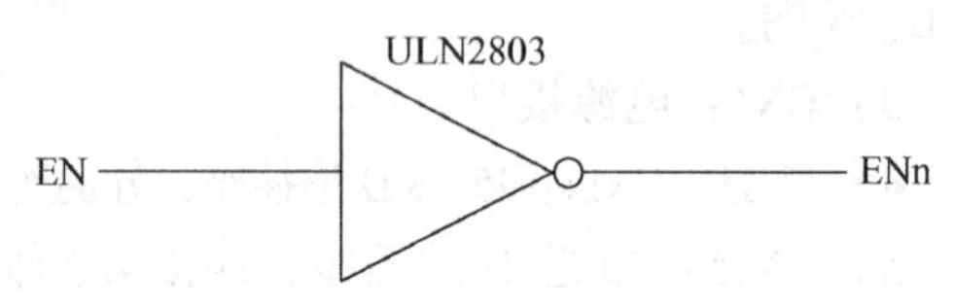

图 1-34　EN 轴使能信号接口图

图 1-30 中的 SETn 为数控系统输出给驱动单元的脉冲禁止信号。SETn 信号用于控制伺服输入禁止，提高数控系统和驱动单元之间的抗干扰能力，该信号在 CNC 有脉冲信号输出时为高阻态，无脉冲信号输出时为低电平，如图 1-35 所示。

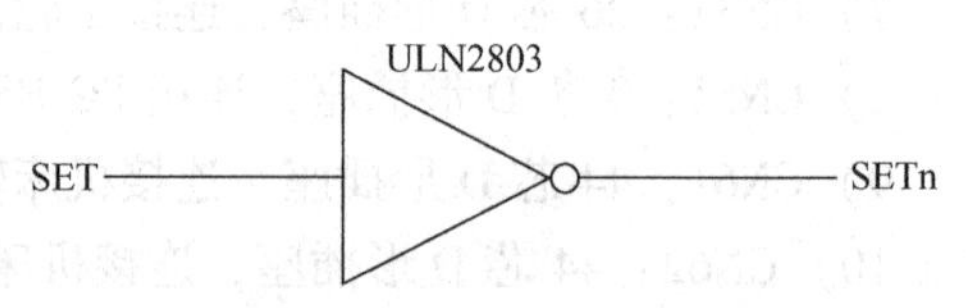

图 1-35　SET 脉冲禁止信号接口图

（2）伺服驱动器接口

由于 GSK980TDc 是国产通用性系统，信号输出兼容步进驱动器和交流伺服驱动器，所以可以根据数控系统输出接口，选择接口兼容的驱动器。本实验装置选用的伺服驱动器都是 GSK 系列的伺服驱动器。GS2000T 伺服驱动器接口如图 1-36 所示，其他驱动器接口类似。

（3）CNC 与驱动器接口连接

本实验装置选用 GS2000T 伺服驱动器，CPn +/CPn − 对应连接 PULS +/PULS −，DIRn +/DIRn − 对应连接 SIGN +/SIGN −，具体连接如图 1-37 所示。

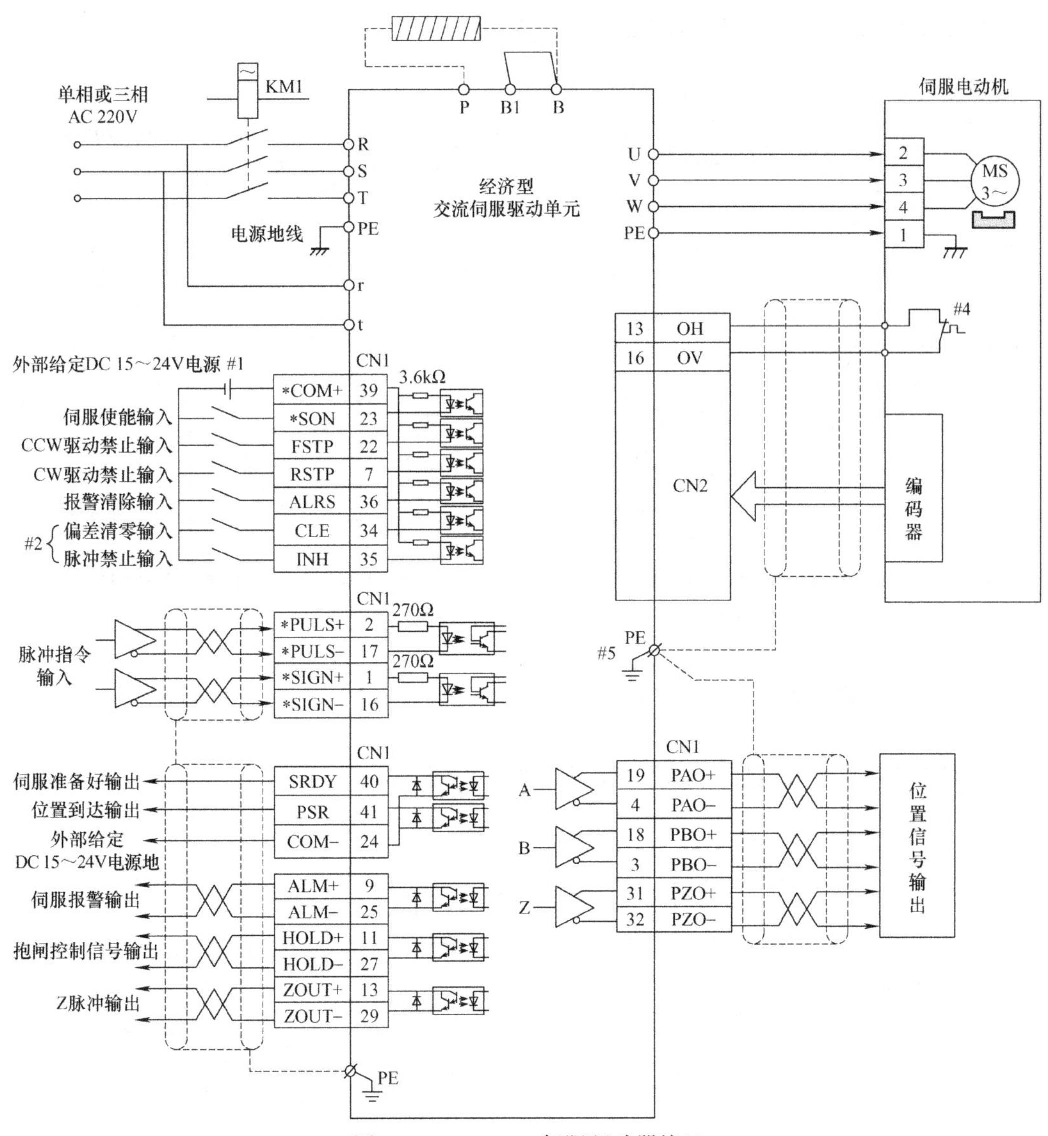

图 1-36　GS2000T 伺服驱动器接口

GSK980TDc(CN11、CN12、CN13、CN14)		GS2000T-N系列(CN1)	
CPn+	1	2	PULS+
CPn−	9	17	PULS−
DIRn+	2	1	SIGN+
DIRn−	10	16	SIGN−
ALMn	5	9	ALM+
PCn	3	29	ZOUT−
0V	14	23	SON
0V	11	24	COM−
		25	ALM−
+24V	4	39	COM+
		13	ZOUT+
金属外壳		金属外壳	

图 1-37　GSK980TDc 与 GS2000T 伺服驱动器的硬件连接

若选用 DA98A（B）系列伺服驱动器，连接图如图 1-38 所示。

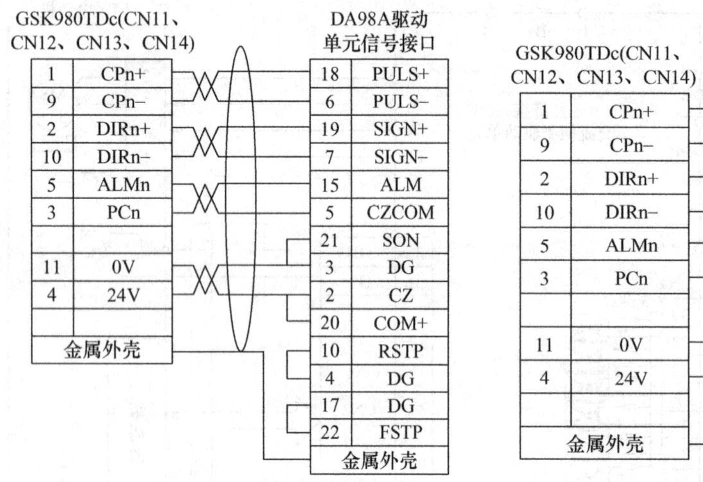

a) GSK980TDc与DA98A伺服驱动器的连接

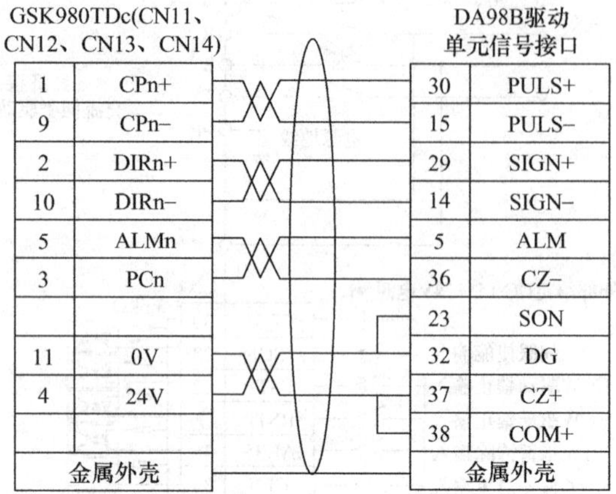

b) GSK980TDc与DA98B伺服驱动器的连接

图 1-38 GSK980TDc 与 DA98A（B）伺服驱动器的硬件连接

2. 与主轴单元的连接

（1）数控系统主轴控制接口

数控系统的 CN15 插座是主轴控制接口，如图 1-39 所示。

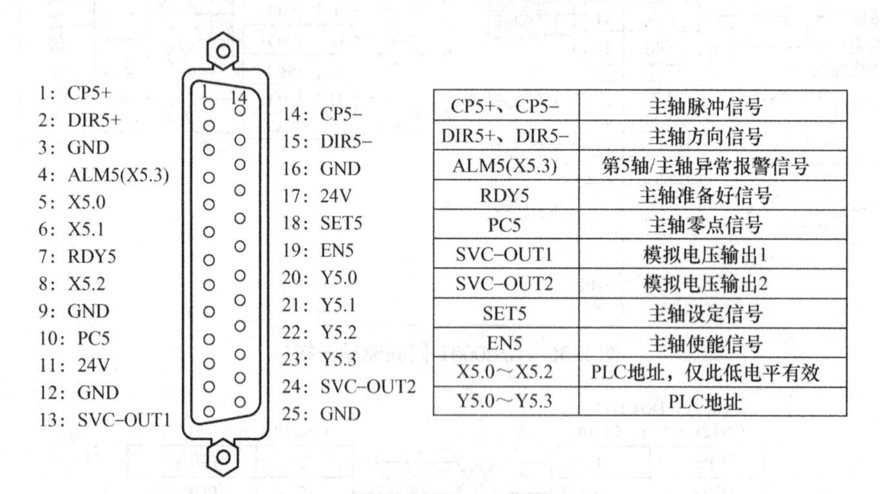

CP5+、CP5−	主轴脉冲信号
DIR5+、DIR5−	主轴方向信号
ALM5(X5.3)	第5轴/主轴异常报警信号
RDY5	主轴准备好信号
PC5	主轴零点信号
SVC−OUT1	模拟电压输出1
SVC−OUT2	模拟电压输出2
SET5	主轴设定信号
EN5	主轴使能信号
X5.0～X5.2	PLC地址，仅此低电平有效
Y5.0～Y5.3	PLC地址

图 1-39 数控系统主轴控制接口

CN15 插座接口中主要使用模拟电压输出 1SVC-OUT1（第 1 主轴）或模拟电压输出 2SVC-OUT2（第 2 主轴），SVC-OUT1（SVC-OUT2）与 GND 之间电压范围为 0 ~ ±10V。但也可以选择数字量主轴输出信号。

数控系统主轴控制接口与变频器的硬件连接如图 1-40 所示。

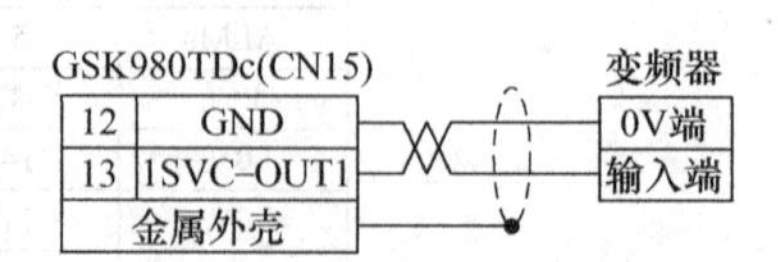

图 1-40 数控系统主轴控制接口与变频器的硬件连接

（2）三菱变频器 D700 的应用

三菱变频器 D700 一般使用接口如图 1-41 所示。

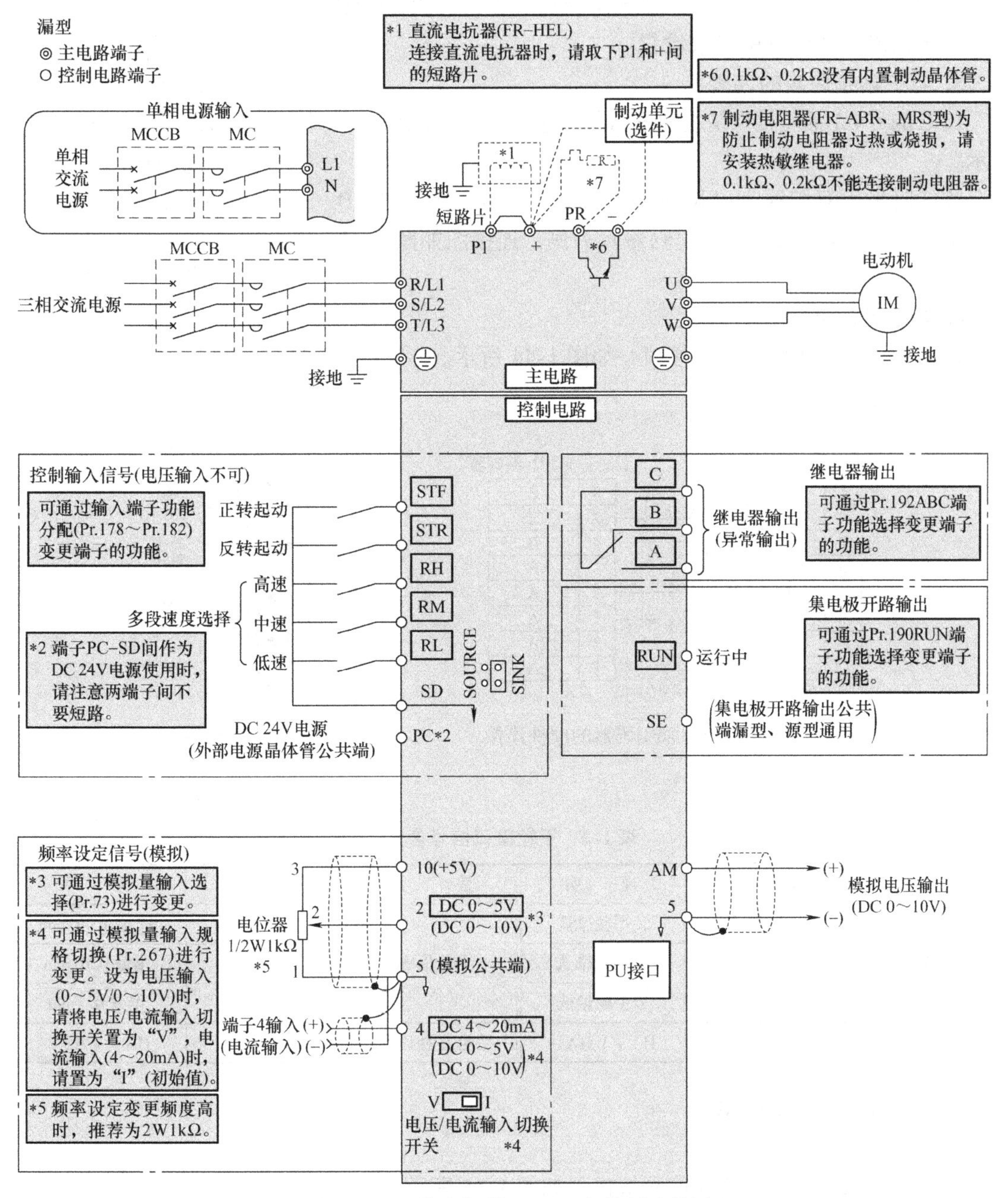

图 1-41　三菱变频器 D700 一般使用连接图

从图 1-41 可以看出：

1）主电源输入：根据规格不同，有三相 380V，或单相 AC 220V/三相 AC 220V。

2）开关量输入：一般主要有正转/反转/多段速度等，也可以通过参数改变输入功能。

3）速度控制：模拟量输入有0～5V/0～10V，还可以使用电流4～20mA输入。

4）动力输出：变频器动力输出U/V/W/PE直接连接到三相异步电动机。

5）变频器控制状态输出：继电器触点（常开/常闭）输出，具体输出功能可以由参数设置。

3. 与主轴编码器的连接

CNC的CN21插座接口是主轴编码器的连接接口，如图1-42所示。

连接时采用双绞线，以长春一光ZLF-12-102.4BM-C05D编码器（简称长春一光1024编码器）为例，连接图如图1-43所示。

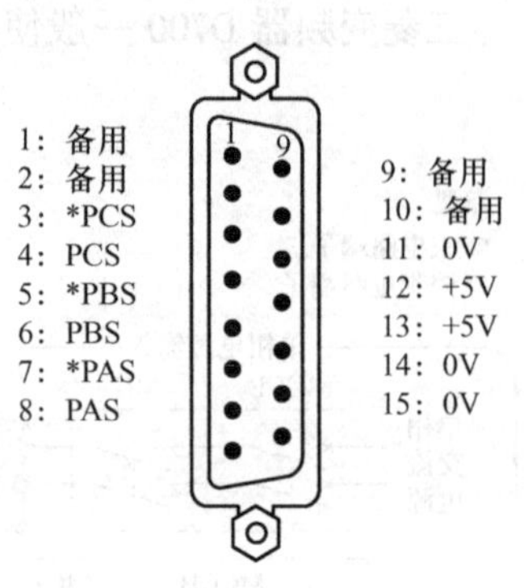

图1-42　CNC主轴编码器接口

4. 与手轮的连接

CNC的CN31插座是手轮接口，如图1-44所示。

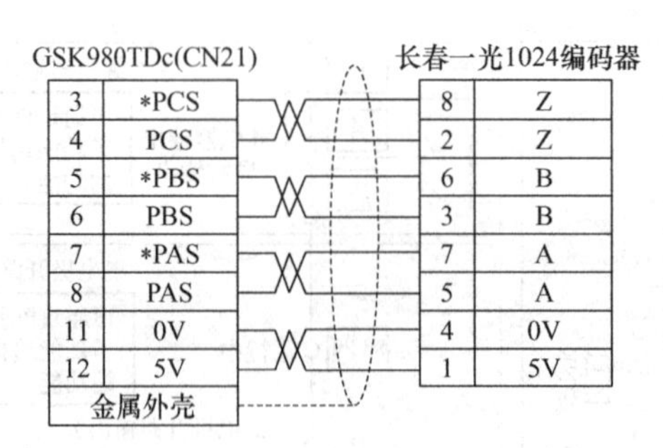

图1-43　CNC与主轴编码器的硬件连接

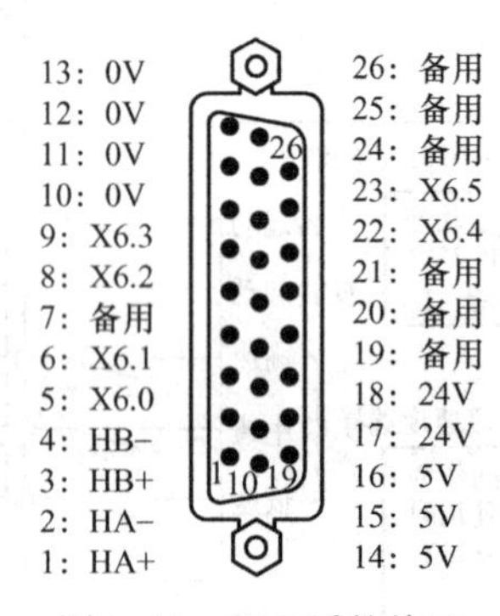

图1-44　CNC手轮接口

手轮接口信号含义见表1-2。

表1-2　手轮接口信号含义

信　号	地　址	说　明	信　号	地　址	说　明
手轮轴选	X6.0	X手轮轴选	手轮倍率	X6.3	增量0.001mm
	X6.1	Y手轮轴选		X6.4	增量0.01mm
	X6.2	Z手轮轴选		X6.5	增量0.1mm
手轮A相信号	—	HA+\HA-	手轮B相信号	—	HB+\HB-

5. 输入信号接口的连接

（1）CNC输入信号接口

CNC的CN61插座是输入信号接口，如图1-45所示。

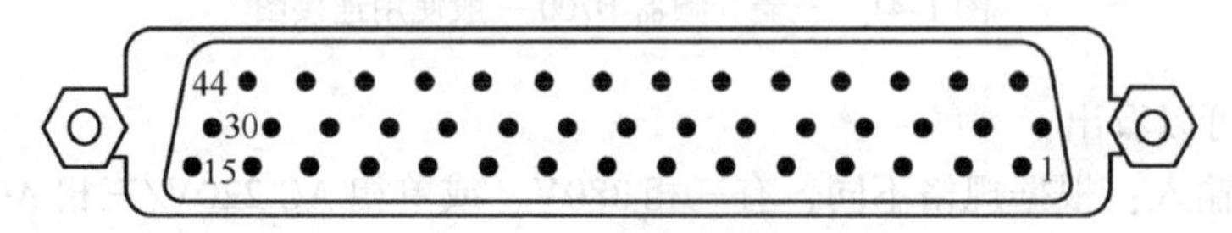

图1-45　CNC输入信号接口图

CNC 的输入信号接口（CN61）功能见表 1-3。

表 1-3　CNC 输入信号接口（CN61）功能表

引脚号	地址	功　能	说　明	引脚号	地址	功　能	说　明
1	X0.0	SAGT	门检测	14	X1.5	M41I	第 1 档到位
2	X0.1	SP	外接进给保持	15	X1.6	M42I	第 2 档到位
3	X0.2	DIQP	卡盘输入	16	X1.7	T01	刀位信号 1
4	X0.3	DECX(DEC1)	X 轴减速	17～20 25～28	悬空	悬空	悬空
5	—	—	—	21～24	0V	电源接口	电源 0V 端
6	X0.5	ESP	外接急停	29	X2.0	T02	刀位信号 2
7	X0.6	PRES	压力检测	30	X2.1	T03	刀位信号 3
8	X0.7	T05/OV1	刀位信号 5	31	X2.2	T04	刀位信号 4
9	X1.0	T06/OV2	刀位信号 6	35	X2.6	TCP	刀架锁紧信号
10	X1.1	T07/OV3	刀位信号 7	37	X3.0	LMIX	X 轴超程
11	X1.2	T08/OV4	刀位信号 8	39	X3.2	LMIZ	Z 轴超程
12	X1.3	DECZ（DEC3）	Z 轴减速	40	X3.3	WQPJ/VPO2	卡盘松开到位
13	X1.4	ST	外接循环启动	41	X3.4	NQPJ/SALM2	卡盘夹紧到位

（2）输入信号电气接口

CNC 输入信号电气接口如图 1-46 所示。

从图 1-46 可以看出，输入信号高电平有效。鉴于 CNC 输入为 AC 220V，内部有稳压电源，除本体所需各种电压等级外，还能向外界提供 DC 24V 电压，因此实验装置输入信号所需 DC 24V 电源来自数控系统输入/输出接口。

6. 输出信号接口的连接

（1）CNC 输出信号接口

CNC 的 CN62 插座为输出信号接口，如图 1-47 所示。

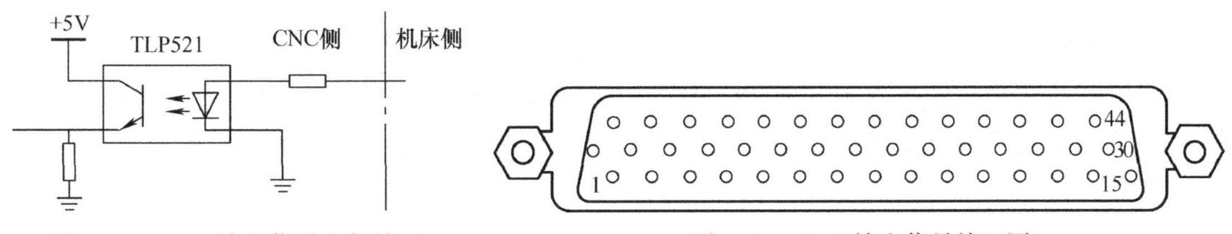

图 1-46　CNC 输入信号电气接口　　图 1-47　CNC 输出信号接口图

CNC 输出信号接口（CN62）功能见表 1-4。

表 1-4　CNC 输出信号接口（CN62）功能表

引脚号	地址	功　能	说　明	引脚号	地址	功　能	说　明
1	Y0.0	M08	冷却输出	13	Y1.4	DOQPJ（M12）	卡盘夹紧输出
2	Y0.1	M32	润滑输出	14	Y1.5	DOQPS（M13）	卡盘松开输出
3	Y0.2	保留	—	15	Y1.6	TL +	刀架正转
4	Y0.3	M03	主轴顺时针转	16	Y1.7	TL -	刀架反转
				20 ~ 25	+24V	电源接口	电源 +24V 端
5	Y0.4	M04	主轴逆时针转	29	Y2.0	TZD/TLS	刀台制动
6	Y0.5	M05	主轴停	30	Y2.1	INDXS/TCLP	刀台预分度线圈
7 ~ 19、26 ~ 28	0V	电源接口	电源 0V 端	31	Y2.2	YLAMP	三色灯（黄灯）
				32	Y2.3	GLAMP	三色灯（绿灯）
9	Y1.0	S1/M41	主轴档位输出 1	33	Y2.4	RLAMP	三色灯（红灯）
10	Y1.1	S2/M42	主轴档位输出 2				

（2）输出信号电气接口

CNC 输出信号电气接口如图 1-48 所示。

从图 1-48 可以看出，当 CNC 输出功能实现负载功能时，输出信号为低电平。

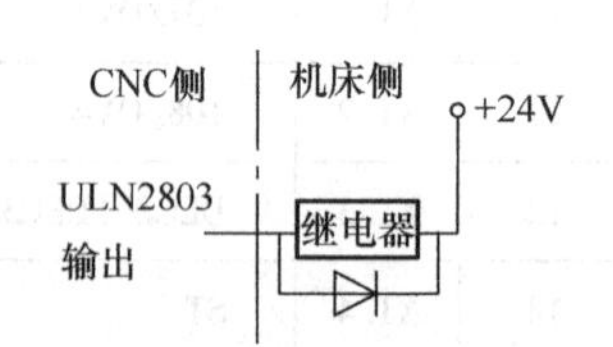

图 1-48　CNC 输出信号电气接口

1.3　实验装置的组成模块

1. 进给驱动板

实验装置选用的是与 GSK 数控系统配套的 GS2000T 系列伺服驱动器，X 轴和 Z 轴驱动器是一样的，把驱动器设计制作成驱动控制板，实物布局如图 1-49 所示。

从图 1-49 可以看出：

（1）主电源输入

主电源输入为单相/三相 AC 220V（R、S、T、PE），输出（U、V、W、PE）连接至交流伺服电动机。

（2）控制电源

伺服驱动单元内部有控制电路板，因此 R、T 端为控制电源输入端，电源等级为 AC 220V，本实验装置与主电源进行了同步输入处理，按典型设计，应该在主电源通电前输入控制电源。

（3）控制信号

输入位置信号：PULS +/PULS -、SIGN +/SIGN - 差分信号。

输入离散信号：伺服使能（SON）、正转禁止（FSTP）、反转禁止（RSTP）、报警清除（ALRS），输入信号低电平有效。

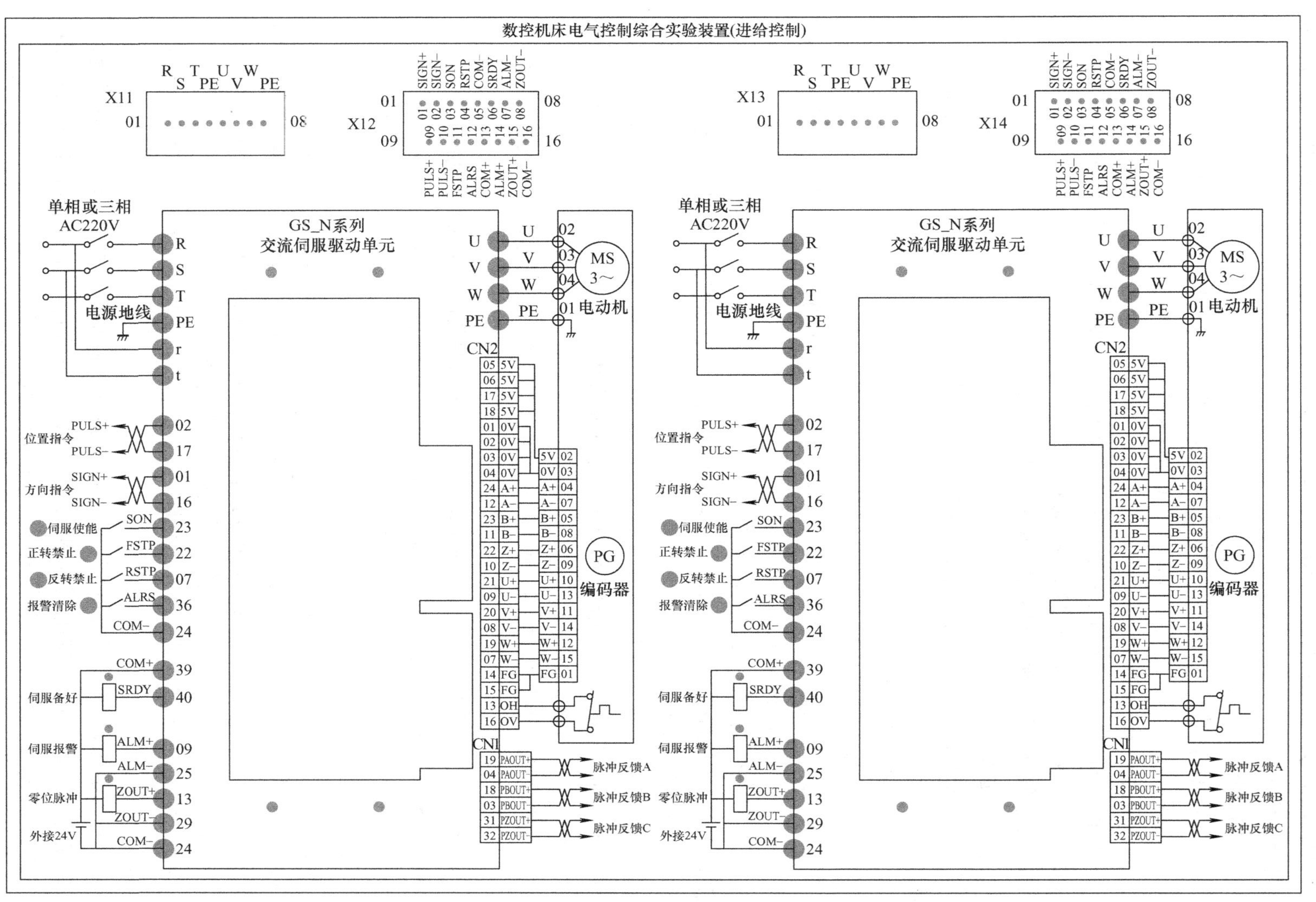

图 1-49　驱动控制板实物布局示意图

输出离散信号：伺服准备好（SRDY）、伺服报警（ALM+）、零位脉冲（ZOUT+），输出也是低电平有效。

（4）伺服电动机反馈

伺服电动机尾部的光电编码器反馈信号：+5V、0V、A+、A-、B+、B-、Z+、Z-、U+、U-、V+、V-、W+、W-以及OH（过热保护）。

（5）编码器信号分频输出

PAOUT+/PAOUT-、PBOUT+/PBOUT-、PZOUT+/PZOUT-信号差分输出，输出信号与编码器分辨率的分频可以通过伺服参数设置。

进给驱动部分主要实现机床进给的位置、速度以及转矩控制。

2. 主轴调速板

主轴调速板主要用来实现机床主轴速度控制，本实验装置主轴调速板实物布局如图1-50所示。

从图1-50可以看出：

（1）实验装置

选用变频器主电源输入为AC 220V（L/N），输出U/V/W/PE到电动机相应接线端（U/V/W/PE），电动机选用普通三相异步电动机。

工厂使用中务必注意三相异步电动机的联结方式（Y/△）。若变频器主电源输入单相/三相AC 220V，三相异步电动机△联结；若变频器输入AC 380V，三相异步电动机Y联结。最终以电动机铭牌为准。

（2）输入控制

开关量控制主要功能有：主轴正转（STF）、主轴反转（STR）、高档速度（RH）、中档速度（RM）、低档速度（RL）。

模拟控制主要速度控制，能接收0～+/-10V信号，通过变频器实现电动机的调速。

（3）输出控制

当变频器有故障或希望有相应状态输出时，可以通过参数设置实现输出功能。

从图1-50可以看出，可以选用主轴调速板上的钮子开关和电位器实现变频器控制主轴电动机调速实验，也可以选用CNC输出的主轴模拟电压和开关量通过变频器控制主轴电动机调速实验。

从图1-17可以看出，变频器的本体操作面板上有旋钮电位器以及RUN（运行）、STOP/RESET（停止/复位）、MODE（模式）、SET（设置）、PU/EXT（面板/外部）等按键。也就是说，使用变频器面板上的旋钮也可以控制电动机调速，按RUN（运行）和STOP/RESET（停止/复位）按键，也可以控制电动机的运行和停止。

因此，最终的变频器受哪一种方式控制，取决于参数的设置，具体使用方法见后面的实习项目。

若变频器参数设置成外部控制信号，由CNC控制变频器实现主轴电动机调速及起停。开关量控制来自CNC输出控制信号控制的继电器触点，主轴电动机速度控制信号来自CNC的CN15的12和13引脚输出的模拟电压，电压范围为0～10V。

由于把变频器用于数控机床主轴调速，所以典型控制系统设计中由CNC输出开关量和模拟电压来控制变频器，最终控制主轴电动机。

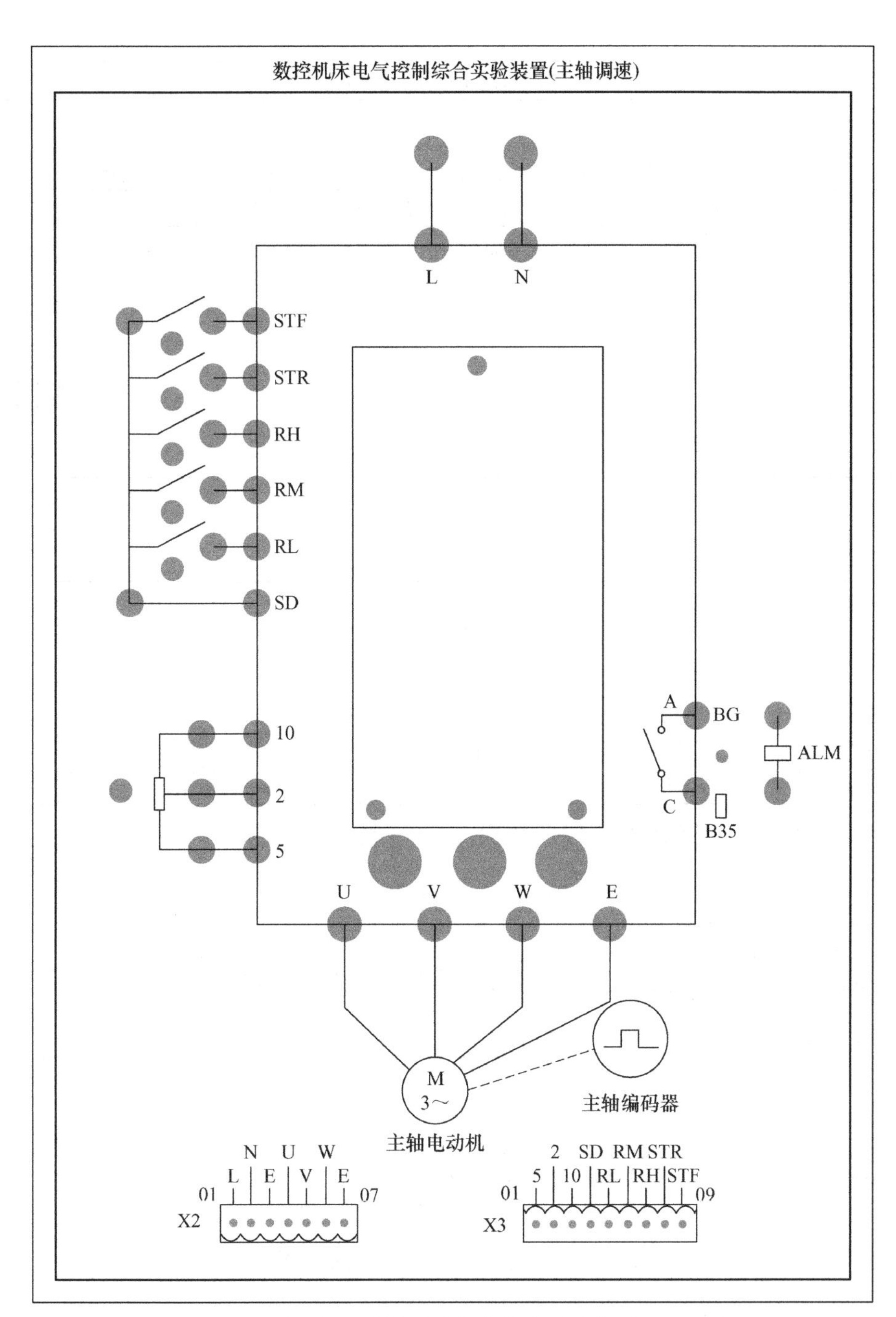

图 1-50 主轴调速板实物布局示意图

3. 信号控制板

实验装置中，CNC 各个插座的信号用电缆引入信号控制板，外部信号可以直接连接到信号控制板的端子排，信号控制板实物布局示意如图 1-51 所示。

从图 1-51 可以看出：插座 X4 为输入信号端子排，X5 为输出信号端子排，X6 为 X 轴控制信号端子排，X7 为 Z 轴控制信号端子排，X8 为主轴控制接口端子排，X9 为手轮端子排。

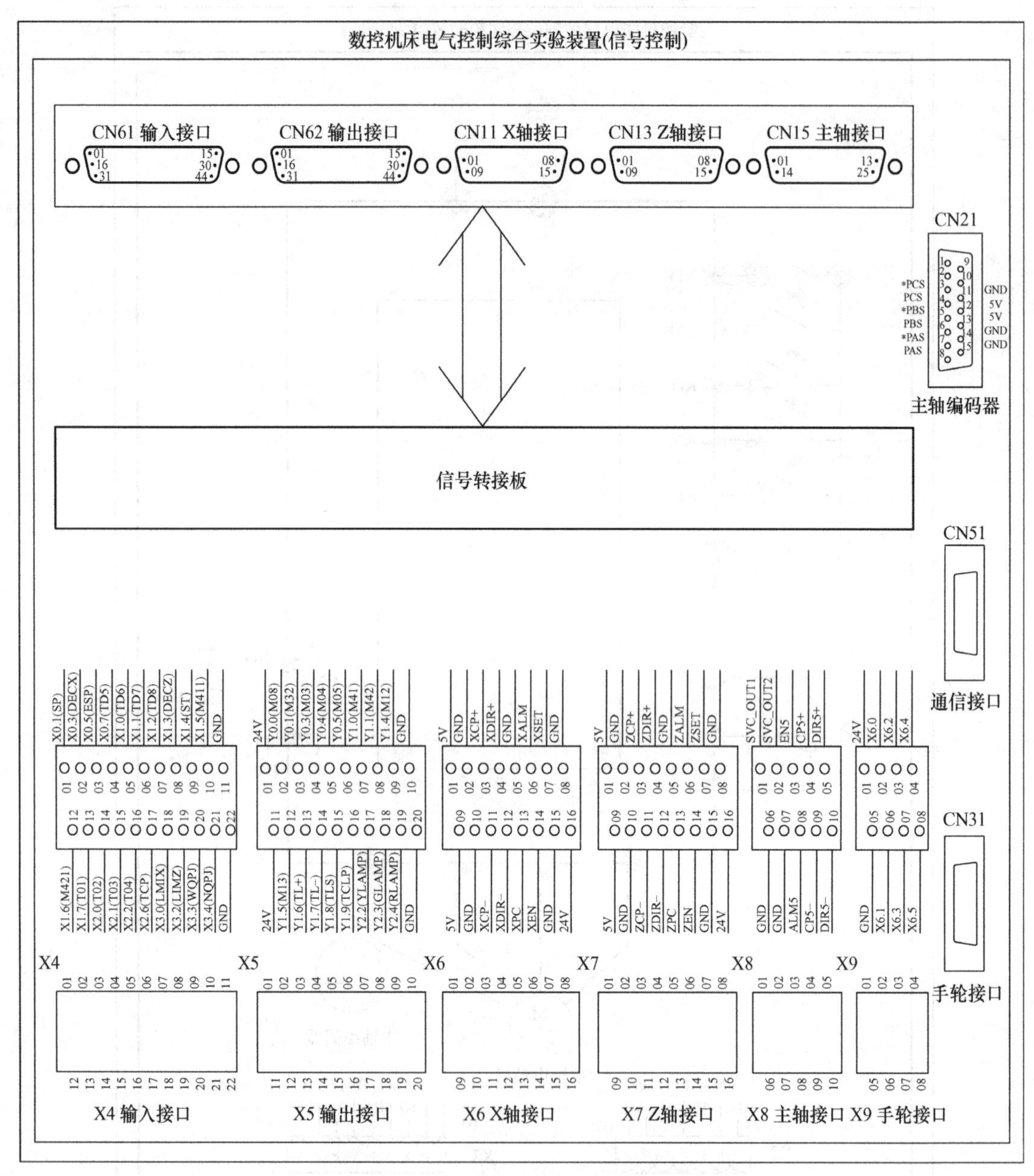

图 1-51　信号控制板实物布局示意图

各端子排含义见对应的端子排定义，也可以见 CNC 插座接口定义。在接线过程中，应注意信号含义和对应关系。

注意：在转换的端子排定义中，只有输出信号端子排 X5 才有 DC 24V 输出电压，CNC 内部 GND 是互通的。

4. 输入控制板

输入控制板的作用是在没有实际机床设备的情况下，模拟数控机床设备现场传感器的输入信号，输入控制板实物布局示意图如图 1-52 所示。

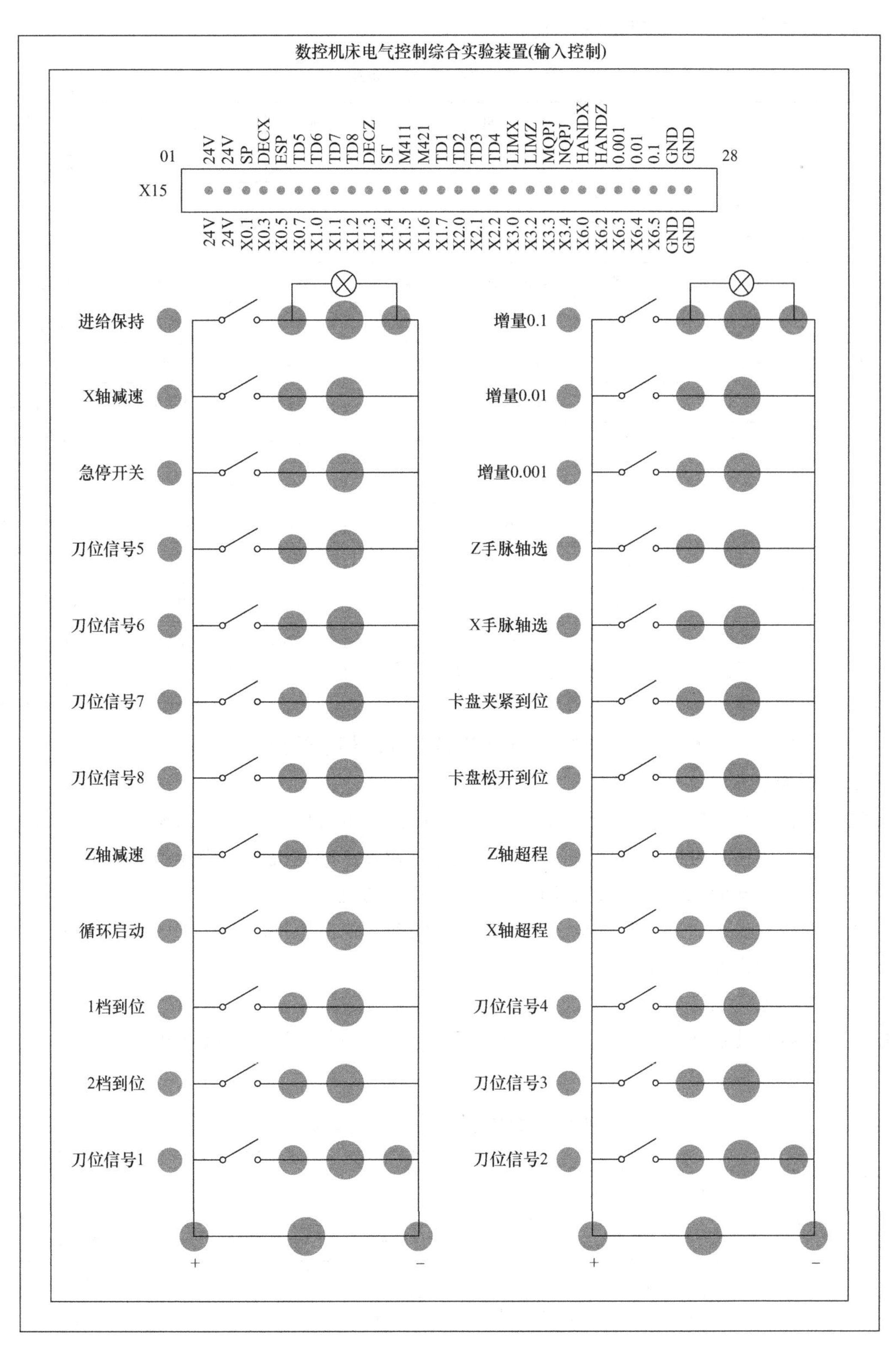

图1-52　输入控制板实物布局示意图

输入信号总共28个，详见表1-5。

表1-5 模拟输入信号表

序号	地址	功能	说明	序号	地址	功能	说明
1	+24V	+24V电源	电源接口	15	X2.0	T02	刀位信号2
2	+24V	+24V电源	电源接口	16	X2.1	T03	刀位信号3
3	X0.1	SP	进给保持	17	X2.2	T04	刀位信号4
4	X0.3	DECX	X轴减速	18	X3.0	LIMX	X轴超程
5	X0.5	ESP	急停开关	19	X3.2	LIMZ	Z轴超超
6	X0.7	T05	刀位信号5	20	X3.3	WQPJ	卡盘松开到位
7	X1.0	T06	刀位信号6	21	X3.4	NQPJ	卡盘夹紧到位
8	X1.1	T07	刀位信号7	22	X6.0	HANDX	手轮X轴
9	X1.2	T08	刀位信号8	23	X6.2	HANDZ	手轮Z轴
10	X1.3	DECZ	Z轴减速	24	X6.3	0.001	手轮增量0.001
11	X1.4	ST	循环启动	25	X6.4	0.01	手轮增量0.01
12	X1.5	M41I	1档到位	26	X6.5	0.1	手轮增量0.1
13	X1.6	M42I	2档到位	27	GND	0V	0V端
14	X1.7	T01	刀位信号1	28	GND	0V	0V端

其中，当合上输入钮子开关时，高电平有效，同时相应的指示灯点亮。

5. 刀架控制板

电动换刀是数控机床的基本功能，企业用电动换刀电动机一般选用三相异步电动机，实习中设计电气原理图可以根据设计任务需要选择三相异步电动机或单相异步电动机。在电气安装环节，鉴于安全原因，电气安装选用单相异步电动机。

在实验装置提供的刀架控制板上，根据设计的换刀控制原理图进行电气安装与调试。施工前的刀架控制板如图1-53a所示。

刀架控制板施工后如图1-53b所示，板上主要安装放置控制换刀电动机正反转的主回路的低压断路器和接触器，以及控制回路用中间继电器和与外围连接的端子排等。

刀架控制板端子排定义见表1-6。

表1-6 刀架控制板端子排定义表

序号	定义	说明	序号	定义	说明
1	L41	220V输入	7	205	换刀正转
2	L42		8	207	换刀反转
3	L81	换刀电动机	9	202	电源公共端
4	L82		10	备用1	备用
5	L83		11	备用2	备用
6	PE	接地	12	备用3	备用

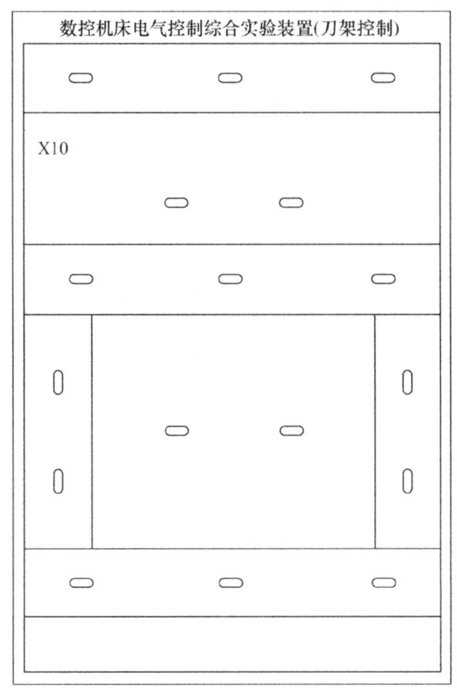

a) 施工前

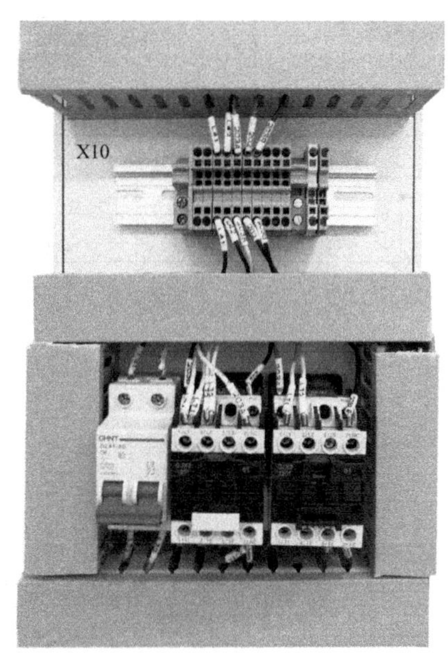

b) 施工后

图 1-53　刀架控制板实物布局示意图

三相异步电动机换刀主回路和控制回路如图 1-54 所示，实验装置用单相异步电动机换刀控制电气原理图如图 1-55 所示。

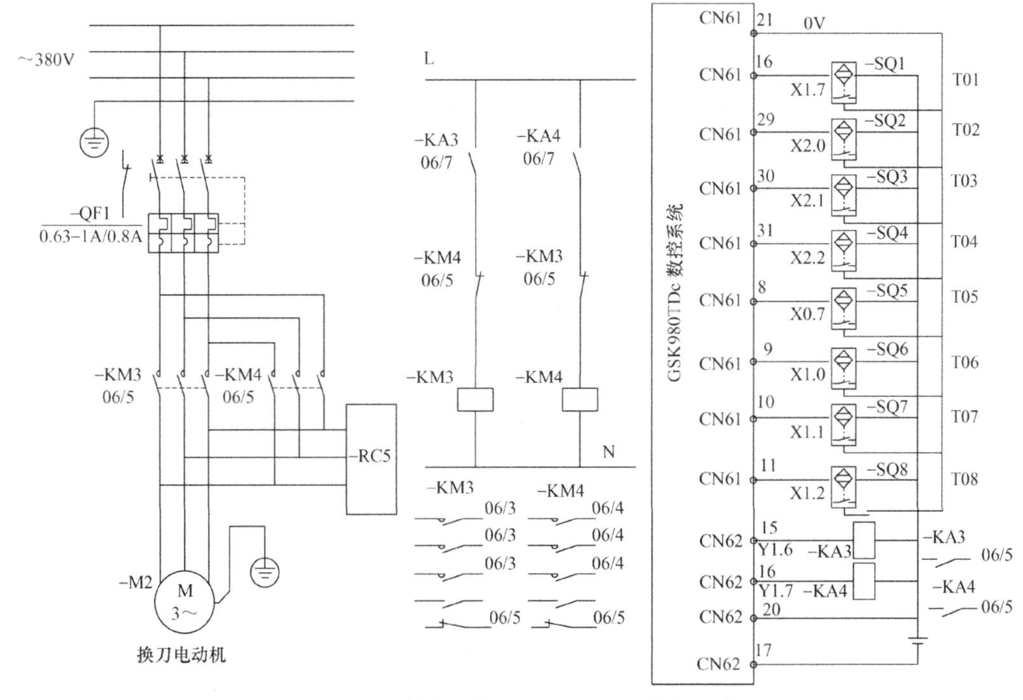

图 1-54　换刀控制电气原理图（三相异步电动机）

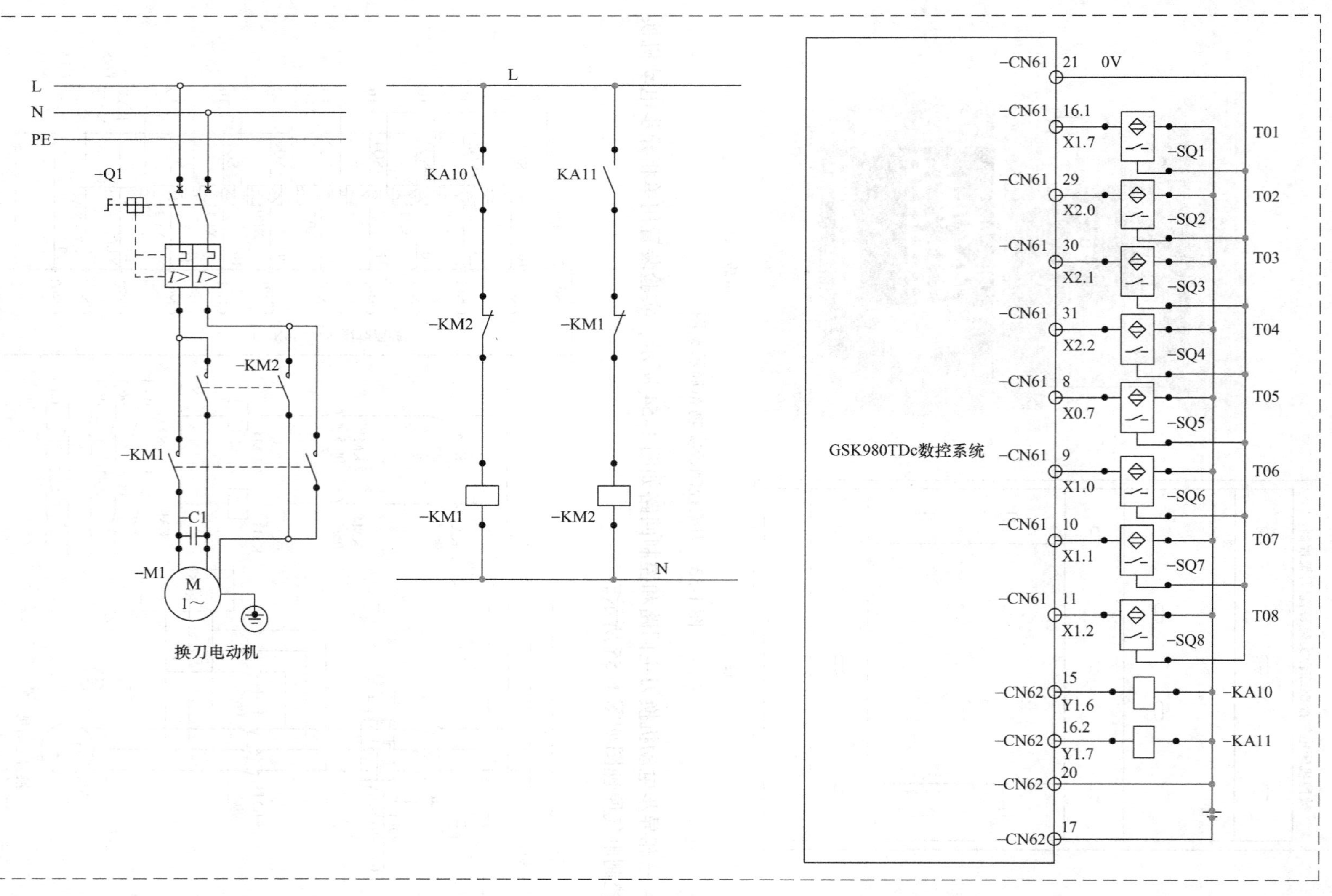

图 1-55 换刀控制电气原理图（单相异步电动机）

从图 1-54 可以看出，1 ~4 号刀具位置由传感器检测，换刀电动机正反转由 PLC 输出控制，接触器 KM1 和 KM2 互锁，主回路为经典的三相异步电动机正反转电路。

从图 1-55 可以看出，换刀电动机正反转由交流接触器 KM1 和 KM2 实现，KM1 和 KM2 互锁，中间继电器 KA10 和 KA11 由 PLC 控制输出，输入信号图中未画出，可参考后面的电气图分析。

6. 主回路板

主回路板主要用来放置电气原理图中的主要元器件，除了主轴变频器、进给伺服放大器、换刀控制电路器件以及电动机（主轴电动机、伺服电动机、换刀电动机）和主轴位置编码器。主要电气部件有低压断路器、接触器、中间继电器、端子排等，主回路板未布置元器件前的实物示意如图 1-56 所示，元器件布局图如图 1-57 所示，布置元器件后的实物示意如图 1-58 所示。

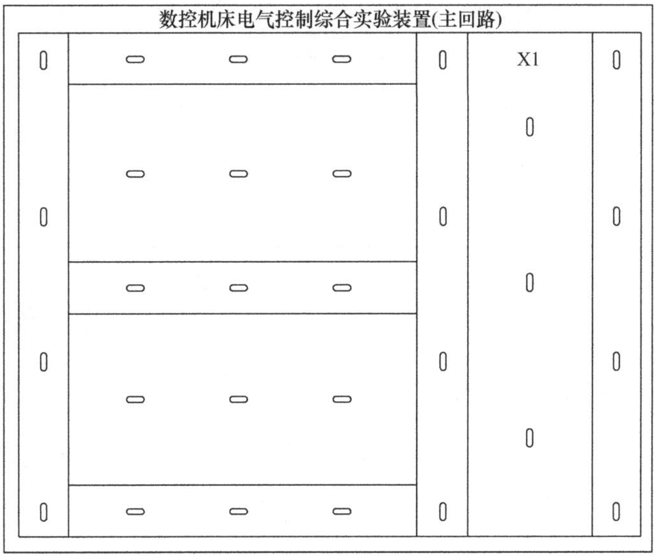

数控机床电气控制综合实验装置(主回路)

X1

图 1-56　主回路板未布置元器件前的实物示意图

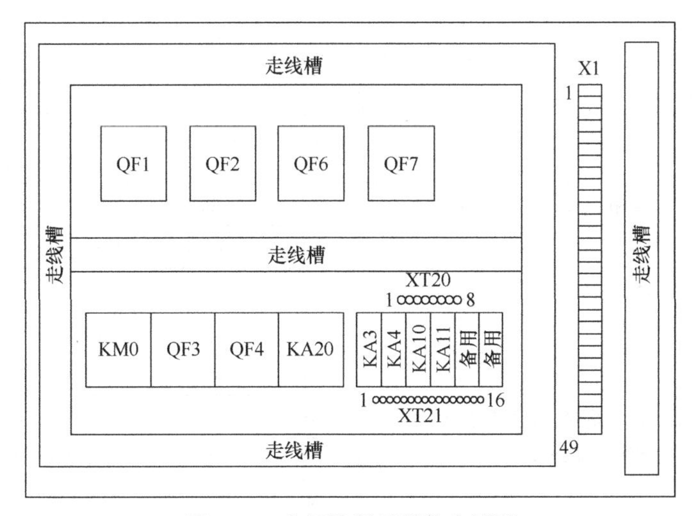

图 1-57　主回路板元器件布局图

图 1-58 布置元器件后实物示意图

X1 端子排定义见表 1-7。

表 1-7 X1 端子排定义表

序号	线号	含义	序号	线号	含义
1	PE	接地	21	PE	CNC 接地
2	L1	三相 380V 电源输入	22	L51	伺服主电源
3	L2		23	L51	
4	L3		24	L52	
5	L31	三相伺服变压器 380V 输入（T1）	25	L52	
6	L32		26	L53	
7	L33		27	L53	
8	L41	三相伺服变压器 220V 输出（T1）	28	L61	变频电源（只用 220V）
9	L41		29	L63	
10	L42		30	110	STF（主轴正转）
11	L42		31	111	STR（主轴反转）
12	L43		32	112	SD（主轴公共端）
13	300	单相控制变压器 380V 输入（TC1）	33	Y0.3	M03
14	301		34	Y0.4	M04
15	200	单相控制变压器 220V 输出（TC2）	35	Y0.5	M05
16	201		36	Y1.6	TL +
17	202	220V 电源/数控系统 AC 220V 电源输入（CNC）	37	Y1.7	TL −
18	202		38	120	急停按钮 SB0/停止按钮 SB5
19	203		39	121	停止按钮 SB5/起动按钮 SB6
20	203		40	122	起动按钮 SB6/起动灯 HL1

（续）

序　号	线　号	含　　义	序　号	线　号	含　　义
41	123	停止灯 HL2	45	0V	0V（来自 CNC）
42	+24V	+24V 电源（来自 CNC）	46	0V	
43	+24V		47	0V	
44	+24V				

XT20、XT21 端子排定义见表 1-8 和表 1-9。

表 1-8　XT20 端子排定义表

序　号	线　　号	说　　明	备　　注
1	Y0.3	主轴正转	
2	Y0.4	主轴反转	
3	Y1.6	换刀正转	
4	Y1.7	换刀反转	
5	备用	备用	
6	备用	备用	
7	24V	24V 电源	
8	24V	24V 电源	

表 1-9　XT21 端子排定义表

序　号	线　号	说　　明	备　注	序　号	线　号	说　明	备　注
1	110	主轴正转 KA3 触点		9	备用		
2	112			10	备用		
3	111	主轴反转 KA4 触点		11	备用		
4	112			12	备用		
5	205	换刀正转 KA10 触点		13	备用		
6	203			14	备用		
7	207	换刀反转 KA11 触点		15	备用		
8	203			16	备用		

7. 与执行件对接端子排

实验装置在实习过程中需与相应的执行件连接，执行件主要有主轴电动机（三相异步电动机）、进给伺服电动机（X 轴与 Z 轴）、主轴用光电编码器以及换刀电动机等，为便于连接，实验装置设计了对接端子排 X22，端子排定义见表 1-10。

表 1-10 X22 端子排定义表

序 号	线 号	含 义	序 号	线 号	含 义
1	PE	接地	31	L81	单相换刀电动机（MA4）
2	N	零线	32	L82	
3	L1	三相 380V 电源输入	33	N83	
4	L2		34	PE	换刀电动机接地
5	L3		35	X1.7	刀号 T1 位置信号输入（SQ13）
6	L31	三相伺服变压器 380V 输入（T1）	36	X2.0	刀号 T2 位置信号输入（SQ14）
7	L32		37	X2.1	刀号 T3 位置信号输入（SQ15）
8	L33		38	X2.2	刀号 T4 位置信号输入（SQ16）
9	L41	三相伺服变压器 220V 输出（T1）	39	+24V	来自 CNC 直流电源 24V
10	L42		40	+24V	
11	L43		41	+24V	
12	300	单相控制变压器 380V 输入（TC1）	42	0V	来自 CNC 直流电源 0V
13	301		43	0V	
14	200	单相控制变压器 220V 输出（TC2）	44	0V	
15	201		45	+24V	来自 CNC 急停按钮 1（SB0）
16	202	数控系统 AC 220V 电源输入（CNC）	46	120	来自 CNC 急停按钮 2（SB0）
17	203		47	120	来自 CNC 停止按钮 1（SB5）
18	PE	CNC 接地	48	121	来自 CNC 停止按钮 2（SB5）
19	1U1	X 轴伺服电动机（MA1）	49	121	来自 CNC 起动按钮 1（SB6）
20	1V1		50	122	来自 CNC 起动按钮 2（SB6）
21	1W1		51	122	起动灯正端（HL1）
22	PE	X 轴伺服电动机接地	52	123	停止灯正端（HL2）
23	2U1	Z 轴伺服电动机（MA2）	53	0V	起动灯负端（HL1）
24	2V1		54	0V	停止灯负端（HL2）
25	2W1		55	X0.3	X 轴减速信号输入（SQ3）
26	PE	Z 轴伺服电动机接地	56	X1.3	Z 轴减速信号输入（SQ9）
27	3U1	主轴电动机（MA3）	57	X3.0	X 轴超程（SQ18）
28	3V1		58	X3.2	Z 轴超程（SQ19）
29	3W1		59		备用
30	PE	主轴电动机接地	60		备用

X22 端子排除与执行件对接外，还把主电源上电控制回路使用的急停、起动与停止按钮以及相应的指示灯也引至端子排，用于实验装置使用。

X22 端子排实物如图 1-59 所示。

8. 实验装置其他部件

（1）总电源进线

由于企业用数控机床大部分使用三相 380V 电源，为更加接近工厂工况，本实验装置也选用了三相380V电源，总进线选用工业质量较高的航空插座，插座是5芯插座，插座X0定义见表1-11，插座实物在实验装置后侧，如图1-60所示。

表1-11　总进线航空插座X0定义表

序号（引脚）	1	2	3	4	5
功　能	PE	L1	L2	L3	N
说　明	保护地	相线1	相线2	相线3	零线

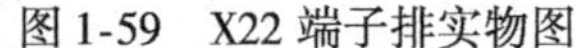

图1-59　X22端子排实物图

图1-60　总进线航空插座实物图

（2）实验装置安全保护及电源指示灯

从实习安全角度考虑，当总进线接入实习装置后，首先进入端子排XT30（见图1-61），XT30端子排定义见表1-12，又从XT30端子排把导线接至实验装置正面电源指示灯（AC 220V）和断路器（见图1-62），以及左侧的接线板。

表1-12　XT30端子排定义表

序　号	1	2	3	4	5	6	7	8	9	10	11	12	13
功　能	PE	PE	PE	L1	L1	L1	L2	L2	L3	L3	N	N	N
说　明	接地			相线1			相线2		相线3		零线		

（3）控制变压器

由于GSK980TDc以及接触器线圈电压等级为单相AC 220V，而实验装置总进线是三相380V，所以实验装置需设计选用一个控制变压器，将三相380V变换成单相AC 220V，本次设计选用的控制变压器容量为是500V·A，完全能满足实习需要。该控制变压器放置在实验装置的内部，实物如图1-63所示。

图1-61 XT30端子排实物图

图1-62 实验台正面断路器

（4）伺服变压器

在数控机床进给驱动中，进给电动机一般选用步进电动机或伺服电动机，国内数控机床用伺服电动机选用一般都选用低压伺服电动机。因此，伺服驱动器都是220V电压等级，对于小功率的伺服电动机，一般伺服驱动器可以选用单相或三相220V电压等级，但对于功率较大的伺服电动机，伺服驱动器都是选用三相220V输入连接方式，实验装置伺服驱动器和伺服电动机选用广数GS2000T系列伺服驱动器和伺服电动机。为更接近企业使用，实验装置伺服驱动器设计成三相AC 220V电压等级，由于实验装置总电源是三相380V，所以需设计一个三相伺服变压器，三相380V输入，三相220V输出。实物放置在实验装置内部，如图1-64所示。

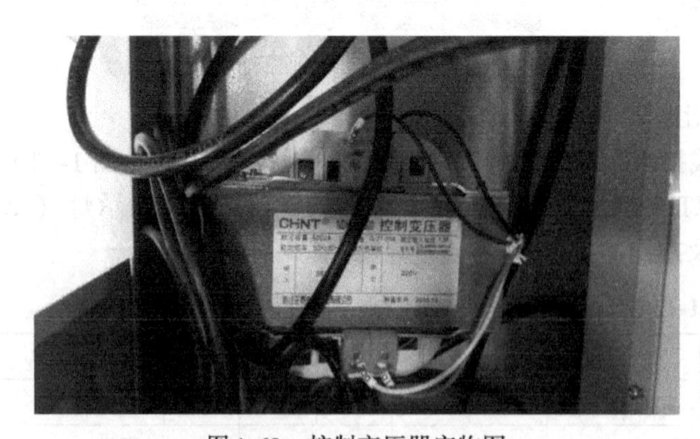

图1-63 控制变压器实物图

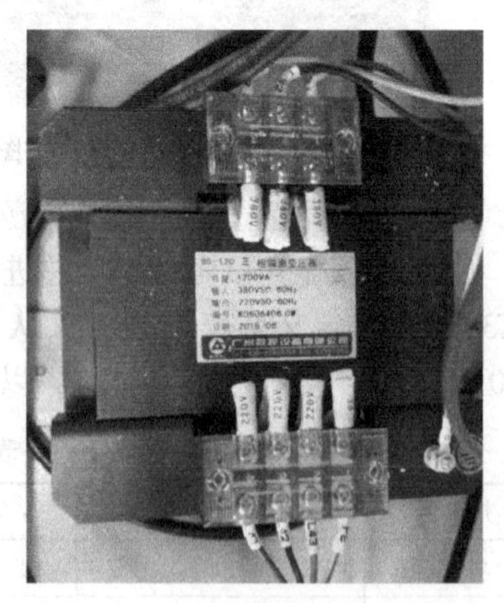

图1-64 三相伺服变压器实物图

9. 电气原理图

为便于参考学习，结合设计实验装置的各部件特点，提供有数控机床电气控制综合实验装置原理图供学习时参考。该电气原理图已做成电路板放置在实验装置上，自行设计时可以借鉴图纸格式和规范，如图1-65和图1-66所示，图1-65中“控制电源”处的DC 24V电源用于外部设备使用。

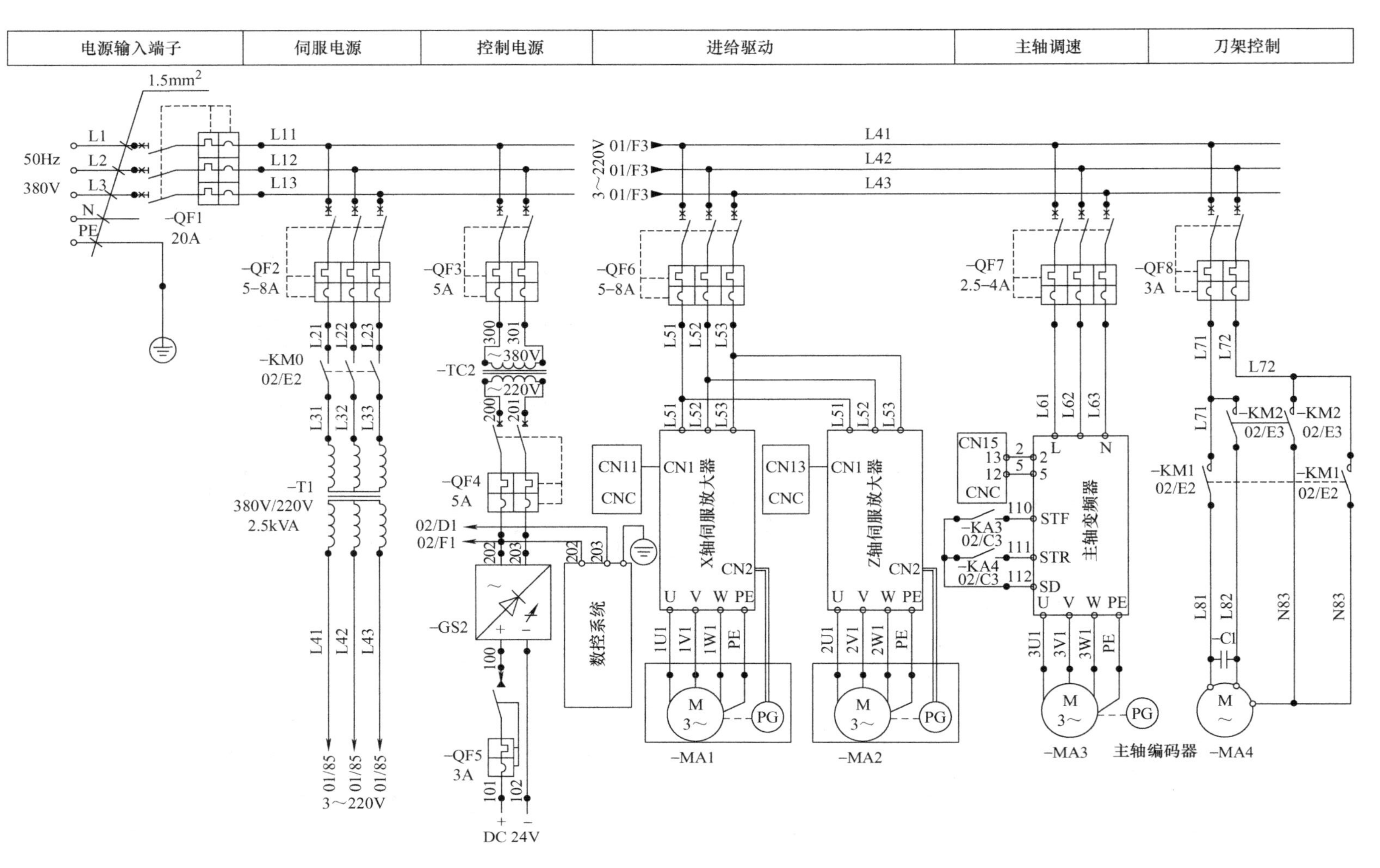

图1-65　数控机床电气控制电气原理图1

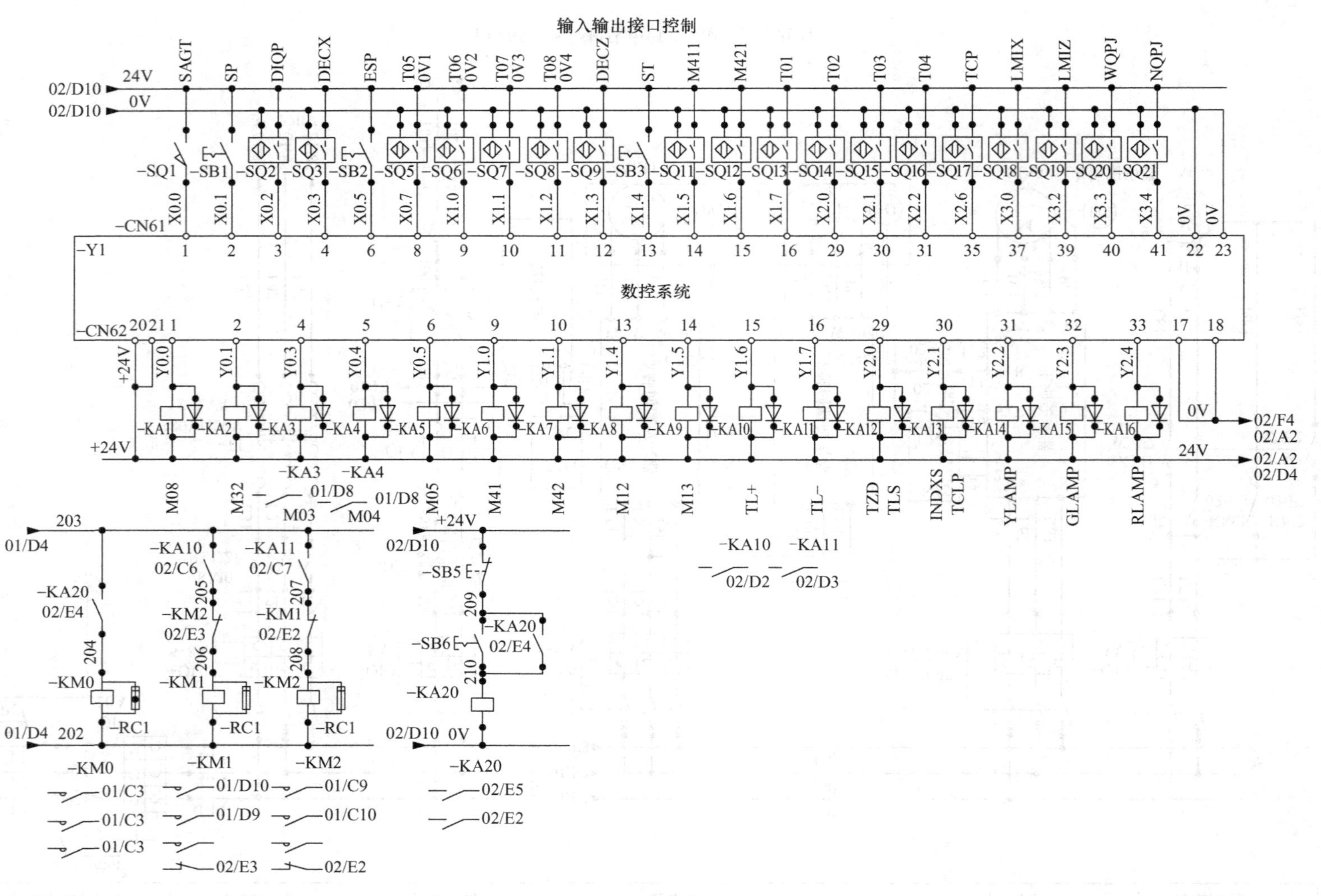

图1-66 数控机床电气控制电气原理图2

（1）主回路

数控机床电气控制电气原理图中的主回路主要包括伺服电源、控制电源、进给驱动、主轴调速、刀架控制等，注意区分实习时各部分的电压等级。

1）伺服电源：三相220V。

2）工厂用数控机床中变频器一般使用三相AC 380V，此处为便于设计，电气图中理解为三相AC 220V，实际实物连接是单相AC 220V。

3）换刀电动机：工厂用数控机床中一般使用三相AC 380V电源，鉴于安全和已有实物，设计成单相AC 220V。

4）数控系统输入电源是AC 380V。

（2）控制回路

实习装置控制回路主要是伺服驱动以及变频器等主电源启动与停止控制电路，中间继电器KA20控制接触器KM0以及换刀电动机正反转控制。控制回路中的接触器线圈电压等级都是AC 220V。

（3）数控系统输入输出接口

1）输入接口。在数控系统输入输出接口信号中，电气图中设计了大约23个输入控制信号，实际电气施工使用较少，具体参考输入控制板信号。

电动刀架换刀用的刀位信号在电气图中设计了4～8把刀具信号，实际施工时注意：选择的是模拟刀架控制实验还是实际刀架控制实验，若选择模拟刀架控制实验，刀架控制板上的刀架控制信号输出端子与换刀电动机之间不需要连接，或调试时绝对不能合上QF8，刀位信号可以选择输入控制板上钮子开关代替；若选用实际刀架控制实验，绝对不能将模拟刀位信号的输入信号连接到信号控制板的输入接口X4（CN61）端子排，只能使用执行件对接端子排X22上的换刀刀架的实际刀位信号，同时也需要把刀架控制板上控制的换刀电动机输出信号接至执行件对接端子排。

2）输出接口。在输入输出信号板图中，输出设计了大约16个输出继电器。实际施工中，只需要4个继电器功能输出，它们分别是控制主轴正反转的中间继电器KA3和KA4；控制换刀电动机正反转的中间继电器KA10和KA11。

从图1-66可以看出，当输出控制信号时，输出为低电平有效。

第 2 章 基于广数数控系统的实践项目

2.1 项目 1 数控机床电气控制系统综合设计实践

【实践预习】

1）结合第 1 章有关实验装置的技术资料，了解数控机床的电气组成。

2）熟悉数控系统的各个接口说明。

【实践目的】

根据指导教师讲解，理解实验装置控制过程以及实验装置提供的"数控机床电气控制电气原理图"，并根据具体设计要求设计数控机床电气控制原理图。通过电气图设计，掌握电气控制设计规范要求和标准的应用，掌握机床电气元器件的选择原则，理解数控机床电气控制原理和各主要部件的具体应用，为电气安装做准备。

【实践平台】

1）数控机床电气控制综合实验装置，1 台。

2）SolidWorks Electrical 电气制图软件（或类似软件），1 套。

【相关知识】

推荐以下技术资料并查阅类似网络资源，了解整个数控机床电气控制系统的基本知识：

1）数控原理与系统教材。

2）机床电器及 PLC 教材。

3）运动控制系统教材。

4）电机拖动教材。

5）数控机床教材。

6）GSK980TDc 数控系统使用说明书。

7）GS2000T 交流伺服驱动器使用说明书。

8）三菱 D700 系列变频器使用说明书。

9）数控机床电气控制综合实验装置使用说明书。

10）电气标准和电气制图教材。

11）电气制图软件说明书。

【实践要求】

为满足学生有可选择性课题，安排了两大类题目，每个大类还有细分课题素材。

1. 设计要求1

根据GSK980TDc数控系统使用说明书、GS2000T交流伺服驱动器使用说明书、D700系列变频器使用说明书等技术资料设计电气原理图，完成如下任务：

1）实现数控系统对两轴伺服电动机的进给控制功能。

2）实现数控系统对主轴三相异步电动机无级调速的控制功能。

3）实现数控系统对电动刀架三相异步电动机的正反控制功能。

4）实现数控系统对冷却泵的电气控制功能。

5）实现数控系统外部接口功能：回参考点、超程、六工位刀架信号等。

6）实现电气柜的散热和照明功能。

7）设计中用到的输入信号使用接近开关。

8）按照国家电气标准设计电气原理图（电气符号、电气代号、电气功能、电气格式需遵守国家标准，设计连接线需标注线号）。

9）按照电气画图软件要求规范设计电气原理图（选做）。

为满足不同的项目需求和设计方案，提供以下设计素材：

1）变频器主电源有两种输入等级规格：为单相AC 220V和三相AC 380V。变频器功率为0.4kW，主轴电动机功率为0.375kW（实验室用）。

2）冷却泵电动机有两种输入电源规格：单相AC 220V和三相AC 380V。冷却泵电动机功率为0.12kW。

3）散热风扇有两种规格：DC 24V和AC 220V。风扇功率为40W。

4）照明有两种规格：DC 24V和单相AC 220V。照明功率为18W。

2. 设计要求2

根据提供的GSK980TDc数控系统使用说明书、GS2000T交流伺服驱动器使用说明书、D700系列变频器说明书等技术资料设计电气原理图，完成如下任务：

1）实现数控系统对两轴伺服电动机的进给控制功能。

2）实现数控系统对主轴三相异步电动机无级调速的控制功能。

3）实现数控系统对电动刀架单相异步电动机的正反控制功能。

4）实现数控系统对冷却泵的电气控制功能。

5）实现数控系统外部接口功能：回参考点、超程并声光报警、四工位刀架信号等。

6）实现电气柜的散热功能。

7）设计中用到的输入信号，回参考点使用接近开关，其他开关均使用行程开关。

8）按照国家电气标准设计电气原理图（电气符号、电气代号、电气功能、电气格式遵守国家标准，设计连接线需标注线号）。

9）按照电气画图软件要求规范设计电气原理图（选做）。

为满足不同的项目需求和设计方案，提供以下设计素材：

1）变频器主电源有两种输入等级规格：单相AC 220V和三相AC 380V。变频器功率为0.4kW，主轴电动机功率为0.375kW（实验室用）。

2）冷却泵电动机有两种输入电源规格：单相 AC 220V 和三相 AC 380V。冷却泵电动机功率为 0. 25kW。

3）散热风扇有两种规格：DC 24V 和单相 AC 220V。风扇功率为 40W。

4）照明有两种规格：DC 24V 和单相 AC 220V。照明功率为 18W。

实践笔记

2.2 项目 2 数控机床电气安装施工实践

【实践预习】

了解一般电气基本知识和机床电器的使用，了解数控机床的主电气组成，熟悉实验装置结构。

【实践目的】

理解数控机床电气控制原理，掌握电气元器件选择、安装，掌握电工工具的使用；掌握导线选用规范以及电气施工工艺。

【实践平台】

1）数控机床电气控制综合实验装置，1 台。

2）常用工具与仪表（包括冷压钳、剥线钳、十字螺钉旋具、一字螺钉旋具、剪刀、万用表等），1 套。

【实践步骤】

1. 整理数控机床电气控制原理图

根据第 1 章介绍的实验装置使用说明、项目一设计的电气原理图以及施工任务要求，优化整理出可施工的数控机床电气控制原理图。

设计施工任务要求如下：

1）实现数控系统对两轴伺服电动机的进给控制功能。

2）实现数控系统对主轴三相异步电动机无级调速以及正反转的控制功能。

3）实现数控系统对电动刀架的单相异步电动机正反控制功能。

4）实现数控系统外部接口功能：回参考点、正负超程、六工位换刀信号、急停、外部循环启动、外部循环停止、手轮轴选、手轮倍率。

5）实现数控系统输出控制：主轴正反转控制、电动刀架正反转及换刀控制功能。

6）实现驱动电源启动与停止控制功能。

7）实现数控系统工作电源 AC 220V 输入功能。

2. 认识和辨别实验装置的电气元器件与电气图样的关系

认识和辨别以下元器件并填写表 2-1：

1）三极低压断路器、两极低压断路器、单极低压断路器（主要参数：型号、电流参数、上进下出接线点位置、辅助触点接线点）。

2）接触器（主要参数：型号、线圈工作电压、主触点电流、线圈接线点、主触点接线点、辅助触点接线点）。

3）中间继电器（主要参数：型号规格、线圈电压等级、线圈正负极接线点、常开触点和常闭触点接线点、触点通过最大电流）。

4）端子排（主要参数：端子排规格、端子排通过电流、端子排绝缘与连通位置、端子排短路条）。

5）继电器模组中继电器线圈连接点定义、继电器常开触点、常闭触点位置。

6）信号控制板、输入控制板、主轴调速板、进给控制板、刀架控制板、主回路板等模块上端子排的定义和实物关系，并填写表2-2。

表2-1　主回路板电气元器件性能表

序　号	元器件名称	图中代号	型号/规格/性能
1	三极低压断路器	QF1	
2	三极低压断路器	QF2	
3	三极低压断路器	QF6	
4	三极低压断路器	QF7	
5	两极低压断路器	QF3	
6	两极低压断路器	QF4	
7	两极低压断路器	QF8	
8	接触器	KM0	
9	接触器	KM1	
10	接触器	KM2	
11	中间继电器	KA20	
12	端子排	X1	
13	继电器板	KA3/KA4/ K10/KA11	

表2-2　各模块电路走线和信号功能

序　号	模块名称	端子排代号	信号组弱电/强电	来/往部件名称	信号功能
1	信号控制板	X4			
		X5			
		X6			
		X7			
		X8			
		X9			
2	输入控制板	X15			

（续）

序　　号	模 块 名 称	端子排代号	信号组弱电/强电	来/往部件名称	信 号 功 能
3	主轴调速板	X2			
		X3			
4	进给控制板	X11			
		X12			
		X13			
		X14			
5	刀架控制板	X10			
6	主回路板	X1			
7	执行台	X22			

3. 整理实验装置步骤

1）把实验装置原有走线槽盖板取下。

2）将实验装置中原有导线拆下，其中 X22 端子排右边与执行台互连线不拆：

① 选用现场提供的工具（一字旋具和十字旋具）把实验装置中原有的连接线拆下。

② 把导线从长到短整理一下，把导线原号码管和冷压端头剪掉，导线备用于实习材料。

3）动手学习拆卸和装配低压断路器、接触器、中间继电器、端子排等器件。

4）整理实验装置卫生（把已使用过的号码管、冷压端头、20cm 以下的导线作为垃圾统一放在垃圾筐内）。

5）具体拆卸要求和方法可扫描本书二维码（指导教师提供的视频）或听从教师现场指导。

4. 元器件布局与安装

1）根据电气施工图和实验装置使用说明书，把电气元器件安装好（也可以听从教师现场指导）。

2）注意端子排短接片的连接作用和位置。

3）注意端子排拆线和接线，有些是弹簧连接，有些是螺栓连接。

4）注意安装在导轨上的端子排有绝缘和连通区别，避免端子排间直接连通。

5. 导线连接施工工艺

1）选择导线规格。根据电气安装原理图，选择导线（注意型号、颜色、截面面积），鉴于实习条件限制，实习时导线颜色、截面面积以及型号可以不做要求，工程中的导线使用应注意以下几点：

① 参考国家标准选用导线颜色，一般动力线选用黑色导线、交流控制线选用红色导线、信号控制线选用蓝色导线、DC 24V 电源正端选用棕色导线、中性线（N）选用白色导线、接地线（PE）选用黄绿色。受实习条件限制，电路中交流控制线选用红色导线，DC 24V 及以下电源导线选用蓝色导线，380V 电压等级导线选用黑色导线。

② 导线截面面积是指导线有效导体铜的实际截面面积，不含绝缘层的面积，实习中统一选用 0.75mm^2 导线。

③ 在不同的使用场合选用不同型号的导线：一般在自动控制领域使用软导线，有些场合还需使用屏蔽线，有些外用场合还需选择电缆护套线等。

2）测量导线长度。根据电气安装原理图，找到连接的元器件和连接点位置（以 A 点和 B 点为例），取 A 点和 B 点导线长度（经过走线槽中间自然位置连接的长度，再留 3～5cm 长度）。

3）打印号码管。根据电气安装原理图，打印号码管，把号码管分别套在导线两端，注意号码管识读的方向，最终确保整个电气板是同一个方向辨认。

4）剥线。选用剥线钳（注意剥线钳粗细接口位置），剥线 6～8mm。

5）压线。根据接线点特点，选用冷压端子（一般为 UT 或 IT 端子型端子），用冷压钳把导线与冷压端压紧，轻轻拉导线和端子确保端子压紧导线。

6）接线。选用合适的一字旋具或十字旋具，把导线连接到接线端。

6. 注意事项

1）注意端子排连接位置上下左右不要错位施工。

2）整个连接完成后，整理号码管位置，使号码管放置位置和标注显示整齐一致。

3）施工完成后，根据电气安装原理图，每组同学每人检查一遍导线连接情况，再交叉检查导线连接情况，检查确认无误后申请通电调试。

4）每次施工结束后，整理实验装置周边环境卫生。

5）也可以听从教师现场指导。

实践笔记

2.3 项目3 数控机床电气硬件电路调试实践

【实践预习】

了解机床电器的基本知识和应用，了解数控机床主电气组成和实验装置结构，了解施工用电气安装原理图的控制过程。

【实践目的】

理解数控机床电气控制原理，掌握数控机床电气硬件电路调试步骤和方法，掌握万用表等工具与仪表的使用方法。

【实践平台】

1）数控机床电气控制综合实验装置，1台。

2）常用工具与仪表（包括冷压钳、剥线钳、十字螺钉旋具、一字螺钉旋具、剪刀、万用表等），1套。

【实践步骤】

1）理解施工用电气原理图。

2）在未通电情况下，根据施工用电气原理图，用万用表检查导线连接情况，确保电气施工中各个元器件和导线连接正确、可靠，还要理解各个连接部件的作用和含义，以及正常通电后各部分电源的电压等级等。

① 检查AC 220V和三相AC 380V以及DC 24V有无接错线。

② 检查控制变压器和三相变压器的一次侧和二次侧有无接错线。

③ 检查变频器主电源输入和变频器输出到主轴电动机有无接错线。

④ 检查伺服驱动器主电源输入和伺服驱动器输出到相应伺服电动机有无接错线。

⑤ 检查数控系统主电源输入是否是AC 220V。

⑥ 检查电动刀架测试的电动机规格与电压等级是否符合（分单相电动机AC 220V，还是三相电动机AC 380V）。

⑦ 检查数控系统从 CN62 输出的 DC 24V 电源线是否与其他需要 DC 24V 电源线互通。

⑧ 检查交流接触器线圈工作电压是否是 AC 220V。

⑨ 检查模拟输入信号控制板端子排定义功能与数控系统输入 CN61 插座信号功能是否对应。

⑩ 检查急停按钮、起动按钮与停止按钮的控制回路理解和施工电路是否正确。

3）根据电气施工原理图，将主回路板和刀架控制板上的代号为 QF1 ~ QF8 的低压断路器都断开。

4）申请通电调试，请现场指导教师协助再重点检查导线连接情况。

5）征得现场指导教师同意，由指导教师接通三相 380V 总电源。

6）各实习小组先推选 1 位对整个电气控制原理和电气安装比较熟悉的同学进行调试，后续每个同学分别进行调试，掌握调试方法。

7）具体调试步骤如下：

① 根据电气安装原理图，测量总电源进线（X22 端子排上 L1/L2/L3）是否为三相 AC 380V。

a. 查看电气安装原理图，找出测量具体位置。

b. 将万用表拨至电压档，测量档位要大于待测电压的理论值。

c. 双手拿万用表的绝缘部分表笔，测量元器件上的测量点。

d. 读万用表数值，判断是否与电气安装原理图理论值吻合。若不吻合，断开总电源，检查导线连接情况。

② 测量低压断路器 QF1 上接线端是否为三相 AC 380V。

③ 合上低压断路器 QF1，测量低压断路器 QF1 下接线端是否为三相 AC 380V。

④ 分别测量低压断路器 QF2 和 QF3 上接线端是否为三相 AC 380V。

⑤ 合上低压断路器 QF3，测量低压断路器 QF3 下接线端是否为三相 AC 380V。

⑥ 测量低压断路器 QF4 上接线端是否为 AC 220V。

⑦ 合上低压断路器 QF4，测量 QF4 下接线端是否为 AC 220V。此时，数控系统显示屏应点亮，DC 24V 电源应有状态指示。数控系统面板上停止按钮指示灯（红色）点亮。

⑧ 松开数控系统面板上急停按钮，按数控系统面板上起动按钮，若接线正确，中间继电器 KA20 应吸合，KA20 吸合状态指示灯点亮；交流接触器 KM0 也应吸合；数控系统面板上起动按钮指示灯点亮。

⑨ 按下数控系统面板上的停止按钮，中间继电器 KA20 和交流接触器 KM0 吸合状态断开。

⑩ 合上低压断路器 QF2，用万用表（大于 380V 的交流电压档）测量低压断路器 QF2 下接线端是否为三相 AC 380V，同时再测量交流接触器 KM0 上接线端是否为三相 AC 380V。

⑪ 按下数控系统操作面板上的起动按钮，中间继电器 KA20 和交流接触器 KM0 应吸合，再用万用表（大于 380V 的交流电压档）测量 KM0 下接线端是否为三相 AC 380V。

⑫ 用万用表（大于 380V 交流电压档）测量低压断路器 QF6 上接线端是否为三相 AC 220V，低压断路器 QF7 和低压断路器 QF8 上接线端是否为 AC 220V（若不调试换刀功能，则不需要合上低压断路器 QF8；若调试换刀功能，则后续详细介绍）。

⑬ 合上低压断路器 QF6，伺服驱动器数码管应点亮。

⑭ 若伺服驱动器数码管不亮，则需先按下数控系统面板上的停止按钮，再断开总电源，

最后检查导线连接情况。

⑮ 合上低压断路器 QF7，测量 QF7 下接线端是否为 AC 220V，同时，应观察到变频器数码管点亮。

⑯ 至此，实验装置的硬件通电情况已基本完成，其他弱电调试归至后续实验实习项目。

⑰ 按下数控系统操作面板上的停止按钮，实验装置驱动部分的电源断开，但数控系统仍然有电，可以做后续实验实习。

⑱ 若不做后续实验实习，可以断开实验装置最右边的总电源开关，最后由指导教师断开实验室的电气柜电源，再整理实验装置周围卫生，完成本次实习任务。

⑲ 具体调试步骤也可以扫描“硬件调试步骤”二维码或指导教师提供的硬件调试步骤视频。

实践笔记

2.4 项目 4 数控系统输入输出电气接口调试实践

【实践预习】

了解机床电器的基本知识和应用，了解数控机床主电气组成和实验装置结构，了解电气安装原理图中输入输出信号的控制作用。

【实践目的】

理解数控机床电气控制原理，掌握数控系统输入输出电气硬件调试方法和技巧，掌握万用表等工具与仪表的使用方法。

【实践平台】

1）数控机床电气控制综合实验装置，1 台。

2）常用工具与仪表（包括冷压钳、剥线钳、十字螺钉旋具、一字螺钉旋具、剪刀、万用表等），1 套。

【实践步骤】

1）在 2.3 项目 3 的基础上，合上总电源开关。

2）依次合上低压断路器 QF1、QF3、QF4，确认断开伺服电源用低压断路器 QF2 和 QF6、变频器用低压断路器 QF7、电动刀架用低压断路器 QF8。

3）数控系统正常上电，显示屏点亮，输出 DC 24V 电源提供给输入信号板使用。

4）依次合上输入控制板上各钮子开关（模拟机床上信号），观察信号控制板上 X4（CN61）端子排上方相应的指示灯点亮情况。若接线正确，当合上功能钮子开关时，相应状态指示灯点亮。

5）调试时，若合上功能钮子开关，X4（CN61）端子排上方相应的指示灯不亮或其他非相应指示灯点亮，则需断开总电源，在断电情况下检查接线对应关系和导线连接质量。

6）根据施工的电气安装原理图可以分析，当合上钮子开关时，输入到X4（CN61）端子排的电压应为高电平，即用万用表的直流电压档（大于DC 24V）测量输入信号端（红表笔）与DC 24V相应的0V端（黑表笔）电压，应为DC 24V。若不是，则连接线错误，需断开总电源，在断电情况下检查接线对应关系和导线连接质量。

7）进入数控系统输入输出诊断界面，检查调试输入/输出信号，步骤如下：

① 打开调试界面。在数控系统上按“设置（SET）”键后再按“机床功能调试”软键，进入机床功能调试界面（见图2-1），其中图2-1a为系统基本功能界面，按功能分类进行了排列，图2-1b为调试项目的相关说明，再次按下“机床功能调试”软键，打开子功能选项。为降低机床现场调试难度，“机床功能调试”界面能够引导调试人员完成对整个机床基本功能的配置。若对参数熟悉，也可以直接进入参数界面设置调试参数。

按操作面板的“转换CHG”键可将光标在调试项目和说明间进行切换。

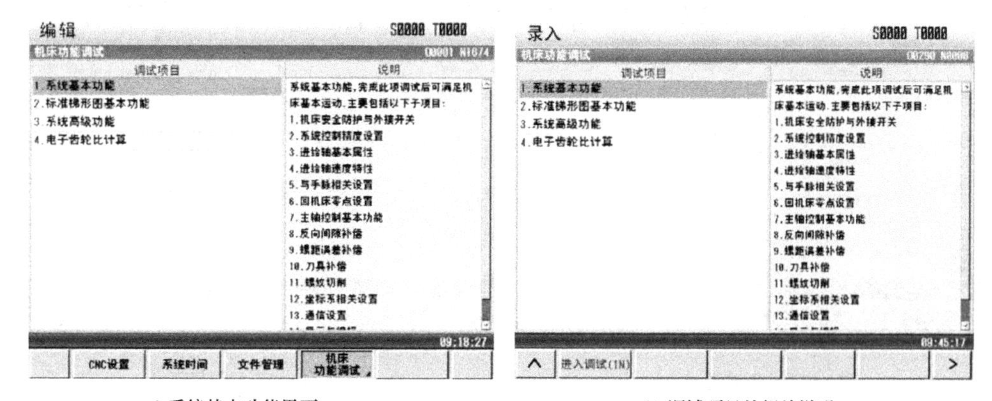

a) 系统基本功能界面　　b) 调试项目的相关说明

图2-1　机床功能调试界面

② 选择调试选项。按“进入调试（IN）”软键（或“输入IN”键），可进入调试选项；按“返回OUT”软键（或“输出OUT”键），可返回上一层调试选项。重复以上操作，打开选中的调试选项，如图2-2所示。

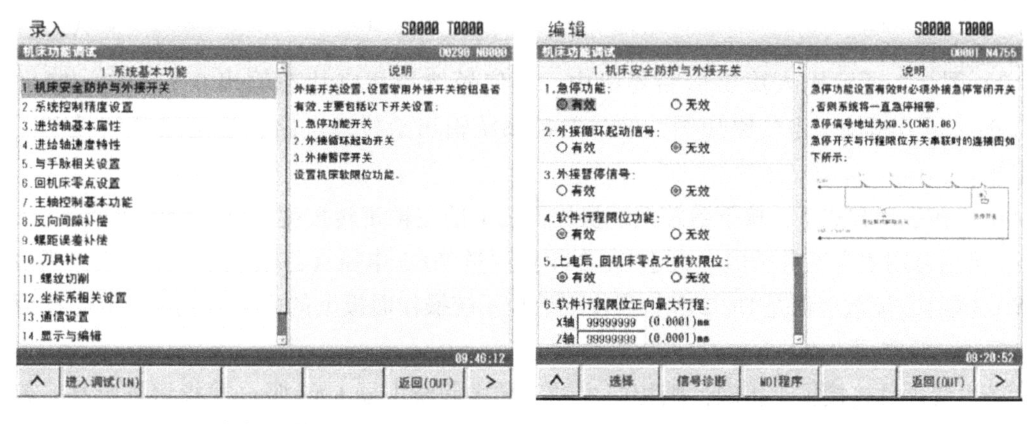

a) 机床功能调试界面　　b) 机床安全防护外接开关界面

图2-2　系统基本功能调试界面

③ 机床功能设置。进入调试选项后，对选项进行修改。选项主要有两种类型：一种为单项选择，一种为数据输入。对于单项选择型的选项，将光标移至需要设置的选项上，按“选择”软键（或“输入 IN”键），即可对选项进行设置。对于数据输入型的选项，将光标移至需要设置的选项上，直接输入需修改的数据值后，按“输入 IN”键即可完成修改。

④ 功能检测。在功能调试界面，通过按“信号诊断”软键可弹出 PLC 状态信息窗口，对 PLC 状态信号进行诊断，如图 2-3a 所示；通过按“MDI 程序”软键可弹出 MDI 程序界面，进行 MDI 操作或查看系统坐标、模态信息、综合信息等系统常用状态信息，辅助项目调试，如图 2-3b 所示。

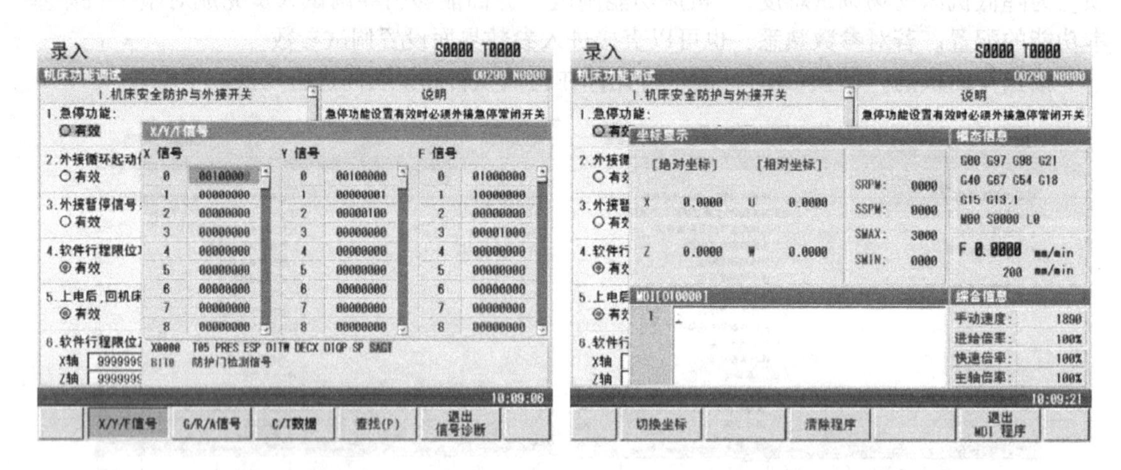

a) 信号诊断界面　　　　b) 坐标显示界面

图 2-3　输入输出诊断界面操作

通过“信号诊断”软键与“MDI 程序”软键可快速诊断当前 IO 状态、系统信息，方便功能调试，并能在功能设置后进行调试验证，而无须退出当前调试界面。

8）当合上相应输入控制板上钮子开关时，若输入信号连接正确，则输入状态功能应该与图 2-3 上输入输出诊断界面显示地址变化（0/1）一致，合上为“1”，断开为“0”。

9）图 2-3 所示输入输出诊断界面中，Y 信号地址相应状态输出 0/1 变化，输出为“1”时，可分析施工电气原理图，经过数控系统输出给接口电路，输出接口信号电平为低电平。

10）在手动方式下，按下数控系统操作面板上的主轴正转按键，输出诊断界面 Y0.3 为“1”，可用万用表直流电压档（大于 DC 24V）测量 Y0.3 电压（红表笔放 +24V 端，黑表笔放 Y0.3 端），读数应该是 DC 24V；当按下数控系统操作面板上的主轴停止按键时，读万用表的数值，应该是 0V。

若电气硬件连接施工正确，则相应主轴正转中间继电器 KA3 吸合或指示灯点亮。若相应功能不能实现，则应断开总电源，检查导线连接是否正确。同理，在数控系统上测试主轴反转功能。

实践笔记

2.5　项目5　数控系统控制进给伺服电动机电气调试实践

【实践预习】

熟悉实验装置结构，了解数控机床主电气组成，了解交流伺服驱动器控制原理，了解实验装置用交流伺服驱动器使用说明书。

【实践目的】

理解数控机床电气控制原理，掌握数控系统与交流伺服驱动器以及伺服电动机的硬件连接，掌握数控系统和伺服驱动器相关参数设置和调试方法。

【实践平台】

1）数控机床电气控制综合实验装置，1台。

2）常用工具与仪表（包括冷压钳、剥线钳、十字螺钉旋具、一字螺钉旋具、剪刀、万用表等），1套。

【相关知识】

1. GS2000T 交流伺服驱动器的硬件连接

（1）伺服驱动器外观

伺服驱动器（伺服驱动单元）外观如图2-4所示。

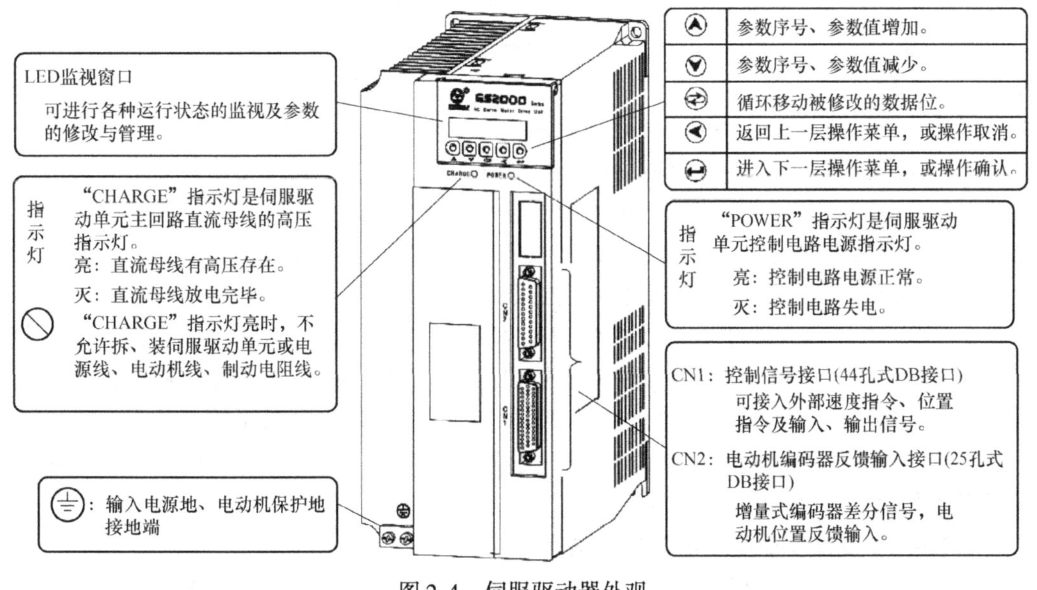

图2-4　伺服驱动器外观

图2-4中，伺服驱动器正面有LED监视窗口、参数设置按键及状态指示灯、控制信号接口（CN1）、电动机编码器反馈输入接口（CN2）。

（2）主回路接线端子

主回路接线端子如图2-5所示。

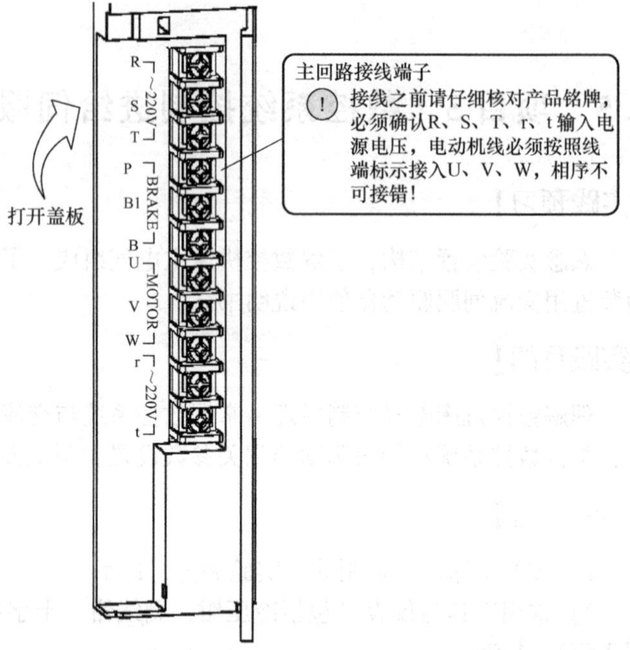

图2-5　主回路接线端子

图2-5中，主回路输入为三相或单相AC 220V（接R、S、T端子），r、t端子接入伺服驱动器控制电源（单相AC 220V），U、V、W端子接电动机，P、B、B1为制动电阻端子，制动电阻用于能耗制动，伺服驱动器必须外接制动电阻才能正常工作。

伺服驱动器与伺服电动机使用注意事项如下：

1）U、V、W与电动机绕组一一对应连接，不可反接。

2）电缆及导线必须固定好，避免靠近伺服驱动器散热器和电动机，以免因受热降低绝缘性能。

3）伺服驱动器内有大容量电解电容，即使断电后，仍会保持较高的残余电压，断电后5min内切勿触摸伺服驱动器和电动机。

（3）伺服驱动器的使用方式

1）位置控制方式标准接线。位置控制方式标准接线如图2-6所示。

图2-6中，R、S、T为主电源输入端，输入电源为三相AC 220V，r、t为伺服驱动器控制电源输入端，输入单相AC 220V，驱动器的输出U、V、W、PE端连接至伺服电动机。位置控制信号连接至PULS+/PULS-和SIGN+/SIGN-，通过伺服驱动器控制伺服电动机的速度、位置及方向：PULS+/PULS-频率控制伺服电动机速度，PULS+/PULS-脉冲数控制伺服电动机运行位置，SIGN+/SIGN-控制伺服电动机的方向。具体连接参见图1-38所示。

从图2-6可以看出，开关量输入信号为低电平设计，CN1接口中有位置控制信号、开关量输入信号、开关量输出信号，CN2接口接收伺服电机编码器反馈信号。

2）速度控制方式标准接线。速度控制方式标准接线如图2-7所示。

图2-7中，R、S、T为主电源输入端，电源输入为三相AC 220V，r、t为伺服驱动器控制电源输入端，输入单相AC 220V，驱动器输出U、V、W、PE端连接至伺服电动机。速度指令（-10~10V）通过伺服驱动器控制伺服电动机运转速度，开关量输入信号为低电平设计，CN1接口中有位置和速度控制信号、开关量输入信号、开关量输出信号，CN2接口接收伺服驱动电动机编码器的反馈信号。

2. GS2000T交流伺服驱动器的控制信号

从图2-6和图2-7可以看出：CN1接口控制信号主要有位置信号（输入）、速度信号

（输入）、离散开关信号（输入）、离散开关信号（输出）和编码器分频信号（输出）；CN2接口接收编码器反馈信号。

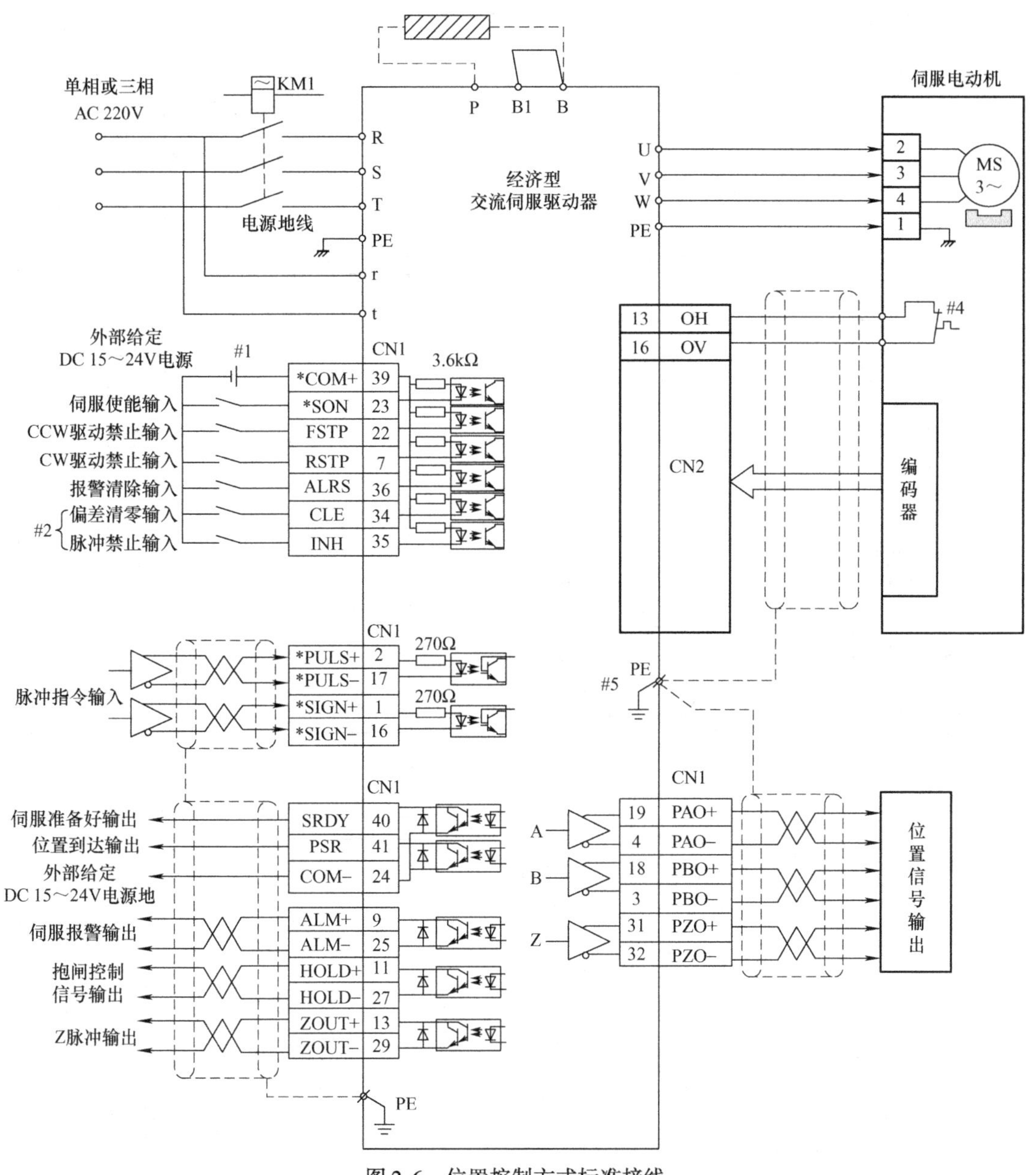

图2-6　位置控制方式标准接线

（1）CN1接口控制信号

1）位置信号（输入）。PULS +/PULS − 和 SIGN +/SIGN − 是脉冲差分信号，位置信号（输入）接收类型可以通过参数设置。

2）速度信号。VCMD +/VCMD − 是模拟差分信号，速度信号（输入）接收数据范围为0～ +/ −10V。

3）离散开关信号（输入）。离散开关量（输入）主要有伺服使能（SON）、正转禁止

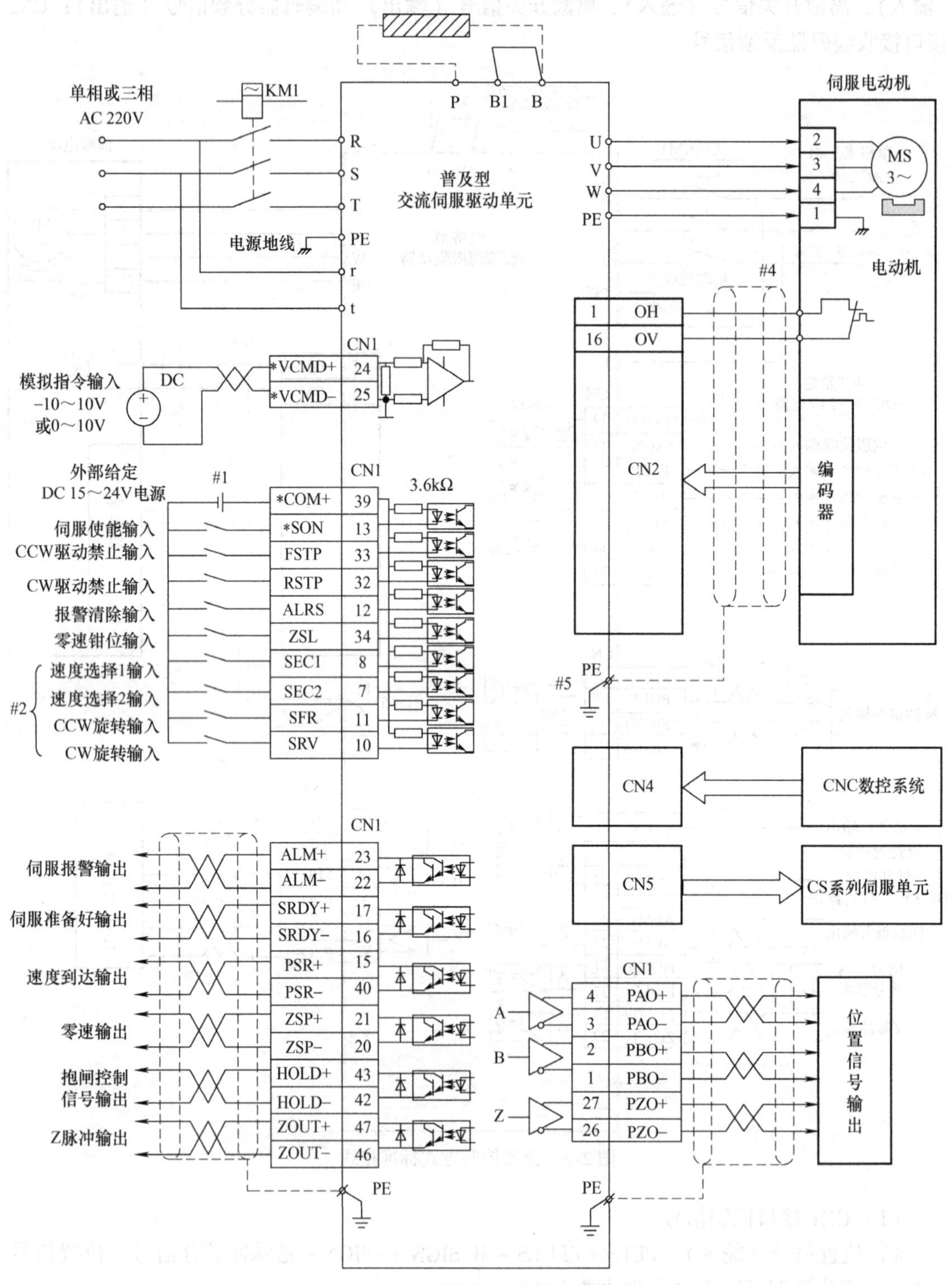

图 2-7 速度控制方式标准接线

(FSTP)、反转禁止(RSTP)、报警清除(ALRS)等，输入信号低电平有效。

4）离散开关信号（输出）。离散开关量（输出）主要有伺服准备好（SRDY +/SRDY −）、伺服报警（ALM+/ALM-）、Z脉冲（ZOUT+/ZOUT-），输出也是低电平有效。

5）编码器分频信号（输出）。CN1接口中还有编码器分频信号（输出），分频信号为PAO+/PAO-、PBO+/PBO-、PZO+/PZO-，分频信号在伺服驱动器中差分输出。输出信号与编码器如何分频，可以通过伺服参数进行设置。

(2) 伺服电动机反馈

伺服电动机尾部的光电编码器信号反馈到伺服驱动器的CN2接口，如图2-8所示。具体连线信号有5V、0V、A+、A-、B+、B-、Z+、Z-、U+、U-、V+、V-、W+、W-以及OH（过热保护），用于伺服电动机速度和位置反馈。

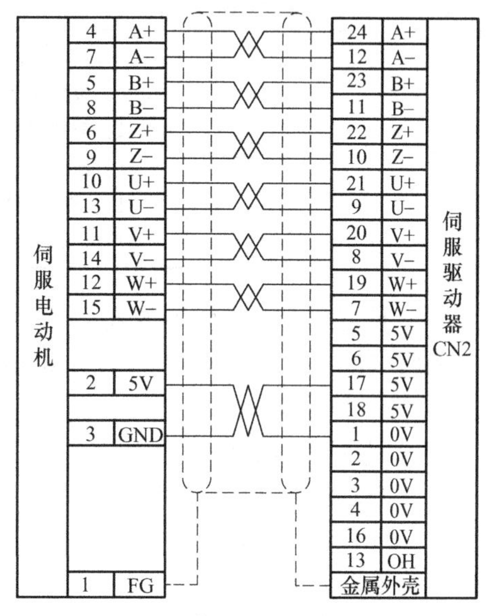

图2-8　伺服驱动器与光电编码器反馈连接图

3. GS2000T交流伺服驱动器参数

交流伺服驱动器的参数比较多，一般使用驱动器的默认值即可，修改伺服驱动器参数之前，必须理解修改参数的含义以及修改相应参数后的结果。修改后的参数需与现场的实物相对应，下面仅介绍几个常用参数以供参考。

(1) 初始显示状态

初始显示状态的参数号为PA3，参数设置数值含义见表2-3。一般默认为0，即显示电动机转速。

表2-3　初始显示状态设置数值一览表

参数号	参数名称	含　义	设定范围
PA3	初始显示状态	选择伺服驱动器上电后的显示器显示状态： 0：电动机速度 1：当前电动机位置低5位（脉冲） 2：当前电动机位置高5位（×10000脉冲） 3：位置指令低5位（脉冲） 4：位置指令高5位（×10000脉冲） 5：位置偏差低5位（脉冲） 6：位置偏差高5位（×10000脉冲） 7：电动机电流是2.3A 8：模拟指令对应的速度是1000r/min 9：速度指令是210r/min 10：位置指令脉冲频率是283.8kHz 19：输入端子状态 20：输出端子状态	0～35

(2) 控制方式

控制方式参数号为PA4，常用工作方式有位置控制方式、速度控制方式和点动控制方式，具体参数设置数值含义见表2-4。

表 2-4 控制方式参数设置数值一览表

参数号	参数名称	含义	设定范围
PA4	工作方式选择	工作方式选择： 0：位置控制方式 1：速度控制方式 3：速度/位置切换方式 10：点动控制方式：在 JOG 方式下，先设定 PA124 点动速度值，然后可以用按键▲或▼进行 CCW、CW 旋转操作	0～12

(3) 位置指令脉冲输入方式

伺服接口接收位置指令脉冲方式参数号为 PA5。位置指令脉冲输入方式主要有以下几种：

0：指令脉冲＋方向。

1：CCW 脉冲＋CW 脉冲。

2：两相指令脉冲。

三种输入方式示意见表 2-5。

表 2-5 位置指令脉冲输入方式一览表

标准模式：PA28＝0			
脉冲指令模式	CCW	CW	PA5 设定值
脉冲列方向	PULS+ SIGN+		PA5＝0 指令脉冲＋方向
CCW 脉冲列 CW 脉冲列	PULS+ SIGN+		PA5＝1 CCW 脉冲＋CW 脉冲
A 相脉冲列 B 相脉冲列	PULS+ SIGN+		PA5＝2 两相指令脉冲

(4) 柔性齿轮比[⊖]

为确保数控系统显示与实际位移的关系，在伺服驱动器中可以设置柔性齿轮比。柔性齿轮比功能也就是“电子齿轮功能”，是相对机械变速齿轮而言的。根据机械丝杆螺距、电动机与丝杆减速比、编码器线数、机床设计精度指标等数据，通过伺服参数的设置调整和内部计算，可以确保输入脉冲与实际位移的对应关系。

柔性齿轮比参数号为 PA29 和 PA30，PA29 为位置指令脉冲倍率系统，PA30 为位置指令

⊖ 柔性齿轮比和电子齿轮比为同一概念，只是不同厂家的叫法不同。

脉冲分频系统，设置情况见表2-6。

表2-6　柔性齿轮比设置数值一览表

参数号	名称	单位	参数范围	默认值
PA29	位置指令脉冲倍率系统	—	1～32767	1
PA30	位置指令脉冲分频系统	—	1～32767	1

柔性齿轮比计算公式为

$$G=\frac{PA29}{PA30}=\frac{C}{L}\cdot\frac{Z_M}{Z_D}\cdot\frac{\delta}{I}\cdot\frac{C_D}{C_R}\cdot S \tag{2-1}$$

式中，C 为电动机编码器线数（一般系统内电动机反馈线数的4倍频）；L 为丝杠导程（mm）；Z_M为丝杠端齿轮的齿数（适用有减速器的情况）；Z_D为电动机端齿轮的齿数；δ 为系统最小输出指令单位（mm/脉冲）；I 为指令位移（mm）；S 为实际位移（mm）；C_R为上位机指令倍频系数；C_D为上位机指令分频系数。

举例：机床数控系统为GSK980TDc，电动机与Z轴丝杠直接连接，丝杠的导程为6mm，电动机编码器线数为2500/转，不考虑数控系统参数的指令倍频系数和分频系数，计算伺服驱动器的柔性齿轮比。

解：根据题意可知

$C=2500\times4=10000$ 脉冲，$L=6mm$，$Z_m:Z_D=1:1$，$\delta=0.001mm/$脉冲，$I=6mm$，$C_D:C_R=1:1$，$S=6mm$

得出

$$G=\frac{10000}{6}\times1\times\frac{0.001}{6}\times1\times6=5/3$$

即参数设置PA29设为5，PA30设为3。

（5）驱动禁止输入无效

驱动禁止输入无效参数号为PA138，参数数值含义如下：

PA138=0：FSTP（CCW驱动禁止输入）为OFF时，禁止伺服电动机CCW方向旋转；RSTP（CW驱动禁止输入）为OFF时，禁止伺服电机CW方向旋转；FSTP、RSTP同时为OFF时，伺服单元出现Err-7故障。

PA138=1：驱动禁止功能无效。

（6）JOG运行速度

JOG运行速度设置参数号为PA124，参数数值的含义是设置JOG操作的运行速度，范围为-3000～3000r/min，运行方式由PA4=10选择。

（7）电动机旋转方向

电动机旋转方向参数号为PA28，参数数值含义如下：

PA28=0：维持原指令方向。

PA28=1：输入的脉冲指令方向取反。

特别说明：伺服电动机不能通过改变电动机接线来改变电动机旋转方向，必须通过改变伺服参数来改变旋转方向。

4. 回零方式

数控系统中与回零有关的参数见表2-7。

表 2-7　数控系统中与回零有关的参数一览表

参数类型	参数号及含义	说　明
状态参数	NO. 4#5 Bit5　1：在回机床零点时，减速信号为高电平 　　　0：在回机床零点时，减速信号为低电平	回零减速硬件连接
	NO. 6#0/1/2/3 Bit0　1：X 轴 C 方式回零 　　　0：X 轴 B 方式回零 Bit1/2/3 分别对应 Z 轴/Y 轴/4th 轴	回参考点①具体方式，常见方式为 B（正方向回参考点）或 C（反方向回参考点）
	NO. 7#0/1/2/3 Bit0　1：回机床零点时，X 轴的减速信号（DECX）和一转信号（PCX）并联（用一个接近开关同时作减速信号和零位信号） 　　　0：回机床零点时，X 轴的减速信号（DECX）和一转信号（PCX）独立连接（需要独立的减速信号和零位信号） Bit1/2/3 分别对应 Z 轴/Y 轴/4th 轴	回参考点减速和零位是使用同一信号还是分别独立信号
	NO. 11#2/3 Bit2　1：执行回零操作时方向键自锁，按一次，方向键回零直至结束 　　　0：执行回零操作时方向键不自锁，必须一直按住方向键。 Bit3　1：手动回机床零点无效 　　　0：手动回机床零点有效	1. 设置回参考点是否有效 2. 设置回参考点方向按键是否需要自锁使用
	NO. 14　0/1/2/3 Bit0　1：X 轴有机床零点，执行机床回零操作时，需要检测减速信号和零点信号 　　　0：X 轴无机床零点，执行机床回零操作时，不检测减速信号和零点信号，直接回到机床坐标系的零点 Bit1/2/3 分别对应 Z 轴/Y 轴/4th 轴	回参考点有硬件减速和回零信号，需设置为 1
	NO. 183#0/1/2/3 Bit0　1：选择该轴回零方向为负方向回零 　　　0：选择该轴回零方向为正方向回零 Bit1/2/3 分别对应 Z 轴/Y 轴/4th 轴	选择回参考点方向
数据参数	NO. 33 各轴返回机床零点的低速速度	减速后机床速度，单位为 mm/min
	NO. 113 各轴回机床零点的高速速度	机床回零最高速度，单位为 mm/min
	NO. 47 各轴返回机床零点后绝对坐标的设置值	设置回参考点后绝对坐标数值显示，单位为 0.001mm
	NO. 114 各轴机床零点偏移量	设置回零后零点偏移设置，单位为 0.001mm

①　回参考点即为回零。

回参考点有以下几种方式：

第一种情况：回零减速信号和零位信号是独立的

（1）B 方式返回机床零点的过程

1）设置参数。

① 状态参数 NO. 6 的 Bit0/1/2/3（对应 X 轴/Y 轴/Z 轴/4th 轴）设为 0（选择 B 方式回参考点），设为 1 则表示选择方式 C 回参考点。

② 状态参数 NO. 4 的 Bit5 设为 0 时，减速信号低电平有效（即未压减速开关时接常闭），Bit5 设为 1 时，减速信号高电平有效（即未压减速开关时接常开）

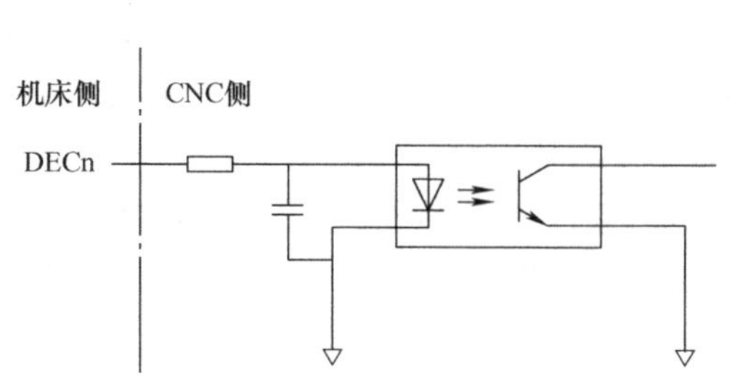

图 2-9　减速信号内部连接电路

2）硬件连接。

① 减速信号内部连接电路如图 2-9 所示，输入信号为高电平有效。

② 减速挡块示意图如图 2-10 所示，设计时挡块长度必须≥25mm。

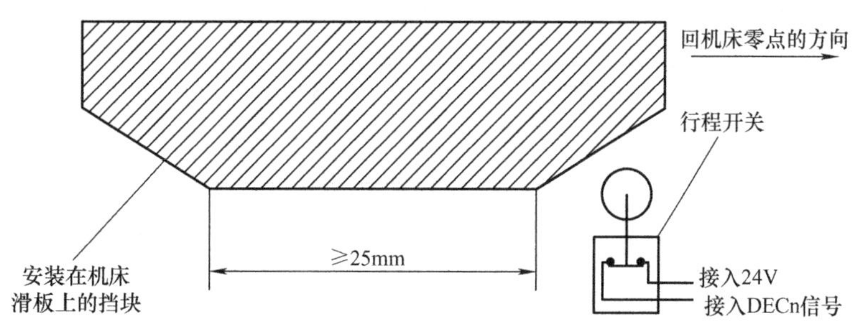

图 2-10　减速挡块示意图

③ 减速开关电气接口如图 2-11 所示，图中，减速开关为常闭形式。

3）B 方式返回机床回零动作时序如图 2-12 所示。

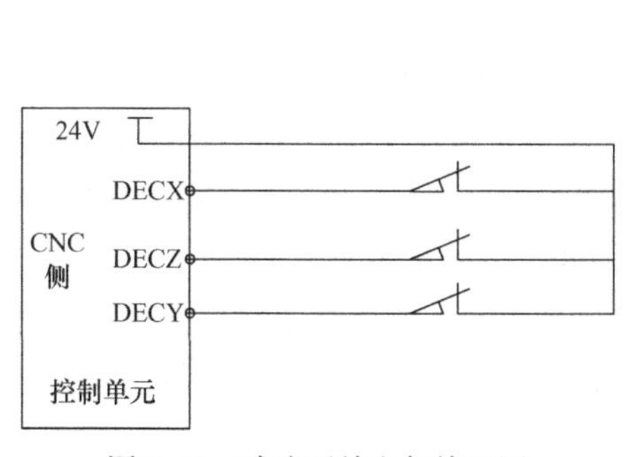

图 2-11　减速开关电气接口图

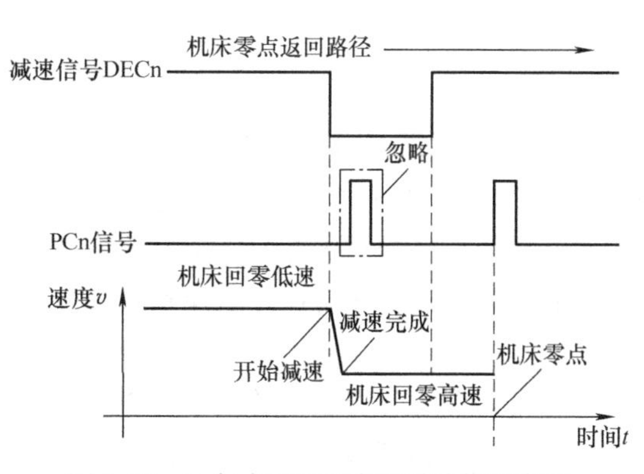

图 2-12　B 方式返回机床回零动作时序图

① 选择机床回零操作方式，按手动正向或负向（回机床零点方向由状态参数 NO. 183 设定）进给键，则相应轴以高速速度（参数 NO. 113）向机床零点方向运动。运行至压上

减速开关，减速信号触点断开时，机床减速运行，且以固定的低速（参数 NO. 33）继续运行。

② 当减速开关释放后，减速信号触点重新闭合，CNC 开始检测编码器的一转信号（PC），如该信号电平跳变，则运动停止，同时操作面板上相应轴的回零结束指示灯点亮，机床回零操作结束。

（2）C 方式返回机床零点的过程

1）设置参数。当状态参数 NO. 6 的 Bit0 设为 1（选择 C 方式回参考点）且状态参数 NO. 4 的 Bit5 设为 0 时（即减速开关未压下时接常闭），选择 C 方式返回机床零点、减速信号低电平有效。

2）硬件连接情况参考 B 方式的 2）硬件连接如图 2-11 所示。

3）回机床零点的动作时序如图 2-13 所示。

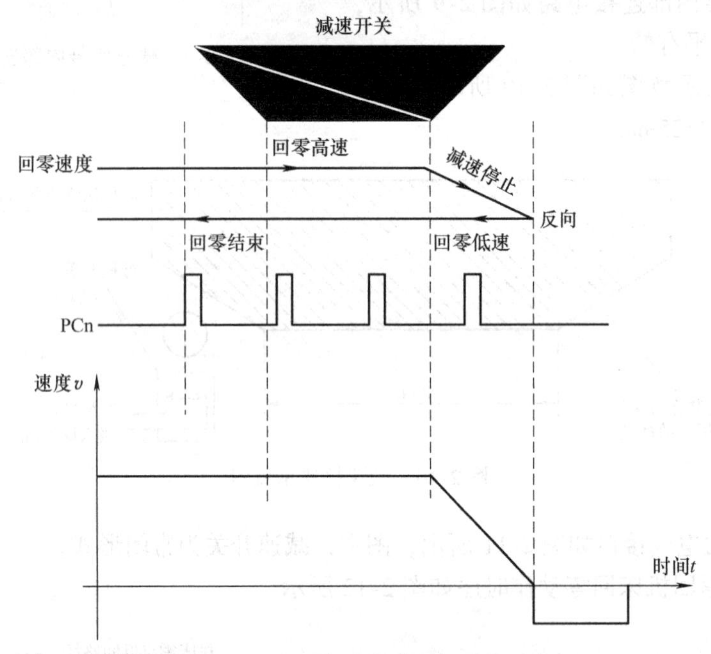

图 2-13　C 方式返回机床零点的动作时序图

① 选择机床回零操作方式，按手动正向或负向（回机床零点方向由状态参数 NO. 183 设定）进给键，则相应轴以高速速度（参数 NO. 113）向机床零点方向运动。运行至压上减速开关，减速信号触点断开时，运行速度仍不下降，仍以高速运行，直至离开减速开关，减速信号触点闭合时，运行速度减速到零，然后以低速向相反方向运行。

② 反向运行中，再次压上减速开关，且直到离开减速开关，减速信号触点重新闭合时，系统才开始检测编码器的一转信号（PC），如该信号电平跳变，则运动停止，同时操作面板上相应轴的回零结束指示灯点亮，机床回零操作结束。

第二种情况：用一个接近开关同时作为减速信号和零点信号时的机床回零

（1）B 方式返回机床零点

B 方式返回机床零点的撞块示意图如图 2-14 所示，图中减速开关和零位开关为常闭接近开关。

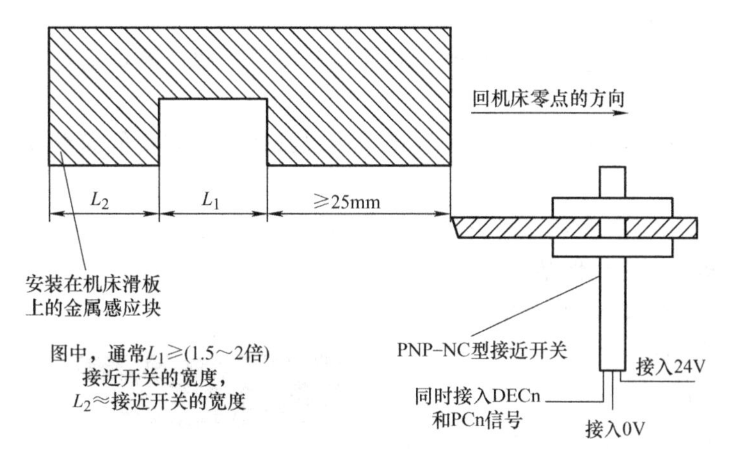

图 2-14 B 方式返回机床零点的撞块示意图

（2）C 方式返回机床零点

C 方式返回机床零点的撞块示意图如图 2-15 所示，图中减速开关（DEC）和零位开关（PC）为常闭接近开关。

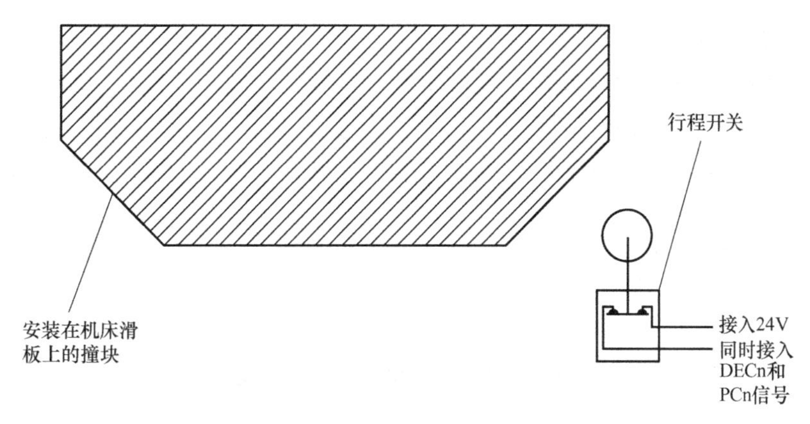

图 2-15 C 方式返回机床零点的撞块示意图

（3）回机床零点的动作时序

1）B 方式返回机床零点。当状态参数 NO. 6 的 Bit0（ZMX）设为 0，状态参数 NO. 4 的 Bit5（DECI）=0 时，选择 B 方式返回机床零点。B 方式返回机床零点的动作时序图如 2-16 所示，减速和回零为 1 个开关。

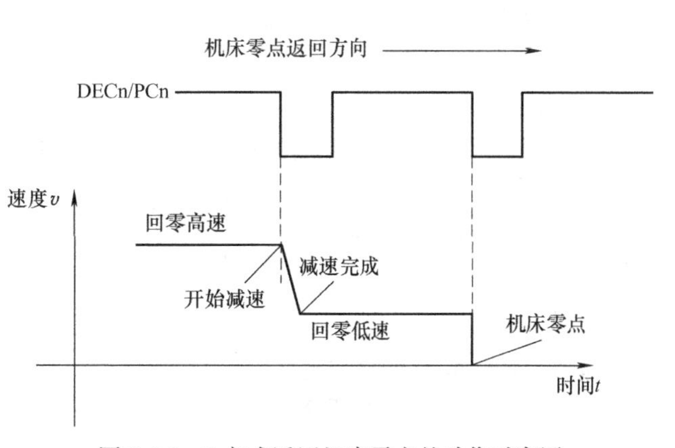

图 2-16 B 方式返回机床零点的动作时序图

B 方式返回机床零点的过程如下：

① 选择机床回零操作方式，按

手动正向或负向（回零方向由状态参数 NO. 183 决定）进给键，则相应轴以高速（参数 NO. 113）向零点方向运动。

② 当接近开关第一次感应到挡块时，减速信号有效，机床减速运行，并以固定的低速（参数 NO. 33）运行。

③ 当接近开关离开挡块时，减速信号无效，以减速后的固定低速继续运行，并开始检测零点信号（PC）。

④ 当接近开关第二次感应到挡块时，零点信号有效，运动停止，操作面板上的回零结束指示灯点亮，机床回零操作结束。

2）C 方式返回机床零点。当状态参数 NO. 6 的 Bit0（ZMX）设为 1，状态参数 NO. 4 的 Bit5（DECI）=0 时，选择 C 方式返回机床零点。C 方式返回机床零点的动作时序图如 2-17 所示，减速和回零为 1 个开关。

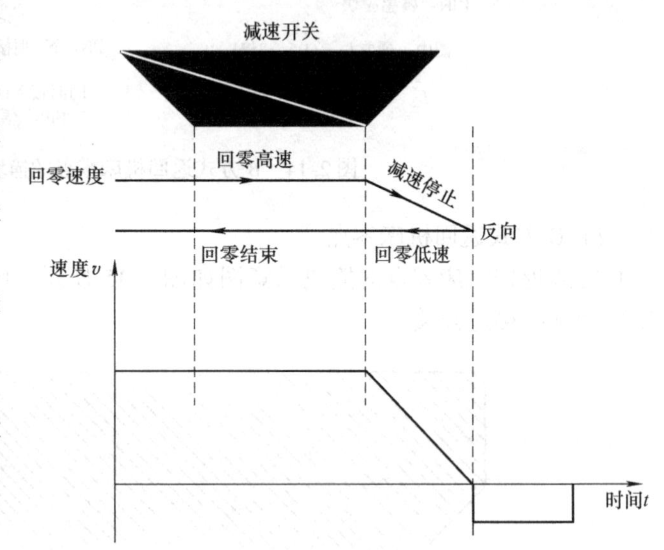

图 2-17　C 方式返回机床零点动作时序图
（减速和回零为 1 个开关）

C 方式回机床零点的过程如下：

① 选择机床回零操作方式，按手动正向或负向（回零方向由状态参数 NO. 183 决定）进给键，则相应轴以高速（参数 NO. 113）向零点方向运动。

② 当接近开关第一次感应到挡块时，减速信号有效，速度不下降，仍以高速运行。

③ 直至离开减速开关，减速信号触点闭合时，运行速度减速到零，然后以低速向相反方向运行。

④ 反向运行中，第二次压上减速开关，减速信号触点断开时，仍以回零低速运行；当运动离开减速开关，减速信号触点重新闭合时，运动停止，同时操作面板上相应轴的回零结束指示灯点亮，机床回零操作结束。

5. 基本参数设置

在数控系统中，与进给伺服调试有关的参数见表 2-8。

表 2-8　与进给伺服调试有关参数一览表

参数类型	参数号及含义	说明（实验教学用）
系统参数	NO. 1#1 Bit1　0：IS-C 增量系统 　　　1：IS-B 增量系统	IS-C：精度最小指令单位为 0.0001mm IS-B：精度最小指令单位为 0.001mm

（续）

参数类型	参数号及含义	说明（实验教学用）
系统参数	NO. 8#0/1/2/3 Bit0　0：负向移动时方向信号（DIR）为高电平 　　1：X 轴正向移动时方向信号（DIR）为高电平 Bit1/2/3 分别对应 Z 轴/Y 轴/4th 轴	一般使用参数为 0
	NO. 203#0/1/2/3 Bit0　0：脉冲按（脉冲 + 方向）输出（需重新开机） 　　1：脉冲按两相正交输出（需重新开机） Bit1/2/3 分别对应 Z 轴/Y 轴/4th 轴	一般使用参数为 0
	NO. 27：轴切削进给最大速度，单位为 mm/min	2000mm/min
	NO. 31：手动进给速度（100%），单位为 mm/min	1000mm/min
状态参数	NO. 172#3 Bit3　0：急停功能有效 　　1：急停功能无效	设置为 0
系统参数	NO. 45：各轴正向最大行程，单位为 0. 001mm（IS-B）	LT1：对应 X 轴，100000 LT2：对应 Z 轴，100000
	NO. 46：各轴负向最大行程，单位为 0. 001mm（IS-B）	LT1：对应 X 轴，-200000 LT2：对应 Z 轴，-300000
	NO. 33：各轴返回机床零点的低速速度，单位为 mm/min	200mm/min
	NO. 113：各轴回机床零点的高速速度，单位为 mm/min	
	NO. 224：显示界面轴数，2 ~ 5 之间	默认为 2
	NO. 225：各轴的轴名定义，X—88，Z—90，Y—89，A—65，B—66，C—67	
	NO. 230：各附加轴在基本坐标系中的属性设定，设定值及意义为 0：既不是基本三轴，也不是平行轴 1：基本三轴中的 X 轴 2：基本三轴中的 Y 轴 3：基本三轴中的 Z 轴 5：X 轴的平行轴 6：Y 轴的平行轴 7：Z 轴的平行轴	
	NO. 11#2/3 Bit2　1：执行回零操作时方向键自锁，按一次方向键回零直至结束 　　0：执行回零操作时方向键不自锁，必须一直按住方向键 Bit3　1：手动回机床零点无效 　　0：手动回机床零点有效	
	NO. 13#0/1/2/3 Bit0　1：手轮逆时针旋转时坐标增大 　　0：手轮顺时针旋转时坐标增大 Bit1/2/3 分别对应 Z 轴/Y 轴/4th 轴	一般默认 0

（续）

参数类型	参数号及含义	说明（实验教学用）
系统参数	NO. 15：各轴脉冲输出倍乘系数（CMR）	电子齿轮比计算公式： $\frac{CMR}{CMD}=\frac{4C\delta}{L}\frac{Z_M}{Z_D}$ 式中，δ为系统最小输出指令单位；C为电动机编码器线数；L为丝杠导程；Z_M为丝杠端带轮的齿数；Z_D为电动机端带轮的齿数
	NO. 16：各脉冲输出分频系数（CMD）	
	NO. 22：各轴快速移动最高速度，单位：mm/min	
PLC 状态	K016#6/7 Bit6：1：系统增量为 1μm 时，单步（手轮）方式时 ×1000 档无效 0：系统增量为 1μm 时，单步（手轮）方式时 ×1000 档有效 Bit7：1：系统增量为 0.1μm 时，单步（手轮）方式时 ×1000 档无效 0：系统增量为 0.1μm 时，单步（手轮）方式时 ×1000 档有效	
系统参数	NO. 1#3 BIT3：1：手轮进入手轮方式 0：手轮进入增量/单步方式	

6. 调试参数实例

下面以设备技术指标为例，设置和调试参数。

数控机床基本参数有：

1）数控机床控制 2 轴伺服电动机。

2）假定机床 X 轴/Z 轴滚珠丝杠螺距都为 5mm，电动机与滚珠丝杠直连。

3）进给轴 X 轴速度为 1000mm/min，Z 轴速度为 1500mm/min；最大进给轴速度为 1800mm/min。

4）各轴回零减速速度为 150mm/min。

5）X 轴和 Z 轴有挡块正方向回参考点。

6）X 轴软件行程范围为 -300 ~ 100mm（直径编程），Z 轴软件行程范围为 -400 ~ 100mm。

7）编程体系符合 ISO 代码。

根据以上设备条件，参数设置见表 2-9。

表 2-9　数控系统中参数设置一览表

参数类型	参数号及含义	设置值（X/Z 实验用）	说　明
系统参数	NO. 1#1 Bit1　0：IS-C 增量系统 　　　1：IS-B 增量系统	1	
	NO. 8#0/1/2/3 Bit0　0：X 轴负向移动时方向信号（DIR）为高电平 　　　1：X 轴正向移动时方向信号（DIR）为高电平 Bit1/2/3 分别对应 Z 轴/Y 轴/4th 轴	0/0	一般使用参数为 0
	NO. 203#0/1/2/3 Bit0　0：X 轴脉冲按（脉冲 + 方向）输出（需重新开机） 　　　1：X 轴脉冲按两相正交输出（需重新开机） Bit1/2/3 分别对应 Z 轴/Y 轴/4th 轴	0/0	一般使用参数为 0
	NO. 27：轴切削进给最大速度，单位为 mm/min	1800/1800	
	NO. 31：手动进给速度（100%），单位为 mm/min	1000/1000	
状态参数	NO. 172#3 Bit3　0：急停功能有效 　　　1：急停功能无效	0	
系统参数	NO. 45：各轴正向最大行程，单位为 0. 001mm（IS-B）	100000/100000	
	NO. 46：各轴负向最大行程，单位为 0. 001mm（IS-B）	-300000/-400000	
	NO. 33：各轴返回机床零点的低速速度，单位为 mm/min	150/150	
	NO. 113：各轴回机床零点的高速速度，单位为 mm/min	1000/1500	
	NO. 224：显示界面轴数，2~5 之间	2	
	NO. 225：各轴的轴名定义，X—88，Z—90，Y—89，A—65，B—66，C—67	X：88/Z：90	
	NO. 230：各附加轴在基本坐标系中的属性设定，设定值及意义为 0：既不是基本三轴，也不是平行轴 1：基本三轴中的 X 轴 2：基本三轴中的 Y 轴 3：基本三轴中的 Z 轴 5：X 轴的平行轴 6：Y 轴的平行轴 7：Z 轴的平行轴	1/3	基本三轴轴中的 X 轴和 Z 轴
	NO. 11#2/3 Bit2　1：执行回零操作时方向键自锁，按一次方向键回零直至结束 　　　0：执行回零操作时方向键不自锁，必须一直按住方向键 Bit3　1：手动回机床零点无效 　　　0：手动回机床零点有效	0/0	
	NO. 15：各轴脉冲输出倍乘系数（CMR）	1/1	
	NO. 16：各脉冲输出分频系数（CMD）	4/4	

【实践步骤】

1. 检查数控系统与伺服驱动器硬件连接

在实验装置断电情况下，再次检查数控系统与伺服驱动器的硬件连接：

1）确认数控系统 CN11（X 轴伺服接口信号）接口连接到 X 轴伺服驱动器的 CN1 接口。

2）确认数控系统 CN13（Z 轴伺服接口信号）接口连接到 Z 轴伺服驱动器的 CN1 接口。

3）确认 X 轴和 Z 轴的伺服电动机反馈线连接到相应伺服驱动器的 CN2 接口。

4）确认伺服驱动器板上 X 轴伺服驱动器 X11 端子排上标注的导线连接：R、S、T、PE 端子导线连接三相 AC 220V（线号为 L51、L51、L51、PE）；U、V、W、PE 端子（线号为 1U1、1V1、1W1、PE）导线连接到执行台端子排的 1U1、1V1、1W1、PE。

5）确认伺服驱动器板上 Z 轴伺服驱动器 X13 端子排上标注的导线连接：R、S、T、PE 端子导线连接三相 AC 220V（线号为 L52、L52、L52、PE）；U、V、W、PE 端子（线号为 2U1、2V1、2W1、PE）导线连接到执行台端子排的 2U1、2V1、2W1、PE。

6）确认伺服电动机已固定连接好。

2. 数控系统上电

在 2.2 节完成的前提下，征得指导教师同意，合上实验装置总电源低压断路器，数控系统通电，显示屏及指示灯应点亮。

3. 伺服驱动器上电

检查松开急停按钮，按数控系统操作面板上的起动按钮，主电源正常通电，伺服驱动器上电，观察伺服驱动器数码管显示，正常时为 r000。

4. 确认系统参数

以数控机床前置刀架为例，X 轴和 Z 轴滚珠丝杠螺距为 5mm，B 方式正方向回参考点，X 轴和 Z 轴进给速度为 1000mm/min，两轴回零减速速度为 200mm/min。结合表 2-8 核对系统基本参数，见表 2-10，若不同，请修改。

表 2-10 数控机床电气控制系统实验台初始基本参数一览表

参数类型	参 数 号	设置值（X/Z）	说明（实验教学用）
系统参数	NO. 1#1	1	
	NO. 8#0/1（分别对应 X 轴/Z 轴）	0/0	一般使用参数为 0
	NO. 203#0/1（分别对应 X 轴/Z 轴）	0/0	一般使用参数为 0
	NO. 27	1800/1800	
	NO. 31	1000/1000	
状态参数	NO. 172#3	0	
	NO. 45	100000/100000	
	NO. 46	-300000/-400000	
	NO. 33	200/200	
	NO. 113	1000/1500	
	NO. 224	2	
	NO. 225	X：88/Z：90	

（续）

参数类型	参　数　号	设置值（X/Z）	说明（实验教学用）
系统参数	NO. 230	1/3	基本三轴轴中的 X 轴和 Z 轴
	NO. 11#2 NO. 11#3	0/0	
	NO. 15	1/1	
	NO. 16	4/4	

5. 操作运行 X 轴电动机

数控系统操作面板上选择手动方式，按进给倍率“＋”键，使倍率为100%，按“⇩”（X 轴正方向）键或按“⇧”（X 轴负方向）键（注：X 轴按键方向是相对而言的），观察 X 轴电动机运行状态以及选择方向；松开按键，X 轴电动机停止；再按进给倍率“－”，使倍率为50%，再按“⇩”键或按“⇧”键，观察伺服电动机的速度变化情况。若实验装置驱动真实机床，注意滑台运行范围。

6. 操作运行 Z 轴电动机

同样，再测试 Z 轴电动机运行情况。

7. 改变伺服电动机运行方向实验

（1）修改数控系统参数实验

以数控系统参数 NO. 8 为例：

0	0	8		***	***	***	5轴方向	4轴方向	Y轴方向	Z轴方向	X轴方向

Bit4　1：5th轴正向移动时方向信号（DIR）为高电平
　　　0：5th轴负向移动时方向信号（DIR）为高电平
Bit3　1：4th轴正向移动时方向信号（DIR）为高电平
　　　0：4th轴负向移动时方向信号（DIR）为高电平
Bit2　1：Y轴正向移动时方向信号（DIR）为高电平
　　　0：Y轴负向移动时方向信号（DIR）为高电平
Bit1　1：Z轴正向移动时方向信号（DIR）为高电平
　　　0：Z轴负向移动时方向信号（DIR）为高电平
Bit0　1：X轴正向移动时方向信号（DIR）为高电平
　　　0：X轴负向移动时方向信号（DIR）为高电平

记录修改前数控系统参数 NO. 8 的相应轴位参数，操作当前进给轴伺服电动机运行，观察伺服电动机或滑台的运行方向；修改 NO. 8 系统参数中某一个轴的数值（如 X 轴的 0 位数值），再操作当前进给轴伺服电动机运行，观察伺服电动机或滑台的运行方向，伺服电动机或滑台的运行方向与数控系统参数修改前相比应发生变化。

恢复已修改的系统参数后，若当前的系统参数使伺服电动机或机床滑台运行方向不符合 ISO 机床坐标系标准，则修改系统参数，使伺服电动机或滑台运行符合 ISO 标准。

（2）修改伺服驱动器参数实验

修改伺服驱动器参数，达到改变伺服电动机运行方向的目的。

1）确认数控系统参数。确认数控系统参数 NO. 8 当前的 0/1 状态，操作伺服电动机或滑台运行，记录下当前伺服电动机或滑台的运行方向。

2）修改伺服驱动器参数。保持数控系统参数 NO. 8 当前的参数不变，修改驱动器参数 PA28（位置指令脉冲方向取反）：

0：维持原指令方向。

1：输入的脉冲指令方向取反。

记录当前参数数值，再修改该参数不同数值。再操作使相应的伺服电动机或滑台运行，观察当前伺服电动机或滑台的运行方向，与伺服参数修改前相比应发生变化。

3）恢复伺服驱动器参数。恢复数控系统参数 PA28 伺服参数数值。

8. 增量（单步）或手轮运行

（1）单步进给

1）设置单步功能。设置系统参数 NO. 1 的 Bit3 位为 0，按“手轮”键进入单步操作方式，如 2-18 所示。

2）增量的选择。按数控系统操作面板上 ×1、×10、×100、×1000 键，选择移动增量，移动增量会在图 2-18 界面中显示。当 PLC 状态参数 K016 的 Bit7（SINC）为 1 时，×1000 步长值无效；当 Bit7 为 0 时，×1、×10、×100、×1000 均有效。如按 ×100 键，则会显示单步增量为 0. 1。

3）移动方向选择。按一次 X 轴按键“⇩或⇧”，可使 X 轴向负向或正向按单步增量进给一次；按一次“⇦或⇨”按键，可使 Z 轴向负向或正向按单步增量进给一次。

（2）手轮设置

1）设置手轮方式。设置系统参数 NO. 1 的 Bit3 为 1，按“手轮”键进入手轮操作方式，如图 2-19 所示。

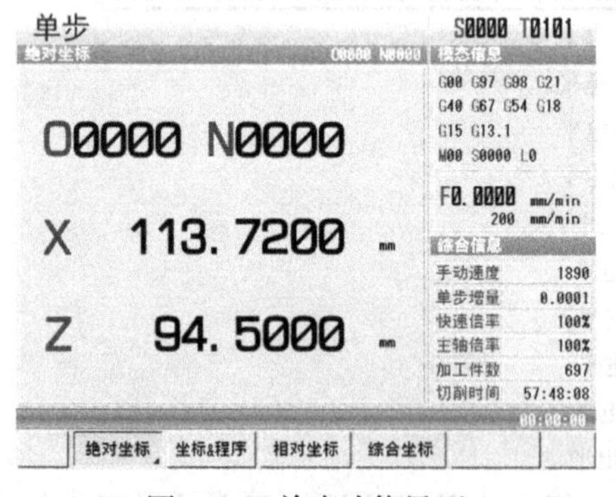

图 2-18 单步功能界面

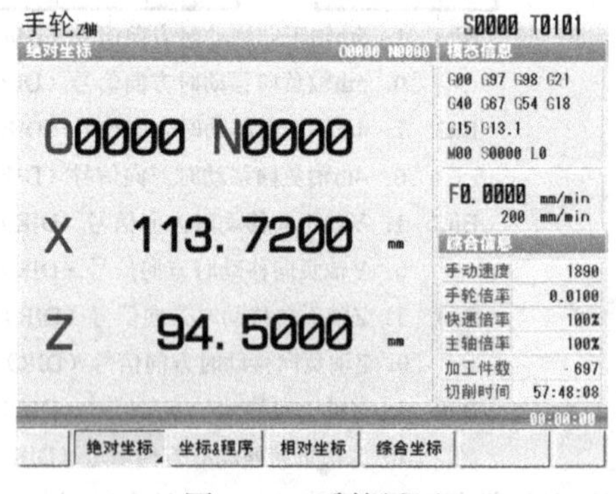

图 2-19 手轮界面

2）增量的选择。按数控系统操作面板上 ×1、×10、×100、×1000 键，选择移动增量，移动增量会在图 2-19 中显示。当 PLC 状态参数 K016 的 Bit7（SINC）为 1 时，×1000 步长值无效；当 Bit7 为 0 时，×1、×10、×100、×1000 均有效。如按 ×100 按键，则会显示单步增量为 0. 1。

3）移动方向选择。按一次 X 轴按键“⇧”，或按 Z 轴按键“⇦”，手轮进给方向由手轮旋转方向决定。一般情况下，手轮顺时针为正向进给，逆时针为负向进给。若手轮顺时针为负向进给，逆时针为正向进给，可交换手轮端 A、B 信号，也可由参数 NO. 13 号的 Bit0 ~ Bit4 位选择手轮旋转时的进给方向。注意事项：若伺服电动机安装在数控机床上，则要注意滑台运动行程。

9. 验证数控系统柔性齿轮比功能

（1）计算和修改数控系统柔性齿轮比

为实现数控系统显示位移和实际机床丝杠移动位置的对应性，使数控系统发出的脉冲与实际位移相对应，可以通过在数控系统上设置相关参数，由数控系统自动计算并实现机床设计指标。

进入数控系统柔性齿轮比设置界面，如图 2-20 所示。

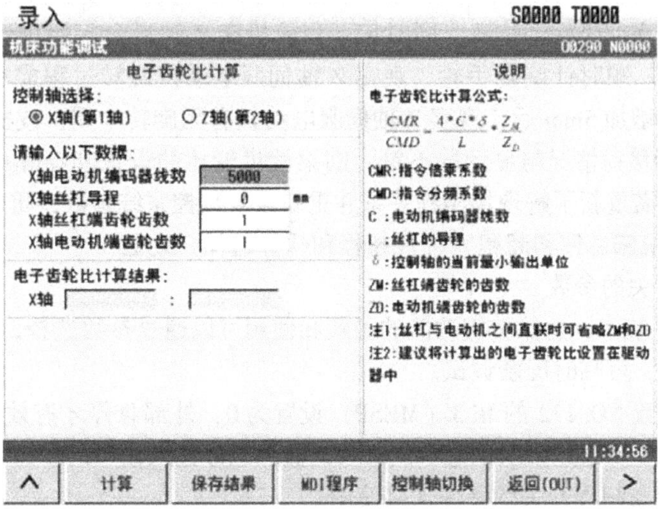

图 2-20　数控系统柔性齿轮比设置界面

以 Z 轴为例，假设丝杠螺距为 5mm，丝杆端齿轮齿数与电动机端齿轮齿数之比为 1:1，电动机编码器线数为 2500 线，输入参数后，按“计算”软键。若把计算的柔性齿轮比数据保存在数控系统，则按“保存结果”软键，结果就保存在数控系统中；若把计算的数值设置在伺服驱动器中，则按取消键（GSK（广数）数控系统建议用户把柔性齿轮比设置在驱动器当中）。

若要切换到另一个进给轴，按“控制轴切换”键即可。

在数控系统当中设置参数后，选择“手轮”方式，选择 Z 轴手轮功能和“X100”脉冲增量，记下 Z 轴当前坐标轴位置，同时记下当前机床 Z 轴滑台起始位置或 Z 轴伺服电动机轴起始角度位置，顺时针旋转手轮，并观察 Z 轴伺服电动机旋转过程或滑台运动过程，当显示屏上 Z 轴坐标增加 5mm 后，观察 Z 轴伺服电动机有无旋转 1 周，或机床 Z 轴滑台移动有无 5mm。若实际移动情况与显示屏不符，则可能是设置柔性齿轮比或计算错误，或对现场实物理解不对，需重新了解实物关系并重新设置数控系统参数，重新实验验证。

本部分数控系统柔性齿轮比的设置前提是伺服驱动器的柔性齿轮比为 1:1。

（2）计算和修改伺服驱动器柔性齿轮比

若不在数控系统中设置参数柔性齿轮比参数，可在伺服驱动器中设置柔性齿轮比参数，此时需将数控系统中的柔性齿轮比参数设置为 1:1。

根据本项目伺服驱动器的参数介绍，伺服驱动器也有柔性齿轮比参数设置，以确保接收的脉冲与伺服电动机运行的位移相一致。

伺服驱动器柔性齿轮比参数号为 PA29、PA30，柔性齿轮比计算公式见式（2-1）。

以Z轴为例，假设丝杠螺距为5mm，丝杆端齿轮齿数与电动机端齿轮齿数为1:1，电动机编码器线数为2500线，输入参数后，按“计算”软键，若想把计算的柔性齿轮比数据保存在数控系统中，按“保存结果”软键保存即可；若想把计算的数值设置在伺服驱动器中，按操作面板上的“取消CAN”键，把计算的数据设置在伺服驱动器的PA29、PA30参数中。或利用伺服驱动器的计算公式进行计算，两者对比一下，是否一致。经计算，伺服参数PA. 29 =2，PA. 30 =1，

若数值设置在伺服驱动器中后，选择“手轮”方式，选择Z轴手轮功能和“ ×100”脉冲增量，记下Z轴当前坐标轴位置，同时记下当前机床Z轴滑台起始位置或Z轴伺服电动机轴起始角度位置。顺时针旋转手轮，观察Z轴伺服电动机旋转过程或滑台运动过程，当显示屏上Z轴坐标增加5mm后，观察Z轴伺服电动机有无旋转1周，或机床Z轴滑台移动有无5mm。若实际移动情况与显示屏不符，则柔性齿轮比的设置和计算可能错误，或对现场实物理解不对。需重新了解现场实物关系并重新设置数控系统参数，重新实验验证。

10. 验证数控机床急停和超程（硬件超程和软件超程）**功能**

（1）与急停有关的参数

在GSK数控系统中，急停按键功能的屏蔽和使用可以通过参数选择，默认为使用状态。若现场未连接硬件，可临时屏蔽调试。

只有将系统参数NO. 172的Bit3（MESP）设置为0，外部急停才有效。若参数为1，则外部急停无效。也可以通过诊断信息DGN000. 7监测急停输入信号的状态。

（2）急停按钮与超程开关的硬件连接使用

1）急停按钮与超程开关串联方式。急停按钮与超程开关串联连接方式如图2-21所示，超程开关设计成常闭方式并串联，再与急停按钮（常闭）串联，然后连接到数控系统的CN61. 6急停输入接口。但需设计限位暂时解除开关与超程开关相并联，用于解除超程报警。

2）急停按钮与超程开关独立连接。急停按钮与超程开关独立连接如图2-22所示，急停按钮与超程开关分别接入输入信号接口。

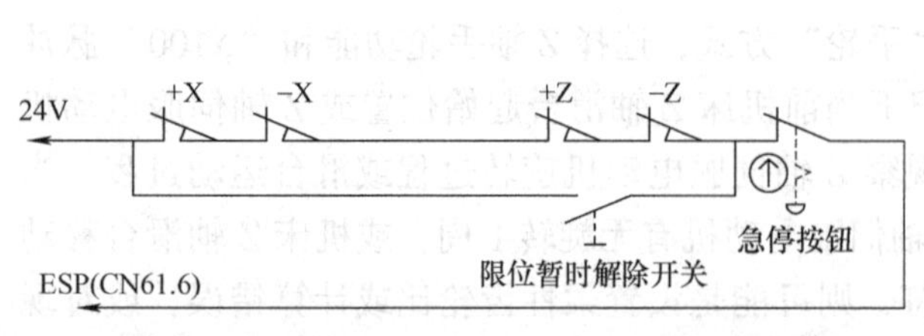

图2-21　急停按钮与超程开关串联连接方式

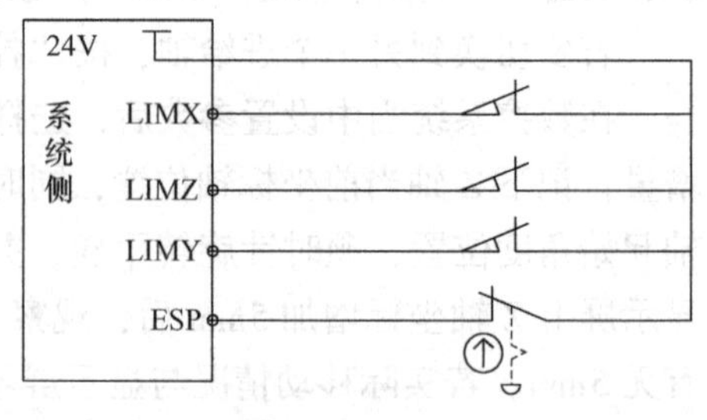

图2-22　急停按钮与超程开关独立连接

（3）急停功能验证

急停验证实验步骤如下：

1）将系统参数NO. 172的Bit3（MESP）设置为0，当断开急停输入按钮（X0. 5）时，观察显示屏上有无急停报警（应该有急停报警）；当合上急停输入按钮（X0. 5）时，按数控系统操作面板上的复位按键，急停报警应消失。

2）将系统参数NO. 172的Bit3（MESP）设置为1，当断开急停输入按钮（X0. 5）时，观察显示屏上有无急停报警（应该无急停报警）；当合上急停输入按钮（X0. 5）时，按数

控系统操作面板上复位按键，显示屏上应无急停报警显示。

（4）超程开关功能使用

1）超程开关参数设置。设置PLC参数功能：

PLC状态参数

K	1	0		LMIT	LMIS						

LMIT　=1：各轴行程限位检测功能有效。

=0：各轴行程限位检测功能无效。

LMIS　=1：行程限位检测信号与24V断开时，超程报警。

=0：行程限位检测信号与24V导通时，超程报警。

若使用急停按钮与超程开关独立连接方式，需设置PLC超程参数，K10的#7位（LMIT）设为1，则各轴行程限位检测功能有效；K10的#7位（LMIT）设为0，则各轴行程限位检测功能无效。

K10的#6位（LMIS）设为1，行程限位检测信号与24V断开时，超程报警，即超程开关平时为常闭，断开后超程报警；#6位（LMIS）设为0，行程限位检测信号与24V导通时超程报警，即超程开关平时为常开，闭合后超程报警。

2）急停按钮与超程开关串联连接方式。当出现超程或按下急停按钮时，CNC会出现“急停”报警，如为超程，则按下超程解除按钮不松开，按复位键取消报警后，再按反方向轴运动按钮移动一段距离，即可解除超程。出现急停报警时，CNC停止脉冲输出。除上述由CNC处理的功能外，急停报警时也可由PLC程序定义其他功能，标准PLC程序定义的功能为：急停报警时，关闭M03或M04、M08信号输出，同时输出M05信号。

超程开关与参数无关，但需设计一个超程解除按钮。

3）急停按钮与超程开关独立连接方式。需设置PLC K10参数的#7位（LMIT）和#6位（LMIS）。

同前面所示方式，K10#7（LMIT）设为1，也就是超程功能有效；K10#6（LMIS）设为1，开关断开为超程报警。

每个轴只有一个超程触点，通过轴的移动方向来判断正负超程报警。

当出现超程报警时，可向反方向移动，移出限位位置后可按复位键清除报警。

注：启用超程限位功能前，需保证机床拖板处于正负行程之间，否则所提示报警将与实际不符。

（5）设置数控系统参数，实现机床软超程功能

1）设置参数。数控机床除了急停按钮和硬件超程开关限位保护外，还可以设置软件超程。软件行程是否有效取决于状态参数NO.172#4；1—不检查软件行程限位；0—检查软件行程限位。

2）设置软限位区间。软限位范围由数据参数NO.45和NO.46的数值决定，以机床坐标值为参考值。X轴、Z轴为机床坐标系的两轴，NO.45为X轴、Z轴正向最大行程，NO.46为X轴、Z轴负向最大行程，点画线框内为软行程范围，如图2-23所示。

如果机床位置（机床坐标）超出了图2-23中的双点画线区域，则会出现超程报警。解除超程报警的方法为：按复位键清除报警显示，反方向移动（如正向超程，则负向移出；如负向超程，则正向移出）即可。

数据参数NO.45和NO.46的数据含义：LT1n1—各轴正向最大行程，LT1n2—各轴负向

最大行程。单位为0.001mm，当CNC参数NO.1的Bit2=0时，设置为直径编程，用直径值设定X轴；当Bit2=1时，设置为半径编程，用半径值设定X轴数据。

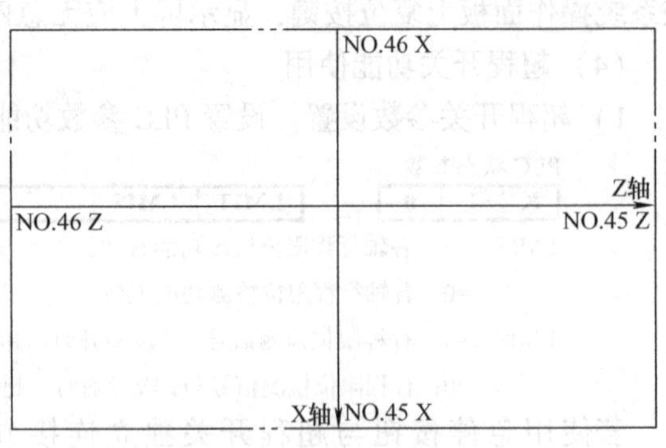

图2-23 软行程范围示意图

3）验证软行程实验。当前机床坐标系下，若Z轴显示值在-100~100mm区间内，可以以Z轴为例，NO.45设置100000，NO.46设置-100000。在手动方式下，按Z轴正方向按键，当当前坐标运行到100mm时，数控系统就立即显示“超出Z轴正向软件行程限制”报警。解除超程报警的方法为：按复位键清除报警显示，沿Z轴负方向移动（移动量小于100mm）。同样，在手动方式下，按Z轴负方向按键，当当前坐标运行到-100mm时，数控系统就立即显示“超出Z轴负向软件行程限制”报警，解除超程报警的方法相同。

11. 验证数控机床回零功能（任选两种）

回零的意义：只有数控机床回零操作后，才能建立机床坐标系，机床坐标、程序加工以及对刀数据才有意义。

回零验证实验一：

B方式回参考点，回零减速开关初始状态为常开，分别检测减速开关和回零信号。

（1）硬件条件

1）回零减速开关未作用前接常开。

2）回零零位信号使用伺服电动机零位脉冲。

3）按正方向按键回参考点，不需要自锁。

（2）软参数条件

1）回零速度为2000mm/min。

2）回零减速为200mm/min。

3）回零检测减速开关和回零信号。

4）回零方式选B方式回参考点。

5）回零后显示坐标为0mm。

6）回零后不偏移位置。

（3）设置数控系统回参考点参数

结合表2-7，数控系统回零实验参数设置情况见表2-11。

表2-11 数控系统回零实验参数设置情况一览表

参数类型	参 数 号	设 置 值
系统参数	NO. 4#5	NO. 4#5 =1
	NO. 6# 0/1	NO. 6#0 =0 NO. 6#1 =0

（续）

参数类型	参　数　号	设　置　值
系统参数	NO. 7#0/1	NO. 7#0 = 0 NO7#1 = 0
	NO. 11#2/3	NO. 11#2 = 0 NO. 11#3 = 0
	NO. 14#0/1	NO. 14#0 = 1 NO. 14#1 = 1
	NO. 183#0/1	NO. 183#0 = 0 NO. 183#1 = 0
	NO. 33	NO. 33 = 200
	NO. 113	NO. 113 = 2000
	NO. 47	NO. 47 = 0
	NO. 114	NO. 114 = 0

（4）Z 轴回零过程（以 Z 轴为例）

1）检测 Z 轴减速信号开关是否处于断开位置。

2）若带机床，滑台是否处于机床中间位置。

3）按“回参考点”按键，进入机床回零操作方式界面，界面的左上角显示“机床零点”字样。

4）按 Z 轴正方向按键，Z 轴伺服电动机或滑台拖板沿机床零点方向移动。

① Z 轴无机床滑台回零。长按 Z 轴正方向按键，观察 Z 轴伺服电动机连续快速运行。在 Z 轴伺服电动机旋转过程中，人为合上 Z 轴减速模拟开关，观察 Z 轴伺服电动机转速变化，应开始处于减速过程。当 Z 轴减速开关人为再断开时，伺服电动机再旋转一会儿，就停止了，显示屏显示坐标为 0。

当数控系统 Z 轴回零完成状态指示灯点亮时，Z 轴回零完成。

② Z 轴有机床滑台回零。长按 Z 轴正方向按键，观察 Z 轴滑台连续快速运行。当 Z 轴滑台快到参考点时，可观察到减速开关挡块压到（或感应到）减速开关，滑台运行减速，滑台继续运行。当减速开关挡块脱开或不再感应到接近开关时，滑台再运行一会儿，就停止了，显示屏显示坐标为 0。

当数控系统 Z 轴回零完成状态指示灯点亮时，Z 轴回零完成（此时的传感器是接常开状态）。

X 轴回零过程类似。

回零验证实验二：

B 方式回参考点，回零减速开关初始状态为常闭，分别使用减速开关和零位信号。

（1）硬件条件

1）回零减速开关未作用前接常闭。

2）回零零位信号使用伺服电动机零位脉冲。

3）按正方向按键回参考点，需自锁。

(2) 软参数条件

1) 回零速度为2000mm/min。

2) 回零减速为200mm/min。

3) 回零方式选B方式回参考点。

4) 回零后显示坐标为0mm。

5) 回零后不偏移位置。

(3) 设置数控系统回参考点参数

结合表2-7，数控系统回零实验参数设置情况见表2-12。

表2-12 数控系统回零实验参数设置情况一览表

参数类型	参数号	设置值
系统参数	NO. 4#5	NO. 4#5 = 0
	NO. 6#0/1（对应X轴和Z轴）	NO. 6#0 = 0 NO. 6#1 = 0
	NO. 7#0/1（对应X轴和Z轴）	NO. 7#0 = 0 NO. 7#1 = 0
	NO. 11#2/3	NO. 11#2 = 1 NO. 11#3 = 0
	NO. 14#0/1（对应X轴和Z轴）	NO. 14#0 = 1 NO. 14#1 = 1
	NO. 183#0/1（对应X轴和Z轴）	NO. 183#0 = 0 NO. 183#1 = 0
	NO. 33	NO. 33 = 200
	NO. 113	NO. 113 = 2000
	NO. 47	NO. 47 = 0
	NO. 114	NO. 114 = 0

(4) Z轴回零过程（以Z轴为例）

1) 检测Z轴减速信号开关是否处于闭合位置。

2) 若带机床，滑台是否处于机床中间位置。

3) 按“回参考点”按键，进入机床回零操作方式界面，界面的左上角显示“机床零点”字样。

4) 按Z轴正方向按键，Z轴伺服电动机或滑台拖板沿机床零点方向移动。

① Z轴无机床滑台回零。长按Z轴正方向按键，观察Z轴伺服电动机连续快速运行。在Z轴伺服电动机旋转过程中，人为断开Z轴减速模拟开关，观察Z轴伺服电动机转速变化，应开始处于减速过程。当Z轴减速开关人为再合上时，伺服电动机再旋转一会儿，就停止了，显示屏显示坐标为0。

当数控系统Z轴回零完成状态指示灯点亮时，Z轴回零完成。

② Z轴有机床滑台回零。长按Z轴正方向按键，观察Z轴滑台连续快速运行。当Z轴滑台快到参考点时，可观察到减速开关挡块压到（或感应到）减速开关，滑台运行减速，

滑台继续运行。当减速开关挡块脱开或不再感应到接近开关时，滑台再运行一会儿，就停止了，显示屏显示坐标为0。

当数控系统Z轴回零完成状态指示灯点亮时，Z轴回零完成（此时的传感器是接常闭状态）。

X轴回零过程类似。

回零验证实验三：

C方式回参考点，回零减速开关初始状态为常开，分别检测减速开关和回零信号。

（1）硬件条件

1）回零减速开关未作用前接常开。

2）回零零位信号使用伺服电动机零位脉冲。

3）按正方向按键回参考点，不需要自锁。

（2）软参数条件

1）回零速度为2000mm/min。

2）回零减速为200mm/min。

3）回零检测减速开关和回零信号。

4）回零方式选C方式回参考点。

5）回零后显示坐标为0mm。

6）回零后不偏移位置。

（3）设置数控系统回参考点参数

结合表2-7，数控系统回零实验参数设置情况见表2-13。

表2-13　数控系统回零实验参数设置情况一览表

参数类型	参　数　号	设　置　值
系统参数	NO. 4#5	NO. 4#5 =1
	NO. 6#0/1（对应X轴和Z轴）	NO. 6#0 =1 NO. 6#1 =1
	NO. 7#0/1（对应X轴和Z轴）	NO. 7#0 =0 NO. 7#1 =0
	NO. 11#2/3	NO. 11#2 =0 NO. 11#3 =0
	NO. 14# 0/1（对应X轴和Z轴）	NO. 14#0 =1 NO. 14#1 =1
	NO. 183#0/1	NO. 183#0 =1 NO. 183#1 =1
	NO. 33	NO. 33 =200
	NO. 113	NO. 113 =2000
	NO. 47	NO. 47 =0
	NO. 114	NO. 114 =0

（4）Z轴回零过程（以Z轴为例）

1）检测Z轴减速信号开关是否处于断开位置。

2）若带机床，滑台是否处于机床中间位置。

3）按“回参考点”按键，进入机床回零操作方式界面，界面的左上角显示“机床零点”字样。

4）按Z轴正方向按键，Z轴伺服电动机或滑台拖板沿机床零点方向移动。

① Z轴无机床滑台回零。长按Z轴正方向按键，观察Z轴伺服电动机连续快速运行。在Z轴伺服电动机旋转过程中，人为合上Z轴减速模拟开关，观察Z轴伺服电动机转速变化，速度仍然未减速，直到快速断开Z轴减速开关，Z轴伺服电动机才开始处于减速停止并反方向运行。当Z轴减速开关再人为合上时，伺服电动机开始减速，当Z轴减速开关再人为断开时，伺服电动机再运行一会儿，就停止了，显示屏显示坐标为0。

当数控系统Z轴回零完成状态指示灯点亮时，Z轴回零完成。

② Z轴有机床滑台回零。长按Z轴正方向按键，观察Z轴滑台连续快速运行。当Z轴滑台快到参考点时，可观察到减速开关挡块压到（或感应到）减速开关，滑台仍快速运行。当减速开关挡块脱开或不再感应到接近开关，滑台减速停止，滑台反方向快速运行。当减速开关挡块压到（或感应到）减速开关时，滑台减速运行。当减速开关挡块脱开或不再感应到接近开关时，再运行一会儿，就停止了，显示屏显示坐标为0。

当数控系统Z轴回零完成状态指示灯点亮时，Z轴回零完成（此时的传感器是接常开状态）。

X轴回零过程类似。

12. 实践结束

按下急停或主电源停止按钮，断开总电源低压断路器，整理实验装置周围卫生。

实践笔记

2.6 项目6 数控系统控制主轴电动机电气调试实践

【实践预习】

了解数控系统涉及主轴控制接口资料，了解三菱D700变频器使用说明书，了解实验装置硬件连接和结构布局。

【实践目的】

掌握数控机床中主轴调速变频器电气应用的设计、布线与参数调试，了解数控系统对主轴调速的控制原理。

【实践平台】

1）数控机床电气控制综合实验装置，1 台。

2）常用工具及仪表（包括十字螺钉旋具 1 把、一字螺钉旋具 2 把、万用表等），1 套。

【相关知识】

1. 变频器技术资料

（1）三菱变频器的典型硬件连接

三菱变频器的典型硬件连接如图 2-24 所示。

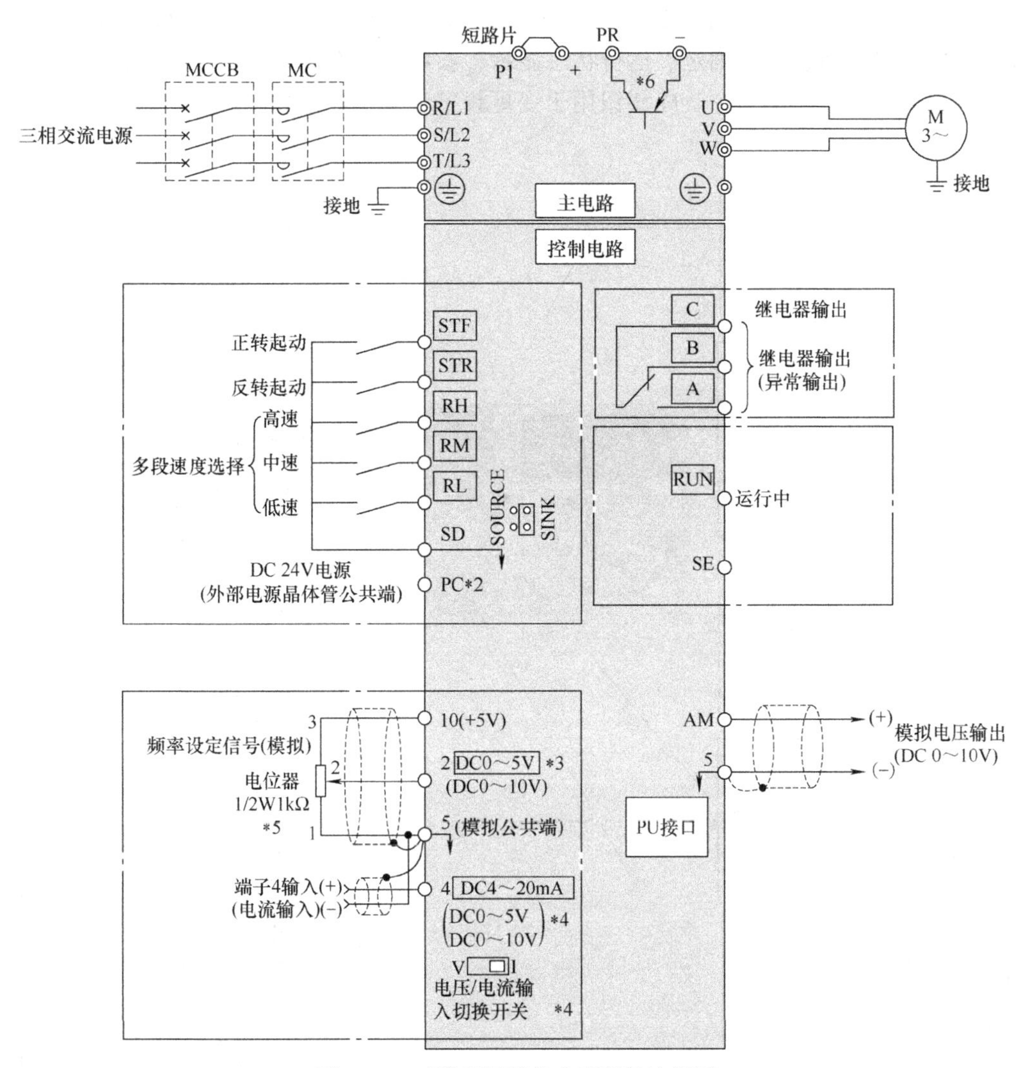

图 2-24 三菱变频器的典型硬件连接图

1）主电源输入。从图 2-24 可以看出，主电源输入可以为单相或三相 AC 220V，不同的变频器规格有不同的主电源输入等级，主要取决于产品规格。常见的输入电压有三相 AC 380V，也可以三相 AC 220V 或单相 AC 220V。

2）开关量输入信号。开关量输入信号有正转（STF）、反转（STR）、高档速度（RH）、中档速度（RM）、低档速度（RL）。

3）模拟量输入信号。模拟量输入信号有 0～5V、0～10V、4～20mA，可以通过参数设置选择使用哪一种模拟量控制信号来控制电机调速。

4）输出状态信号。变频器运行状态输出端（A、B、C）有模拟量 0～10V 输出，输出功能可通过参数设置。

（2）面板使用说明

1）面板基本简介。在变频器上有操作面板（PU 面板），可以设置参数和操作变频器控制电动机调试。

变频器面板使用说明如图 2-25 所示。面板上有运行模式显示、单位显示、监视器、M 旋钮、模式切换、各设定的确定、运行状态显示、参数设定模式显示、监视器显示、停止运行、运行模式切换、启动指令。M 旋钮用于变更频率和设定参数等操作。

操作面板不能从变频器上拆下

运行模式显示
PU：PU运行模式时亮灯。
EXT：外部运行模式时亮灯。
NET：网络运行模式时亮灯。
PU/EXT：外部/PU组合运行模式1、2时亮灯。

单位显示
·Hz：显示频率时亮灯。
·A：显示电流时亮灯。
（显示电压时熄灯，显示设定频率监视时闪烁。）

监视器(4位LED)
显示频率、参数编号等。

M旋钮
(M旋钮：三菱变频器的旋钮。)
用于变更频率设定，参数的设定值。按该旋钮可显示以下内容：
·监视模式时的设定频率
·校正时的当前设定值
·错误历史模式时的顺序

模式切换
用于切换各设定模式。
和 PU/EXT 同时按下也可以用来切换运行模式。
长按此键(2s)可以锁定操作。

各设定的确定
运行中按此键则监视器出现以下显示：

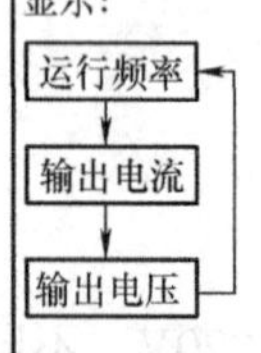

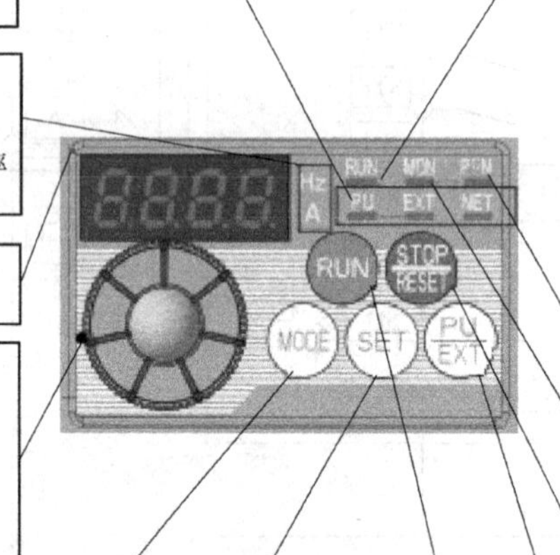

运行状态显示
变频器动作中亮灯/闪烁。*
*亮灯：正转运行中
缓慢闪烁(1.4s循环)：
反转运行中
快速闪烁(0.2s循环)：
·按 RUN 键或输入启动指令都无法运行时
·有启动指令，频率指令在启动频率以下时
·输入了MRS信号时

参数设定模式显示
参数设定模式时亮灯。

监视器显示
监视模式时亮灯。

停止运行
停止运转指令。
保护功能(严重故障)生效时，也可以进行报警复位。

运行模式切换
用于切换PU/外部运行模式。
使用外部运行模式(通过另接的频率设定旋钮和启动信号启动的运行)时请按此键，使表示运行模式的EXT处于亮灯状态。
(切换至组合模式时，可同时按 MODE (0.5s)。或者变更参数Pr.79.)
PU：PU运行模式
EXT：外部运行模式
也可以解除PU停止。

启动指令
通过Pr.40的设定，可以选择旋转方向。

图 2-25 变频器面板使用说明

2）变频器的设置方法。以启动/停止指令使用PU面板的RUN和STOP按键、频率指令使用PU面板上旋钮调速为例，变频器参数设置过程如下：

① 变频器上电，显示器显示初始状态。

② 同时按住“PU/EXT”和“MODE”按钮0.5s，显示参数PR.79，调节M旋钮数据到1。

③ 再按“SET”按钮确认数据。

④ 3s后进行监视器界面。

⑤ 按“RUN”按钮，电动机起动，顺时针旋转M旋钮，电动机转速加快。

⑥ 再按“RUN”按钮，电动机反转。

⑦ 再逆时针旋转M旋钮，电动机逐步减速，直至停止。

⑧ 顺时针旋转M旋钮，电动机转速加快，若按“STOP”按钮，电动机停止。

变频器启动指令和频率设定来源常用组合见表2-14，Pr.79参数决定启动指令和频率来源。

表2-14　变频器启动指令和频率设定来源常用组合一览表

操作面板显示	运行方法	
	启动指令	频率设定来源
闪烁 79-1 PU 闪烁	RUN	
闪烁 79-2 EXT 闪烁	外部（STF、STR）	模拟 电压输入
闪烁 79-3 PU EXT 闪烁	外部（STF、STR）	
闪烁 79-4 PU EXT 闪烁	RUN	模拟 电压输入

现在的变频器功能较多，但在实际使用中，必须结合现场使用情况来设置合适的参数。

3）变频器参数。常用变频器参数见表2-15。

表2-15　常用变频器参数一览表

参数编号	名　　称	单　　位	初始值	范　　围	备　　注
1	上限频率	0.01Hz	120Hz	0～120Hz	设置输出上限频率，一般默认50Hz
2	下限频率	0.01Hz	0Hz	0～120Hz	设置输出下限频率
3	基准频率	0.01Hz	50Hz	0～400Hz	确认电动机的额定铭牌

（续）

参数编号	名　称	单　位	初始值	范　围	备　注
4	3 速设定	0.01Hz	50Hz	0～400Hz	用参数预先设定运转速度，端子切换速度时使用
5	3 速设定	0.01Hz	30Hz	0～400Hz	
6	3 速设定	0.01Hz	10Hz	0～400Hz	
7	加速时间	0.1s	5s	0～3600s	设定加速时间
8	减速时间	0.1s	5s	0～3600s	设定减速时间
40	RUN 键旋转方向选择的设定	1	0	0、1	0—正转，1—反转
79	操作模式选择	1	0	0、1、2、3、4、6、7	选择启动指令和频率设定来源
125	端子 2 频率设定增益	0.01Hz	50Hz	0～400Hz	改变电位器最大值的频率
73	模拟量输入选择	1	1	0、1、10、11	0：0～10V 电压（无极性） 1：0～5V 电压（无极性） 10：0～10V 电压（有极性） 11：0～5V 电压（有极性）
178	STF 端子功能选择	1	60	0～5、8、12、16、24、25、60～62、9999	0：低速运行指令 1：中速运行指令 2：高速运行指令 4：端子 4 输入选择 5：点动运行选择 8：15 档速度选择 12：PU 运行外部互锁 16：PU/外部运行切换 24：输出停止 25：启动自保持选择 60：正转指令［只能分配给 STF 端子（Pr. 178）］ 61：反转指令［只能分配给 STR 端子（Pr. 179）］ 62：变频器复位 9999：无功能
179	STR 端子功能选择	1	61		
180	RL 端子功能选择	1	0		
181	RM 端子功能选择	1	1		
182	RH 端子功能选择	1	2		
190	RUN 端子功能选择	1	0	0、100、1、101、3、103、4、104、7、107、11、111、12、112、25、125、26、126、46、146、90、190、91、191、96、196、98、198、99、199、9999、—	0、100：变频器运行中 1、101：频率到达 3、103：过载警报 4、104：输出频率检测 7、107：再生制动预报警 11、111：变频器运行准备完毕 12、112：输出电流检测 13、113：零电流检测 25、125：风扇故障输出
192	ABC 端子功能选择	1	99		

（续）

<table>
<tr><th>参数编号</th><th>名　　称</th><th>单　　位</th><th>初始值</th><th>范　　围</th><th>备　　注</th></tr>
<tr><td>190</td><td>RUN 端子功能选择</td><td>1</td><td>0</td><td rowspan="2">0、100、1、101、3、103、4、104、7、107、11、111、12、112、25、125、26、126、46、146、90、190、91、191、96、196、98、198、99、199、9999、—</td><td rowspan="2">26、126：散热片过热预报警
46、146：停电减速中（保持到解除）
90、190：寿命警报
91、191：异常输出 3（电源切断信号）
96、196：远程输出
98、198：轻故障输出
99、199：异常输出
9999、－：无功能</td></tr>
<tr><td>192</td><td>ABC 端子功能选择</td><td>1</td><td>99</td></tr>
</table>

4）控制信号（速度/运转信号）的组合使用。Pr. 79 参数的详细含义见表 2-16。

表 2-16　Pr. 79 参数详细含义一览表

<table>
<tr><th>参数编号</th><th>名　称</th><th>初始值</th><th>设定范围</th><th colspan="2">内　　容</th><th>LED 显示
▬：灭灯
▭：亮灯</th></tr>
<tr><td rowspan="9">79</td><td rowspan="9">运行模式选择</td><td rowspan="9">0</td><td>0</td><td colspan="2">外部/PU 切换模式。通过 PU/EXT 键可切换 PU、外部运行模式：
电源接通时为外部运行模式</td><td>外部运行模式
EXT
PU 运行模式
PU</td></tr>
<tr><td>1</td><td colspan="2">PU 运行模式固定</td><td>PU</td></tr>
<tr><td>2</td><td colspan="2">外部运行模式固定：
可以切换外部、网络运行模式进行运行</td><td>外部运行模式
EXT
网络运行模式
NET</td></tr>
<tr><td rowspan="3">3</td><td colspan="2">外部/PU 组合运行模式 1</td><td rowspan="6">PU　EXT</td></tr>
<tr><td>频率指令</td><td>启动指令</td></tr>
<tr><td>用操作面板、PU（FR－FU04－CH/FR－PU07）设定或外部信号输入［多段速设定，端子 4－5 间（AU 信号 ON 时有效）］</td><td>外部信号输入（端子 STF、STR）</td></tr>
<tr><td rowspan="3">4</td><td colspan="2">外部/PU 组合运行模式 2</td></tr>
<tr><td>频率指令</td><td>启动指令</td></tr>
<tr><td>外部信号输入（端子 2、4、JOG、多段速选择等）</td><td>通过操作面板的 RUN 键、PU（FR－PU04－CH/FR－PU07）的 FWD、REV 键输入</td></tr>
</table>

（续）

参数编号	名　称	初始值	设定范围	内　　容	LED 显示 ■：灭灯 □：亮灯
79	运行模式选择	0	6	切换模式： 可以一边继续运行状态，一边实施 PU 运行、外部运行、网络运行的切换	PU 运行模式 PU 外部运行模式 EXT 网络运行模式 NET
			7	外部运行模式（PU 运行互锁）： X12 信号 ON＊：可切换到 PU 运行模式（外部运行中输出停止） X12 信号 OFF＊：禁止切换到 PU 运行模式	PU 运行模式 PU 外部运行模式 EXT

Pr. 79 参数数值初始值为 0，设置范围为 0、1、2、3、4、6、7。若全部使用变频器的 PU 面板控制，则设置参数 Pr. 79 = 1；若全部使用外部信号控制（速度和运转指令），则设置参数 Pr. 79 = 2；其他组合使用参考表 2-16。

2. 数控系统控制主轴调速的原理

变频器是数控机床电气控制系统中重要的控制部件，主要用于控制主轴调速。鉴于变频器除能用变频器面板控制外，也能用外部信号控制，因此在数控机床控制当中都是选择数控系统输出控制信号来通过变频器对主轴电动机的运行和速度进行自动控制的。

以 GSK980TDc 数控系统控制主轴为例进行介绍。

（1）运转控制

1）当在数控系统操作面板上按手动主轴正转或编制 M03 控制指令时，主轴电动机应正转。

2）当在数控系统操作面板上按手动主轴反转或编制 M04 控制指令时，主轴电动机应反转。

3）当在数控系统操作面板上按手动主轴停止或编制 M05 控制指令时，主轴电动机应停止。

（2）速度控制

1）当在数控系统操作面板上输入主轴速度 SXXX 或按 S + 键时（或在 MDI 方式下编制 SXXX 转速程序并启动运行，再按主轴正转键或运行 M03 指令，主轴电机就按输入的主轴速度或编制程序指令速度运转。

2）当在数控系统操作面板上输入主轴速度 S0 或连续按 S – 键时（或在 MDI 方式下编制 S0 转速程序并启动运行），再按主轴停止键或运行 M05 指令，主轴电动机就会停止运行。

（3）主电源输入

变频器主电源输入取决于数控机床的电气输入电压、电气设计以及变频器的规格。一般工厂选用三相 AC 380V，出于教学安全以及变频器价格考虑，实验装置选择单相 AC 220V

用于教学。

(4) 主轴电动机的连接

鉴于变频器规格不同（输入电压等级以及电动机适配功率不同），所以在变频器输出连接到三相异步电动机时，需根据变频器输入电源规格进行导线连接。若主电源是三相380V输入的变频器，变频器输出到三相异步电动机应联结成星形；若主电源是三相（单相）220V输入的变频器，变频器输出到三相异步电动机应联结成三角形。具体三相异步电动机如何连接，需参考电动机铭牌和变频器规格。

3. 实验装置中数控系统控制主轴调速的电气分析

(1) 数控系统输出主轴信号

数控系统主轴接口如图2-26所示。

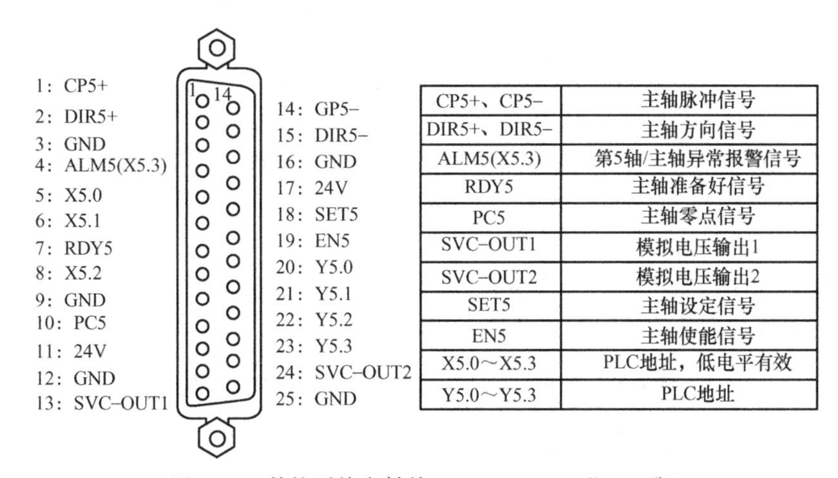

图2-26　数控系统主轴接口（CN15，25芯DB孔）

数控系统主轴接口可接伺服主轴，有相对应的位置控制指令和轴使能信号CP5+、CP5-、DIR5+、DIR5-、EN5；可接两个模拟主轴，提供两个模拟电压接口，两个模拟电压接口分别为SVC-OUT1、SVC-OUT2。实验装置只需要用一个模拟主轴，使用SVC-OUT1接口（称SVC接口）输出模拟电压，可输出0~10V电压。

数控系统内部通过12位精度的D/A转换器输出连续可调电压，信号再经过运放，在模拟主轴接口SVC端可输出0~10V电压，如图2-27所示。

数控系统速度控制信号与主轴变频器的连接如图2-28所示。

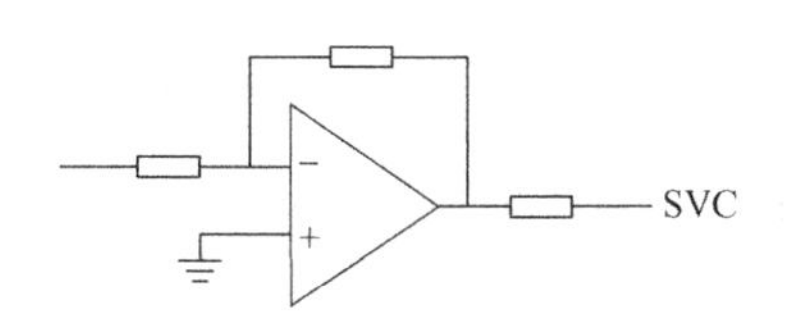

图2-27　主轴内部运放电路

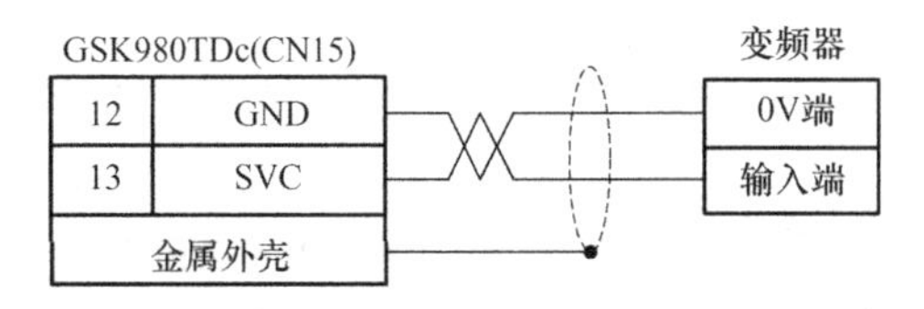

图2-28　数控系统速度控制信号与主轴变频器的连接

(2) 数控系统控制主轴调速硬件电路图

实验装置中，数控系统控制主轴调速的硬件连接如图2-29所示。

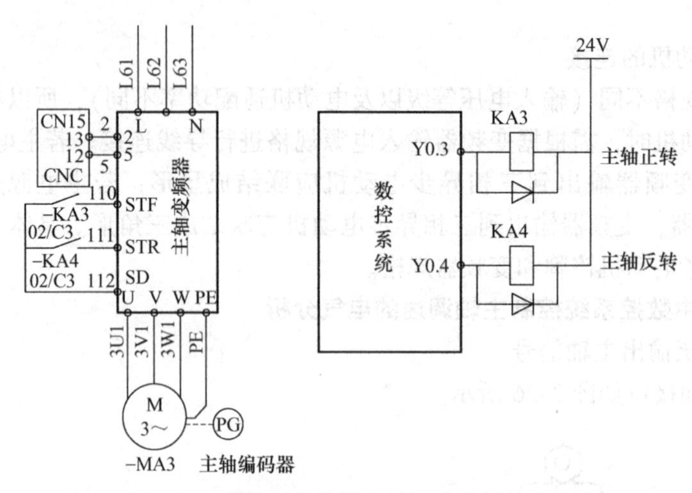

图 2-29　数控系统控制主轴调速的硬件连接

在图 2-29 中可以看出：变频器速度控制接收来自于数控系统的 CN15 接口的输出，变频器正反转控制信号来自数控系统输出 Y0.3 和 Y0.4 控制的中间继电器触点开关 KA3 和 KA4。

（3）数控系统中涉及主轴功能的参数

数控系统中涉及主轴功能的参数见表 2-17。

表 2-17　数控系统中涉及主轴功能的参数一览表

序号	参数类型	参数号及含义	说　明	备　注
1	状态参数	NO. 1#4 Bit4　1：主轴转速模拟量控制，使用主自动换档功能时，必须设为 1 0：主轴转速开关量控制	若使用变频器控制主轴调速，必须设置 1	
2	状态参数	K10#1（RSJG） RSJG　1：按“RESET”键或急停时，CNC 不关闭 M03、M04、M08、M32 输出信号 RSJG　0：按“RESET”键或急停时，CNC 关闭 M03、M04、M08、M32 输出信号	RESET 和急停对主轴信号的影响（模拟电压输出保持不变）	RSJG 是 K10#1 的符号表示
3	状态参数	K17#3（SSTP） SSTP　1：主轴停时关闭模拟电压 0：主轴停时不关闭模拟电压	主轴停止信号对主轴模拟电压的影响	SSTP 是 K17#3 的符号表示
4	状态参数	K17#4（SALM） SALM　1：主轴低电平报警 0：主轴高电平报警	设置主轴报警输入硬件连接方式	SALM 是 K17#4 的符号表示

（续）

序号	参数类型	参数号及含义	说　明	备　注
5	数据参数	NO. 36（SPDLC）：各主轴模拟电压输出为0V时电压偏置补偿值，补偿范围为 -1000 ~ 1000mV	设置S0时模拟电压输出偏移	SPDLC 是参数 NO. 36 的符号表示
6	数据参数	NO. 21（PSANGNT）：主轴模拟电压输出为10V时电压偏置补偿值，补偿范围为 -2000 ~ 2000mV。		PSANGNT 是参数 NO. 21 的符号表示
7	数据参数	NO. 37 ~ NO. 40（GRMAX1 ~ GRMAX4）：各主轴模拟电压输出为10V时，分别对应第1、2、3、4主轴档位的最高转速，单位为 r/min（rpm），数值范围为 10 ~ 9999。	设置数控系统主轴最高转速（最多四档位），当不使用换档时，默认第一档最高转速（实验装置只允许设置为1500）	GRMAX1 ~ GRMAX4 是参数 NO. 37 ~ NO. 40 的符号表示
8	数据参数	NO. 67：各主轴换档时输出的电压，最大10000mV（10V）	该参数设置主要与选配的变频器输入模拟范围匹配	
9	数据参数	NO. 70（ENCODER_CNT）：各主轴编码器线数，范围为 100 ~ 5000，单位为线/每转	该参数主要确保主轴速度显示的正确性	ENCODER_CNT 是参数 NO. 70 的符号表示
10	数据参数	NO. 73（SPMOTORMAX）：各主轴电动机的最大钳制转速，设定值 =（主轴电动机最大钳制转速/主轴电动机最高转速）×4095，范围为 0 ~ 4095，不设置或设为0（无限制）	设置数控机床最大主轴电动机钳制速度（注意单位）	SPMOTORMAX 是参数 NO. 73 的符号表示
11	数据参数	NO. 75（SPSPEEDLIMIT）：最大主轴速度［0：不限速］，范围为 0 ~ 6000，单位为 r/min	设置数控机床最大主轴钳制速度	SPSPEEDLIMIT 是参数 NO. 75 的符号表示
12	数据参数	NO. 109（SPL_REV_SPD）：设置主轴点动时的转速，单位为 r/min，范围为 1 ~ 8000	设置主轴点动时的速度，本实验装置设置为 500r/min	SPL_REV_SPD 是参数 NO. 109 的符号表示
13	K参数	K10#4（JSPD） JSPD 1：主轴点动在任何方式下都有效 0：主轴点动在手动、手轮、回零方式下有效	设置主轴点动有效情况条件，一般设为0	JSPD 是 K10#4 的符号表示
14	时间参数	DT12 主轴点动时间，单位为 ms	注意时间单位为 ms	

（4）变频器中涉及的主轴调速功能参数

在数控机床主轴功能电气调试中，除设置和调试数控系统参数外，还需设置和调试主轴调速功能参数。

图 2-29 中，变频器中涉及的主轴调速功能参数见表 2-18。

表 2-18 变频器中涉及的主轴调速功能参数一览表

参数编号	名称	单位	初始值	范围	备注
1	上限频率	0.01Hz	120Hz	0～120Hz	设置输出上限频率
3	基准频率	0.01Hz	50Hz	0～400Hz	确认电动机的额定铭牌
7	加速时间	0.1s	5s	0～3600s	设定加速时间
8	减速时间	0.1s	5s	0～3600s	设定减速时间
40	RUN 键旋转方向选择的设定	1	0	0、1	0—正转，1—反转
79	操作模式选择	1	0	0、1、2、3、4、6、7	选择启动指令和频率设定来源
125	端子 2 频率设定增益	0.01Hz	50Hz	0～400Hz	改变电位器最大值的频率
73	模拟量输入选择	1	1	0、1、10、11	0：0～10V 电压（无极性） 1：0～5V 电压（无极性） 10：0～10V 电压（有极性） 11：0～5V 电压（有极性）
178	STF 端子功能选择	1	60	60、61	60：正转指令［只能分配给 STF 端子(Pr. 178)］
179	STR 端子功能选择	1	61		61：反转指令［只能分配给 STR 端子(Pr. 179)］

（5）数控装置主轴功能电气分析

根据图 2-29、表 2-17 和表 2-18，数控装置主轴功能电气分析如下：

1）主电源输入。主电源输入为三相 220V 电源，其来自三相变压器二次侧输出，本实验装置选用单相 220V 电源的变频器（可以查看实验装置变频器产品铭牌），工厂一般使用三相 380V 电压作为输入电源。

2）主电源输出。主电源输出的硬件连接取决于变频器和三相异步电动机的规格。由于本实验装置变频器是单相 220V 电源输入，三相异步电动机是小功率的异步电动机，所以可根据实验需要连接成星形或三角形联结。若联结成星形，则空载时转速变化不大，但带负载时由于星形联结导致工作电压较低，带负载能力也较弱；若联结成三角形，则无论是空载还是带负载，速度都符合设计需要，同时带负载能力在电动机性能范围内。

3）控制信号。变频器运行的控制信号主要有两类：一类开关量控制信号，另一类速度控制信号，是模拟量接收。

① 开关量控制信号。开关量控制信号来自数控系统 PLC 输出的控制信号，如图 2-29 所示。主轴正转时，数控系统输出 Y0.3，主轴反转时，数控系统输出 Y0.4。在实验装置中，当在手动方式下按数控系统操作面板上的主轴正转键或在 MDI 方式下运行 M03 指令时，数控系统输出 Y0.3 信号；这时，Y0.3 输出电压为 0V，KA3 继电器吸合，KA3 的触点闭合（变频器的线号 110 和 112 之间触点闭合），即 STF 和 SD 之间闭合，变频器控制三相异步电

动机为正转状态。

同理，当在手动方式下按数控系统操作面板上的主轴反转键或在 MDI 方式下运行 M04 指令时，数控系统输出 Y0.4 信号；这时，Y0.4 输出电压为 0V，KA4 继电器吸合，KA4 的触点闭合（变频器的线号 111 和 112 之间触点闭合），即 STR 和 SD 之间闭合，变频器控制三相异步电动机为反转状态。

② 速度控制信号。实验装置的速度控制信号来自数控系统从 CN15 接口 13、12 引脚输出的模拟电压，根据前面知识介绍，输出电压范围为 0～10V，输出 10V 电压时与数控系统设置的主轴最高转速相对应。

变频器模拟输入 2 端子和 5 端子接收模拟电压，2 端子和 5 端子之间最高电压对应变频器输出最高频率。

由于速度和运转信号都选用变频器外控制信号，所以需设置变频器参数 Pr.79＝2，同时，三相异步电动机选用的是普通异步电动机，运行在额定频率以下，因此还需检查以下参数：NO.1＝50Hz；NO.178＝60（STF 端子功能选择）；NO.179＝61（STR 端子功能选择）；NO.73＝0（模拟量输入选择 0～10V）。

【实践步骤】

1. 掌握数控系统控制主轴调速的硬件连接

（1）理解主轴调速的控制过程

根据实验装置提供的数控机床电气控制中涉及主轴功能的电气原理图，理解主回路和控制回路的控制过程。

（2）确认原理图和实物关系

1）变频器输入主电源电压等级：单相 AC 220V。（是□、否□）

2）主轴调速板上 X2 端子排输入电源导线来自 QF7 的低压断路器。（是□、否□）

3）主轴调速板上 X2 端子排输入电源连接是否正确。（是□、否□）

4）主轴调速板上 X2 端子排输出到执行件主轴三相异步电动机的连接是否正确。（是□、否□）

5）主轴调速板上 X3 端子排速度控制信号（线号为 2-5）连接是否正确。（是□、否□）

6）主轴调速板上 X3 端子排运转信号（Y0.3、Y0.4 以及线号 110-111-112）连接是否正确。（是□、否□）

2. 验证实验一

实现数控系统控制主轴电动机调速。

（1）理解数控系统控制主轴调速的硬件连接

理解图 2-29 所示数控系统控制主轴调速的硬件连接电路，并掌握实践步骤 1。

（2）设置数控系统中主轴参数

结合表 2-17，在数控系统中设置主轴参数，见表 2-19。

表 2-19　数控系统中设置主轴参数一览表

序　号	参数类型	参数号	设置值
1	状态参数	NO.1#4	1
2	状态参数	K10#1（RSJG）	0

（续）

序　号	参数类型	参　数　号	设置值
3	状态参数	K17#3（SSTP）	0
4	数据参数	NO. 36（SPDLC）	0
5	数据参数	NO. 21（PSANGNT）	0
6	数据参数	NO. 37～NO. 40（GRMAX1～GRMAX4）	1500
7	数据参数	NO. 67	10000
8	数据参数	NO. 75（SPSPEEDLIMIT）	1500
9	数据参数	NO. 109（SPL_REV_SPD）	500
10	K参数	K10#4（JSPD）	0
11	时间参数	DT12	3000

（3）变频器主轴功能参数

结合表2-18，变频器中涉及的主轴调速功能参数设置见表2-20。

表2-20　变频器涉及的主轴调速功能参数一览表

参数编号	名　称	单　位	初始值	设置值
1	上限频率	0. 01Hz	120Hz	50Hz
3	基准频率	0. 01Hz	50Hz	50Hz
7	加速时间	0. 1s	5s	5
8	减速时间	0. 1s	5s	5s
40	RUN键旋转方向选择的设定	1	0	0
79	操作模式选择	1	0	2
125	端子2频率设定增益	0. 01Hz	50Hz	50Hz
73	模拟量输入选择	1	1	0
178	STF端子功能选择	1	60	60
179	STR端子功能选择	1	61	61

（4）测试主轴电动机运行功能

1）测试主轴正转。在手动操作方式下，连续按主轴“S+”按键，直至“S300”（或输入“S300”），按“主轴正转”键，主轴电动机应顺时针运转。

2）测试主轴反转。在手动操作方式下，连续按主轴“S+”按键，直至“S300”（或输入“S300”），按“主轴反转”键，主轴电动机应逆时针运转。

3）测试主轴停止。在手动操作方式下，按“主轴停止”键，主轴电动机应停止。

4）测试程序控制主轴正转。在MDI方式下，输入“M03 S500”，再按“循环启动”键，观察主轴电动机，应顺时针运转（转速为500r/min）。

5）测试程序控制主轴反转。在MDI方式下，输入“M04 S400”，再按“循环启动”键，观察主轴电动机，应逆时针运转（转速为400r/min）。

6）测试主轴加减速。在主轴电动机运转过程中，按主轴“S+”按键，主轴电动机倍率增大，主轴电动机应加速；按主轴“S-”按键，主轴电动机倍率减小，主轴电动机应减速。按主轴停止按键，观察主轴电动机，其应根据设置减速时间减速，直到停止。

7）测试主轴点动。在手动方式以及主轴电动机停止情况下，按主轴点动键，观察主轴电动机运转情况是否符合参数设定：主轴电动机以转速500r/min旋转3s时间，3s后自动停止。

8）测试数控系统输出模拟电压。在MDI方式下，输入“M03 S500”，再按“循环启动”键，观察主轴电动机，其应顺时针运转（转速为500r/min），此时用万用表直流电压档（量程大于10V）测量2端子和5端子之间的电压，观察测量电压是否为3.3V，并分析测试结果及其原因。

3. 验证实验二

实现变频器单独控制主轴电动机调速功能。

（1）设置功能参数

结合表2-18在变频器上设置功能参数，见表2-21。

表2-21　变频器单独控制主轴电动机调速功能参数一览表

参数编号	名　称	单　位	初 始 值	设 置 值
1	上限频率	0.01Hz	120Hz	50Hz
3	基准频率	0.01Hz	50Hz	50Hz
7	加速时间	0.1s	5s	5s
8	减速时间	0.1s	5s	5s
40	RUN键旋转方向选择的设定	1	0	0
79	操作模式选择	1	0	1
125	端子2频率设定增益	0.01Hz	50Hz	50Hz
73	模拟量输入选择	1	1	—
178	STF端子功能选择	1	60	—
179	STR端子功能选择	1	61	—

（2）调试变频器控制主轴电动机运行

1）测试主轴电动机速度变化。按变频器面板（PU）上“RUN”按键，再旋动面板上的M旋钮，会发现：主轴电动机随着M旋钮的顺时针旋动，不断加速；当旋钮逆时针旋转时，主轴电动机开始减速，直至停止。在主轴电动机旋转过程中，应观察到变频器上显示的频率一直在变化。

2）测试主轴电动机的正反转。当变频器显示频率在15～35Hz之间时，主轴电动机正转，此时再按“RUN”按键，主轴电动机应反转，再按“STOP/RESET”按键，主轴电动机应停止。

4. 验证实验三

实现数控系统控制主轴电动机调速，变频器面板控制主轴电动机运行。

由于需要数控系统输出速度控制信号，所以需设置数控系统输出模拟电压的参数。

（1）设置数控系统输出模拟电压参数

结合表2-17设置数控系统输出模拟电压参数，见表2-22。

表 2-22 数控系统输出模拟电压参数一览表

序　号	参数类型	参　数　号	设　置　值
1	状态参数	NO. 1#4	1
2	状态参数	K10#1（RSJG）	0
3	状态参数	K17#3（SSTP）	0
4	数据参数	NO. 36	0
5	数据参数	NO. 21	0
6	数据参数	NO. 37 ~ NO. 40（GRMAX1 ~ GRMAX4）	1500
7	数据参数	NO. 67	10000
8	数据参数	NO. 75	1500
9	数据参数	NO. 109（SPL_REV_SPD）	500
10	K 参数	K10#4（JSPD）	0
11	时间参数	DT12	3000

（2）设置变频器参数

结合表 2-18 设置变频器参数，见表 2-23。

表 2-23 变频器参数设置一览表

参数编号	名　　称	单　　位	初　始　值	设　置　值
1	上限频率	0. 01Hz	120Hz	50Hz
3	基准频率	0. 01Hz	50Hz	50Hz
7	加速时间	0. 1s	5s	5s
8	减速时间	0. 1s	5s	5s
40	RUN 键旋转方向选择的设定	1	0	0
79	操作模式选择	1	0	4
125	端子 2 频率设定增益	0. 01Hz	50Hz	50Hz
73	模拟量输入选择	1	1	0
178	STF 端子功能选择	1	60	—
179	STR 端子功能选择	1	61	—

（3）测试主轴电动机运行

1）程序运行速度指令。在 MDI 方式下，输入“S500”，再按“循环启动”键，在主轴倍率为 100% 情况下，变频器数码管显示频率应为 10Hz 左右。

2）测量数控系统输出模拟电压。用万用表直流电压档（量程大于 10V）测量 2 端子和 5 端子之间的电压，测量电压值应为 2V 左右，分析结果及其原因。

3）再程序运行速度指令。再在 MDI 方式下，输入“S600”，再按“循环启动”键，在主轴倍率为 100% 情况下，变频器数码管显示频率应为 20Hz 左右。

4）再测量数控系统输出模拟电压。用万用表直流电压档（量程大于 10V）测量 2 端子和 5 端子之间的电压，测量电压值应为 4V 左右，分析结果及其原因。

5）操作变频器控制运行。按变频器面板（PU）上的“RUN”按键，主轴电动机旋转，此时再按“RUN”按键，主轴电动机应反转，再按“STOP/RESET”按键时，主轴电动机应停止。

5. 验证实验四

实现数控系统控制主轴电动机运行，变频器控制主轴电动机调速。

因为由数控系统控制主轴电动机运行，所以只需数控系统 PLC 输出开关量控制信号，并由变频器面板 M 旋钮控制主轴电动机调速功能。

（1）设置数控系统控制变频器运转信号参数

由于不需要数控系统输出模拟电压，而只需数控系统 PLC 输出控制信号，所以无须设置数控系统参数。

（2）设置变频器参数

由于主轴电动机速度由变频器面板上的 M 旋钮控制，运转信号由数控系统控制，所以需要在变频器上设置相关参数。结合表 2-18 设置变频器参数，见表 2-24。

表 2-24　变频器参数设置一览表

参数编号	名　称	单　位	初 始 值	设 置 值
1	上限频率	0.01Hz	120Hz	50Hz
3	基准频率	0.01Hz	50Hz	50Hz
7	加速时间	0.1s	5s	5s
8	减速时间	0.1s	5s	5s
40	RUN 键旋转方向选择的设定	1	0	0
79	操作模式选择	1	0	3
125	端子 2 频率设定增益	0.01Hz	50Hz	50Hz
73	模拟量输入选择	1	1	—
178	STF 端子功能选择	1	60	60
179	STR 端子功能选择	1	61	61

（3）测试主轴电动机运行

1）测试主轴电动机正方向运行。旋动变频器面板上的 M 旋钮，变频器显示频率（Hz）应不断变化。当变频器显示 15Hz 时，操作数控系统面板，选择手动方式，按“主轴正转”按键，主轴电动机应顺时针方向旋转。

2）测试变频器加速运行。若再顺时针旋动变频器面板上的 M 旋钮，则变频器显示的频率数值应变大，同时主轴电动机应加速旋转。

3）测试变频器减速运行。若再逆时针旋动变频器面板上的 M 旋钮，则变频器显示的频率数值应变小，直至主轴电动机停止。

4）测试主轴停止功能。若当主轴电动机旋转速度固定在 25Hz，可操作数控系统操作面板，选择手动方式，按“主轴停止”按键，主轴电动机按照变频器参数设置的减速时间停止。

5）测试主轴电动机加速时间。操作数控系统操作面板，选择手动方式，按“主轴反转”按键，主轴电动机应按照变频器设置的加速时间反转。

6）测试数控系统控制主轴电动机停止。操作数控系统操作面板，选择手动方式，按“主轴停止”按键，主轴电动机停止。

7）测试主轴电动机停止控制信号来源。在使用数控系统操作面板主轴正转/反转/停止按键控制时，当主轴电动机已运转时，按变频器上的“RUN”按键，应对主轴电机无控制作用。

6. 实践结束

操作数控系统操作面板，先使主轴电动机停止，再断开实验装置总电源，最后整理实验室卫生。根据实践完成情况填写表2-25。

表2-25 变频器应用调试完成项目记录表

序　号	完成实践项目内容					完成√	备　注
1	掌握数控系统控制主轴调速的硬件连接						
2	验证实验	CNC速度	CNC运行	变频器速度	变频器运行		
3	一	√	√				
4	二			√	√		
5	三	√			√		
6	四		√	√			

实践笔记

2.7 项目7 数控系统控制电动刀架电气调试实践

【实践预习】

了解数控机床电动刀架的控制原理以及GSK980TDc数控系统输入输出接口情况。

【实践目的】

理解数控系统控制电动刀架的原理，掌握数控系统控制电动刀架的硬件连接及参数调试。

【实践平台】

1）数控机床电气控制综合实验装置，1台。

2）常用工具及仪表（包括十字螺钉旋具1把、一字螺钉旋具2把、万用表等），1套。

【相关知识】

1. 电动刀架的种类

根据前面知识介绍，电动刀架各种各样。在数控机床中，常见的有三相异步电动机三相380V电压等级的电动刀架，也有单相异步电动机220V等级的电动刀架，还有纯液压控制的电动刀架。工厂一般使用三相380V电压等级的三相异步电动机电动刀架。实验装置根据现有实物及安全起见，选用单相异步电动机的电动刀架。

2. 电动刀架换刀的电气硬件连接

（1）电动刀架电气控制原理图（三相380V电压等级）

电动刀架电气控制原理图（三相380V电压等级）如图2-30所示。数控系统的CN61接口接收T01～T08刀架刀位信号，CN62接口输出换刀正反转信号，分别为Y1.6和Y1.7，二次控制回路和主回路是经典的电动机正反转回路。

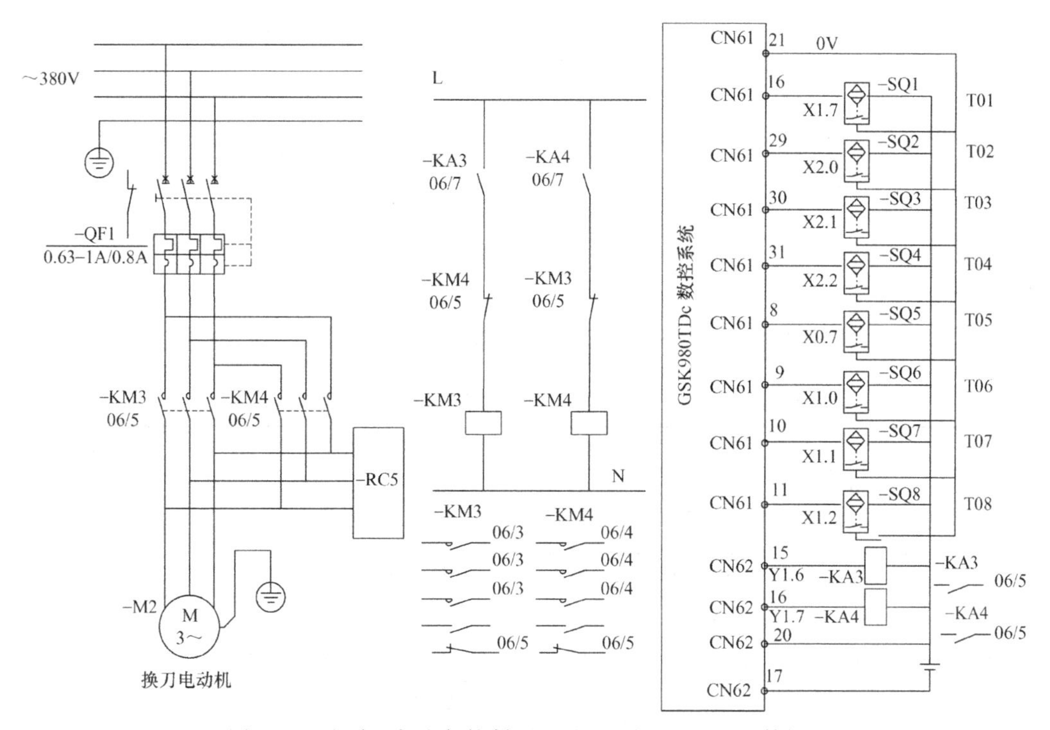

图2-30　电动刀架电气控制原理图（三相380V电压等级）

（2）电动刀架电气控制原理图（单相220V电压等级）

电动刀架电气控制原理图（单相220V电压等级）如图2-31所示。

由图2-30和图2-31可以看出，控制回路逻辑相差不多，T01～T08为刀架刀位输入信号，电气设计输入对应信号为X1.7、X2.0、X2.2、X0.7、X1.0、X1.2；Y1.6和Y1.7为数控系统输出换刀正反转控制信号。但主回路的具体连接不同，一个控制三相380V电动机，另一个控制单相220V换刀电动机。实验装置选用的是单相220V换刀电动机。

3. 电动换刀的数控系统参数设置

在GSK980TDc数控系统中，可以通过参数设置实现和控制多种规格电动刀架。

(1) 数控系统中与电动刀架有关的输入输出信号

数控系统中与电动刀架有关的输入输出信号见表2-26。

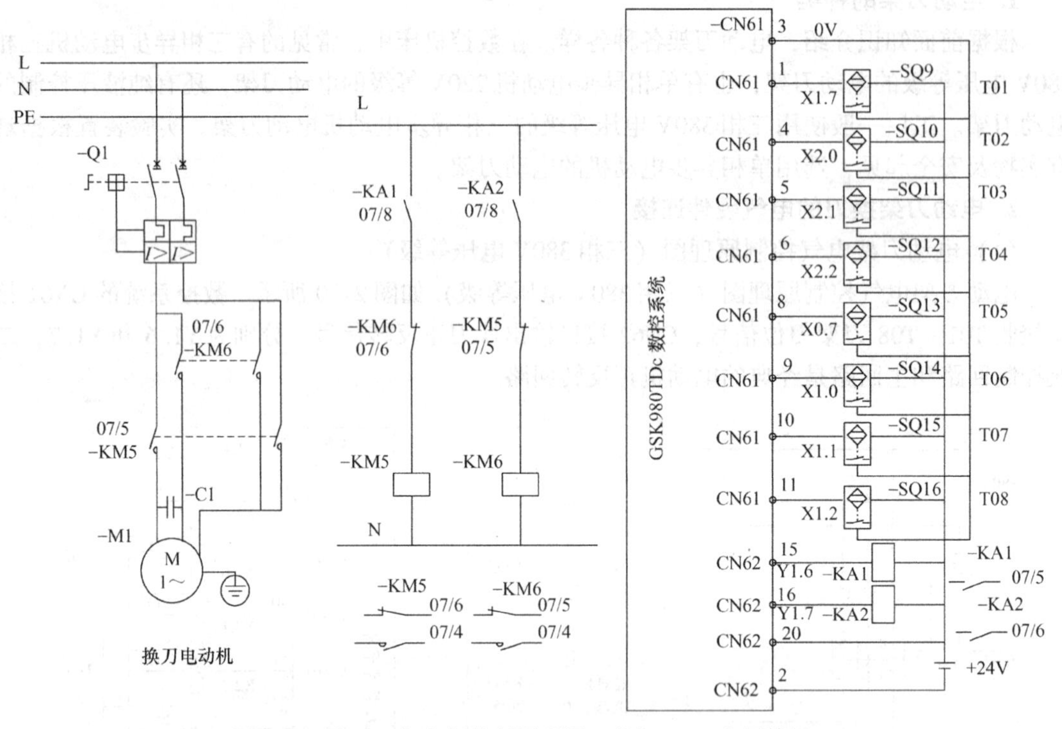

图2-31 电动刀架电气控制原理图（单相220V电压等级）

表2-26 数控系统中与电动刀架有关的输入输出信号一览表

信号类型	符　号	信号接口	地　址	信 号 功 能	备　注
输入信号	T01	CN61.16	X1.7	刀位信号1/传感器A	
	T02	CN61.29	X2.0	刀位信号2/传感器B	
	T03	CN61.30	X2.1	刀位信号3/传感器C	
	T04	CN61.31	X2.2	刀位信号4/传感器D	
	T05	CN61.08	X0.7	刀位信号5/传感器E	
	T06	CN61.09	X1.0	刀位信号6/传感器F	
	T07	CN61.10	X1.1	刀位信号7/预分度接近开关	
	T08	CN61.11	X1.2	刀位信号8/刀架过热检测	
	TCP	CN61.35	X2.6	刀架锁紧信号	
输出信号	TL+	CN62.15	Y1.6	刀架正转信号	
	TL-	CN62.16	Y1.7	刀架反转信号	
	TZD/TLS	CN62.29	Y2.0	刀架制动/刀盘松开	
	INDXS/TCLP	CN62.30	Y2.1	刀架预分度线圈/刀盘锁紧	

(2) 数控系统中与电动刀架换刀有关的参数

数控系统中与电动刀架换刀有关的参数见表2-27。

表 2-27　数控系统中与电动刀架换刀有关的参数一览表

参数类型	参　　数	参 数 含 义	说　　明	备　　注
控制参数	K11 #0（CHTA） #1（CHTB）	#1#0： 0　0：标准换刀模式 B 0　1：标准换刀模式 A 1　0：定制刀架 1（6、8、10、12 工位） 1　1：定制刀架 2（8、10、12 工位）	根据设计选用的电动刀架规格设置参数	CHTA、CHTB 分别为 K11#0、#1 的符号表示
	K11#2（TSGN）	TSGN =0：刀位信号高电平（与 +24V 接通）有效 TSGN =1：刀位信号低电平（与 +24V 断开）有效	设置刀位信号是高电平有效还是低电平有效（即当刀位感应到时，刀位信号的电平情况）	TSGN 是 K11#2 的符号表示
	K11#3（CTCP）	CTCP =0：不检测刀架锁紧信号 CTCP =1：检测刀架锁紧信号	设置是否检测刀架锁紧信号	CTCP 是 K11#3 的符号表示
	K11#4（TCPS）	TCPS =0：刀架锁紧信号低电平（与 +24V 断开）有效 TCPS =1：刀架锁紧信号高电平（与 +24V 接通）有效	设置刀架锁紧信号是高电平还是低电平有效，若无刀架锁紧信号，则此参数无效	TCPS 是 K11#4 的符号表示
	K11#5（CHET）	CHET =0：换刀结束时不检查刀位信号 CHET =1：换刀结束时检查刀位信号	该参数取决于电动刀架换刀结束时是否检查刀位信号	CHET 是 K11#5 的符号表示
	K11#7（CHOT）	CHOT =0：不检查刀台过热 CHOT =1：检查刀台过热	取决于电动刀架是否有刀台过热检测	CHOT 是 K11#7 的符号表示
时间参数	DT04	换刀时的换刀允许时间，（单位为 ms）	设置最大换刀时间	
	DT07	换刀时间 T_1：刀架从正转停止到刀架反转输出的延迟时间（单位为 ms）	实习时设置为 1000ms	
	DT08	刀架锁紧信号检测时间（单位为 ms）。	实习时无须设置	
	DT09	换刀时间 T_2：刀架反转锁紧时间（单位为 ms）	实习时设置为 1000ms	
状态参数	NO. 84	总刀位数选择	实习时设置为 4	

在参数设置过程中，首先确认输入输出的硬件连接。根据硬件连接情况再设置符合硬件的参数。

(3) 换刀的四种模式

数控系统允许设置参数以选择电动刀架规格，GSK980TDc 数控系统可以设置四种换刀模式：换刀模式 B、换刀模式 A、定制换刀模式 1、定制换刀模式 2。

1) 换刀模式 B。换刀模式 B 功能需在数控系统中设置参数：K11 的 CHTB(K11.1)=0，CHTA(K11.0)=0。

① 执行换刀操作后，数控系统输出刀架正转信号（TL+）并开始检测刀具到位信号，检测到刀具到位信号后，关闭刀架正转信号，延迟一段时间（由 DT07 设定）后输出刀架反转信号（TL-）。然后检查刀架锁紧信号（TCP），当接收到此信号后，延迟一段时间（由 DT09 设定）后关闭刀架反转信号。

② 若 CHET（K11.5）设为 1（换刀结束时检查刀位信号），刀架反转时间结束后确认当前输入的刀位信号与当前刀号是否一致，若不一致，则系统将产生报警。

③ 换刀过程结束。

④ 当系统输出刀架反转信号后，在一段时间（由 DT08 设定）内，如果系统没有接收到 TCP 信号，系统将产生报警并关闭刀架反转信号。

⑤ 若无刀架锁紧信号，可把 CTCP（K11.3）设为 0，此时不检测刀架锁紧信号。

换刀模式 B 的动作时序图如图 2-32 所示。

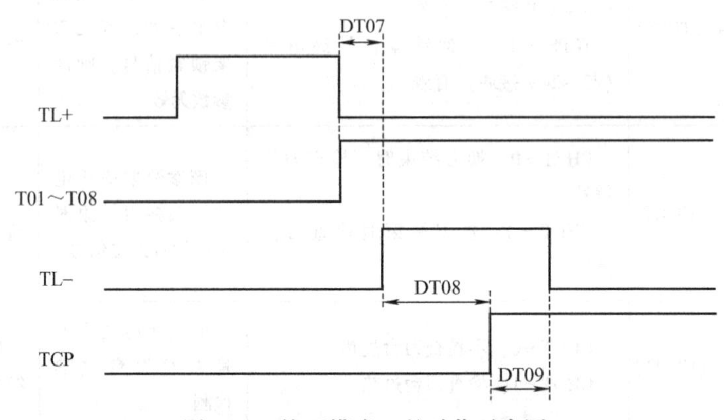

图 2-32 换刀模式 B 的动作时序图

2) 换刀模式 A。换刀模式 A 功能需在数控系统中设置参数：CHTB(K11.1)=0，CHTA(K11.0)=1。

① 执行换刀操作后，数控系统输出刀架正转信号（TL+）并开始检测刀具到位信号，检测到刀位信号后，关闭刀架正转信号，并开始检测刀位信号是否有跳变，若有跳变则输出刀架反转信号（TL-）。然后检查刀架锁紧信号（TCP），当接收到此信号后，延迟一段时间（由 DT09 设定）后关闭刀架反转信号。

② 若 CHET（K11.5）设为 1（换刀结束时检查刀位信号），刀架反转时间结束后确认当前输入的刀位信号与当前刀号是否一致，若不一致，系统将产生报警。

③ 换刀过程结束。

④ 当系统输出刀架反转信号后，在一定时间（由 DT08 设定）内，如果系统没有接收到 TCP 信号，系统将产生报警并关闭刀架反转信号。

⑤ 若无刀架锁紧信号，可把 CTCP（K11.3）设为0，此时不检测刀架锁紧信号。

换刀模式 A 的动作时序图如图 2-33 所示。

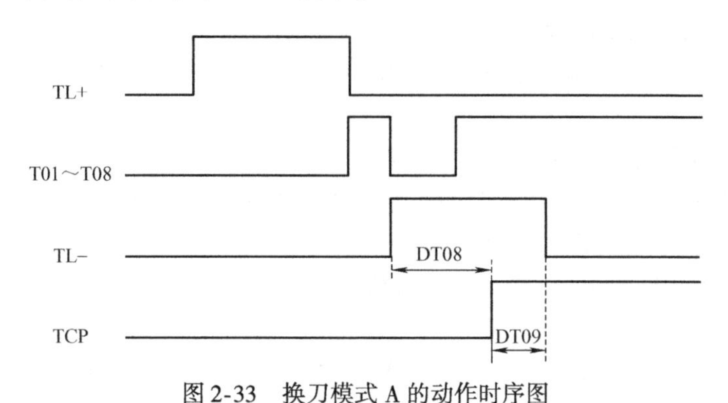

图 2-33 换刀模式 A 的动作时序图

3）其他两种换刀模式不做要求。

4. 实验装置中的电动刀架电气图分析

（1）主回路分析

根据实验装置提供的单相换刀电机的电气原理图（见图 1-65 和图 1-66），在主回路中，L41/L42 工作主电源 AC 220V，低压断路器 QF8 是换刀电机主回路保护器件，交流接触器 KM1 和 KM2 用于切换换刀电动机正反转运行。

（2）控制回路分析

交流接触器 KM1 和 KM2 由中间继电器 KA10 和 KA11 控制，KM1 和 KM2 线圈控制回路有互锁逻辑，中间继电器 KA10 由 Y1.6 控制，中间继电器 KA11 由 Y1.7 控制。

当中间继电器 KA10 或 KA11 吸合时，数控系统 PLC 输出低电平。

【实践步骤】

1. 电动刀架电气硬件连接施工

按照实验装置电气图（见图 1-65、图 1-66）中有关电动刀架的电路施工。

2. 检查电气硬件连接

在断电情况下，检查和确认数控系统与电动刀架的电气连接是否正确。

（1）确认主回路输入连接

确认主回路连接的工作电源是否是单相 220V，线号是否是 L41/L42。

（2）确认控制回路中的互锁逻辑

控制回路必须有互锁逻辑，交流接触器 KM2 的辅助常闭触点 205/206、交流接触器 KM3 的辅助常闭触点 207/208 是否正确。

（3）确认控制回路

确认电气原理图中的中间继电器 KA10 和 KA11 和实物是否对应，以及中间继电器线圈的正负极性是否正确（Y1.6 接中间继电器 KA10 的 13 脚，Y1.7 接中间继电器 KA11 的 13 脚，中间继电器 KA10 和 KA11 的 14 脚接 +24V），若连接不正确，则当继电器吸合时，继电器吸合状态指示灯不亮。

（4）确认换刀电动机动力线连接

确认电动刀架的主回路与换刀电动机的接线是否正确，L81/L82/L83 是否正确连接到换刀电动机对接端子排。

（5）确认到位信号输入方式

确认刀架输入信号采用哪种方式：采用模拟刀架输入信号还是实际刀架输入信号，只能使用一种方式。

1）模拟刀架输入信号来自输入控制电路板。

2）实际刀架输入信号来自执行台的实物电动刀架输入信号 T01～T04，刀架信号传感器使用的电源来自数控系统提供的 24V 电源。

（6）确认其他输入信号和电动刀架换刀功能

1）无电动刀架锁紧信号。

2）实际电动刀架只有 4 把刀具位置信号，模拟刀架位置信号可调试至 8 把刀具位置信号。

3）选用换刀模式 B 或 A 调试。

4）刀位信号使用高电平有效（虽然国产电动刀架实物都是低电平有效，但经过电路处理后都是高电平有效）。

3. 验证实验一：选用模拟刀位信号调试换刀动作

由于选用模拟刀位信号调试，不能反映刀架实际位置，所以，务必断开低压断路器 QF8。

（1）电气硬件检查

1）务必断开低压断路器 QF8。

2）再次检查导线连接，确认选用模拟刀位信号调试。

（2）设置参数

选用换刀模式 B，模拟 6 工位刀架换刀，因此需结合表 2-27 在数控系统中设置与换刀有关的参数，见表 2-28。

表 2-28 选用模拟刀位信号调试参数一览表

参数类型	参　数	设置数值
控制参数	K11 #0（CHTA） #1（CHTB）	00
	K11#2（TSGN）	0
	K11#3（CTCP）	0
	K11#4（TCPS）	—
	K11#5（CHET）	0/1
	K11#7（CHOT）	—
数据参数	DT04	8000ms
	DT07	1000ms
	DT08	—
	DT09	1000ms
状态参数	84	6

（3）电动换刀操作步骤

1）确认低压断路器 QF8 已断开。

2）在指导教师指导下，合上实验装置总电源开关。

3）在主回路电气板上依次合上低压断路器 QF1、QF2、QF3、QF4、QF6。

4）确认松开急停按钮，按下数控系统操作面板上的起动按钮，驱动器和变频器等动力电源得电。

5）再次确认低压断路器 QF8 已断开。

6）检查输入控制板上 6 个刀位信号钮子开关都处于左位断开位置。

7）合上 T01 刀位信号钮子开关。

8）选择手动方式，按数控系统操作面板上的“换刀”按键，实验装置中间继电器 KA10 应吸合，指示灯应点亮，接触器 KM1 也应同步吸合。

9）在 8s 时间范围内，断开 T01 刀位信号钮子开关，合上 T02 刀位信号钮子开关，中间继电器 KA10 应断开，接触器 KM1 也应同步断开，延时 1000ms（1s）后，中间继电器 KA11 应吸合，同时接触器 KM2 也应吸合，延时 1000ms（1s）后，中间继电器 KA11 和接触器 KM2 应同步断开。

10）数控系统显示界面和数控系统操作面板上刀位显示应为 2。

11）继续演示其他刀位信号并观察换刀时电气部件的通断变化情况。

12）也可以在 MDI 方式编制 T0202、T0303、T0404、M02 等程序，用单步方式，每执行一段程序，循环启动一次来验证和理解换刀过程。

实验验证完成后，按数控系统操作面板上的“停止”按钮，断开动力电源，最后断开实验装置总电源，整理实验装置周围卫生。

4. 验证实验二：选用实际电动刀架刀位信号调试换刀动作

确认刀位输入信号来自实际刀架信号（根据前面实验条件，变更导线连接）。

（1）硬件连接

1）确认刀位输入信号（执行台端子排上 T01 ~ T04 信号）连接到信号控制板 X4 端子排，而不是输入控制板上钮子开关的模拟信号。

2）确认刀架控制板上端子排输出信号 L81、L82、L83 已连接到执行台端子排。

（2）设置参数

选用标准换刀模式 B，使用实际刀架刀位信号，因此需结合表 2-27 在数控系统中设置与换刀有关参数，见表 2-29。

表 2-29　选用实际刀架刀位信号调试参数一览表

参数类型	参　　数	设置数值
控制参数	K11 #0(CHTA) #1 (CHTB)	00
	K11#2(TSGN)	0
	K11#3(CTCP)	0
	K11#4(TCPS)	—
	K11#5(CHET)	0/1

（续）

参数类型	参　数	设置数值
控制参数	K11#7(CHOT)	—
时间参数	DT04	8000ms
	DT07	1000ms
	DT08	—
	DT09	1000ms
状态参数	84	4

（3）电动换刀操作步骤

1）确认信号控制板上X4端子排输入信号只来自执行台端子排的刀架信号。

2）确认电动换刀主回路和控制回路施工连接正确。

3）在指导教师指导下，合上实验装置总电源开关。

4）在主回路电气板上依次合上低压断路器QF1、QF2、QF3、QF4、QF6，再次确认低压断路器QF8也已合上。

5）确认松开急停按钮，按下数控系统操作面板上的起动按钮，驱动器和变频器等动力电源得电。

6）操作数控系统操作面板，选择手动方式，按“换刀”按键，实验装置中间继电器KA10应吸合，指示灯应点亮，交流接触器KM1也同步吸合，换刀电动机旋转。

7）当换刀到位后，中间继电器KA10应断开，交流接触器KM1也应同步断开，延时1000ms（1s）后，中间继电器KA11吸合，同时交流接触器KM2也吸合，延时1000ms（1s）后，KA11和KM2也同步断开。

8）数控系统显示界面和数控系统操作面板上刀位显示应为当前刀位号。

9）继续按数控系统操作面板上的“换刀”按键，重复演示换刀现象并记录结果。

10）也可以在MDI方式编制T0101、T0202、T0303、T0404、M02等程序，用单步方式，每执行一段程序，循环启动一次来验证和理解换刀过程。

实验验证完成后，按数控系统操作面板上的“停止”按钮，断开动力电源，最后断开实验装置总电源，整理实验装置周围卫生。

5. 实践结果记录

根据完成情况填写表2-30。

表2-30　数控系统控制电动刀架电气调试完成情况记录表

序　号	完成实践项目内容	完成√	备　注
1	理解数控系统与电动刀架的硬件连接（三相380V电压）		
2	理解数控系统与电动刀架的硬件连接（单相220V电压）		
3	演示选用模拟刀位信号调试过程		
4	演示选用实际刀位信号调试过程		

实 践 笔 记

2.8　项目8　数控系统控制机床螺纹加工实践

【实践预习】

1）了解数控机床电气控制组成，了解数控系统控制螺纹加工的原理，了解光电编码器的工作原理。

2）了解数控系统螺纹编程指令和螺纹加工工艺。

【实践目的】

深入理解螺纹加工的原理和实现方法，掌握实现数控机床螺纹加工的控制功能。

【实践平台】

1）数控机床电气控制综合实验装置，1台。

2）工具及仪表（包括万用表等），1套。

3）光电编码器，1台。

【实践步骤】

1. 理解螺纹切削循环G92指令

（1）编程指令格式

代码格式：G92 X(U)_Z(W)_F_J_K_L（公制直螺纹切削循环）

（2）代码功能

从切削起点开始，进行径向（X轴）进刀、轴向（Z轴或X轴、Z轴同时）切削，实现等螺距的直螺纹、锥螺纹切削循环。

执行G92指令，在螺纹加工末端有螺纹退尾过程：在距离螺纹切削终点固定长度（称为螺纹的退尾长度）处，在Z轴继续进行螺纹插补的同时，X轴沿退刀方向指数或线性（由参数设置）加速退出，Z轴到达切削终点后，X轴再以快速移动速度退刀，如图2-34所示。

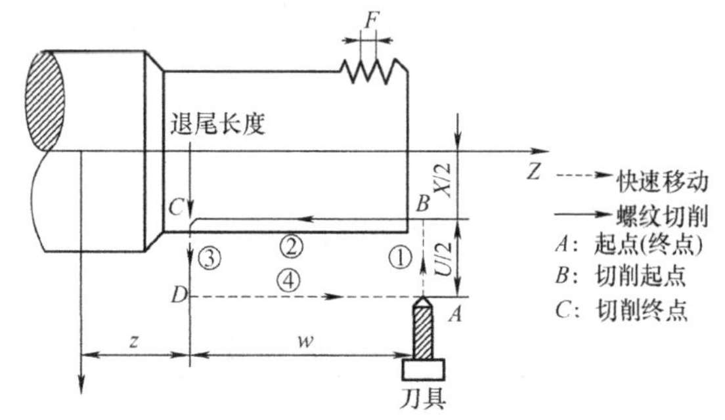

图2-34　螺纹循环加工G92指令加工过程示意图

（3）代码说明

1）模态指令。G92为模态G代码指令。

2）编程指令含义。图2-34图中，*A*为螺纹加工起点（终点），*B*为螺纹插补的起始位置（切削起点）；*C*为螺纹插补的结束位置（切削终点）；*D*为螺纹切削终点的径向退刀位置。

编程指令中，X 为 X 轴切削终点，数值为绝对坐标；Z 为螺纹加工终点坐标；U 为增量编程的切削终点与起点（X 轴绝对坐标）的差值；W 为螺纹加工切削终点坐标与起点坐标的差值；F 为螺纹导程。

J 为螺纹退尾时在短轴方向的移动量，取值范围为 0 ~ 99999999 × 最小输入增量（单位为 mm 或 inch)。其不带方向（根据程序起点位置自动确定退尾方向)，为模态参数，如果短轴是 X 轴，则该值由半径指定。

K 为螺纹退尾时在长轴方向的长度，取值范围为 0 ~ 99999999 × 最小输入增量，（单位为 mm 或 inch)。其不带方向，为模态参数，如长轴是 X 轴，则该值半径指定。

L 为多头螺纹的线数，该值的范围为 1 ~ 99，模态参数（省略 L 时，默认为单头螺纹)，本实验为 1。

（4）螺纹加工循环过程

1）X 轴从起点快速移动到切削起点。

2）从切削起点螺纹插补到切削终点。

3）X 轴以快速移动速度退刀（与过程 1）方向相反，返回 X 轴绝对坐标与起点相同处。

4）Z 轴快速移动返回到起点，循环结束。

2. 主轴光电编码器

光电编码器应与主轴 1:1 或合适齿轮比连接传动。接收编码器信号的数控系统接口如图 2-35 所示。

其中：

＊PAS－PAS 是编码器 A 相脉冲；＊PBS－PBS 是编码器 B 相脉冲；＊PCS－PCS 是编码器 C 相脉冲。

＊PCS－PCS、＊PBS－PBS、＊PAS－PAS 分别为编码器的 C 相、B 相、A 相的差分输入信号，由 26LS32 接收；＊PAS－PAS、＊PBS－PBS 为相差 90°的正交方波，最高信号频率应小于 1MHz；编码器的线数由参数（范围为 100 ~ 5000）设置。

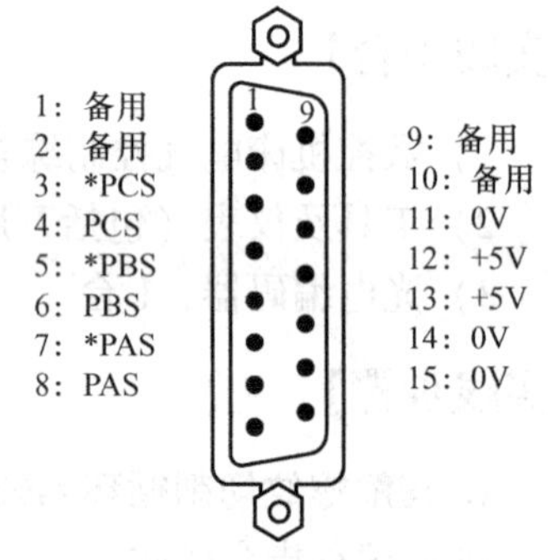

图 2-35　接收编码器信号的数控系统接口

3. 数控系统中与光电编码器有关的参数

数控系统中与光电编码器有关参数见表 2-31。

表 2-31　数控系统中与光电编码器有关的参数

参数类型	参　数	参数含义	说　明	设置值
数据参数	NO. 70	ENCODER_CNT：编码器线数	本实验装置为 1024 线每转	1024
	NO. 110	MGR（编码器与主轴齿轮比参数)：各主轴齿轮数	1 ~ 255	1
	NO. 111	SGR（编码器与主轴齿轮比参数)：各编码器齿轮数	1 ~ 255	1

4. 螺纹加工程序测试

编制螺纹循环加工指令 G92

（1）螺纹加工基本素材

编制数据：导程（螺距）为 2mm，螺纹长度为 50mm，退刀 5mm，起刀在有效螺纹前

2mm，螺纹直径为30mm。加工图样如图2-36所示。

（2）编制螺纹加工程序

自行查阅数控系统技术手册，在编辑方式或MDI方式下编制螺纹加工程序。

（3）回参考点操作

选择回参考点方式，数控机床回参考点。

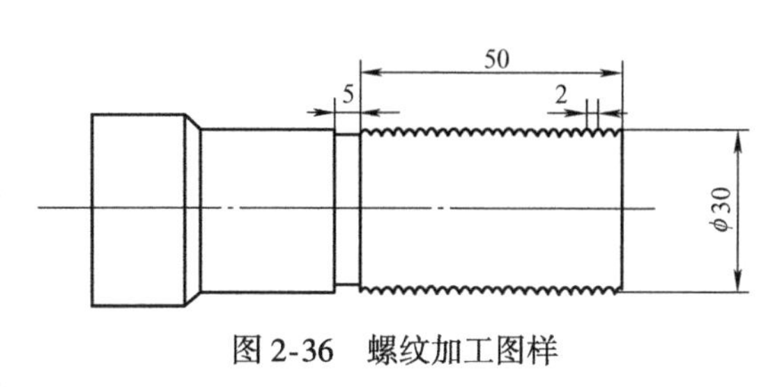

图2-36　螺纹加工图样

（4）自动加工运行螺纹加工指令

在自动方式或MDI方式下，运行螺纹加工指令，观察并记录X轴和Z轴进给时主轴转速以及光电编码器旋转显示情况。

5. 实践结束

按实验装置数控系统操作面板上“停止”按钮，伺服驱动器和变频器部件动力电源断开，最后断开实验装置总电源。整理实验装置周围卫生。

实践笔记

下　篇

FANUC数控系统综合实践

FANUC数控系统综合实验装置

3.1 实验装置简介

3.1.1 实验装置的主要功能

FANUC 数控系统综合实验装置由日本 FANUC 数控系统（0i TC/0i TD）、伺服放大器及电动机、主轴放大器及三相异步电动机、机床输入输出模拟信号开关及机床电器等组成，可选配滑台或机床作为执行件。

整个实验装置为模块化设计，电气组成结构清晰、电气控制功能完整，既可用于数控加工编程教学，也可用于电气设计、电气连接、电气故障诊断与维修教学。输入电压等级为三相 380V，总功率不大于 3kW。

实验装置实物如图 3-1 所示。

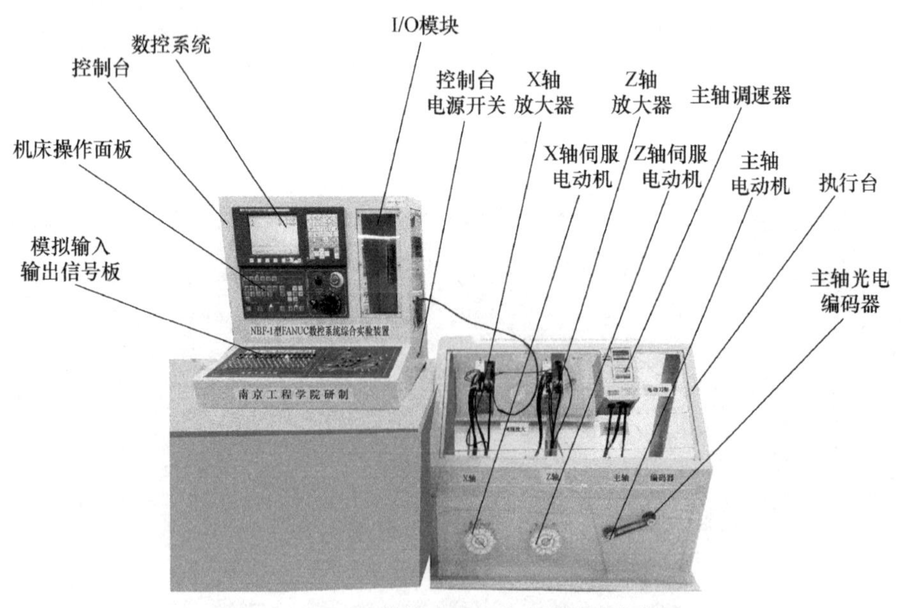

图 3-1 FANUC 数控系统综合实验装置实物图

3.1.2 实验装置的机械组成

实验装置的机械结构由控制台、电气控制执行台组成，控制台与执行台分开设计，机械结构大部分安装了有机玻璃，结构透明，有利于直观学习，也有利于了解电气连接情况，更有利于理解和领会数控机床电气控制原理和过程。

3.2　实验装置的电气组成

实验装置的电气部件大部分是 FANUC 机床系统的典型部件。数控系统是选用 FANUC 0i TC/TD 数控系统，伺服系统选用 FANUC βi 系列放大器及电动机，主轴电机选用三相异步电动机，编码器选用国内品牌的产品。

1. FANUC 数控系统

FANUC 0i TC/TD 数控系统是日本 FANUC 公司推出的显示和控制一体化的紧凑型数控系统，系统最多能控制 5 个进给伺服电动机，2 路主轴（1 路模拟主轴，1 路串行伺服主轴），配置 PMC 编辑软件，外置 128 点输入/128 点输出的 I/O 模块。数控系统与伺服放大器通过 FSSB（FANUC 伺服串行总线）连接，其软件功能丰富，维修方便。

2. 机床操作面板

要操作数控机床，机床操作面板必不可少，FANUC 公司提供的操作面板如图 3-2a 所示，实验装置的机床操作面板是根据 FANUC 数控系统主要功能和典型数控机床功能进行设计的，如图 3-2b 所示。

（1）实验装置操作面板的主要组成

操作面板的主要组成有：操作方式状态灯和操作方式键；编程检测状态灯和编程检测键；主轴倍率键；程序启动执行按键，状态、暂停按键以及暂停状态灯；冷却控制键和状态灯；手动换刀键、MPG 功能选择键；主轴运行控制键和状态灯；运行相关指示灯和进给轴方向键；手轮选择；保护开关、急停和进给倍率。

（2）实验装置操作面板的功能

操作面板的具体功能如下：

1）自动：选择自动加工方式。

2）编辑：选择编辑方式，用于在编辑状态进行程序编辑处理。

3）MDI（手动数据输入）：MDI 方式可用于机床参数、设定数据、MDI 方式加工，有些数据变更需打开程序保护开关。

4）手动：选择手动方式，才能实现手动控制各个进给轴电动机和主轴电动机运行。

5）回零：选择回参考点方式，用于机床各轴回参考点。

6）手轮：选择手轮方式，才能实现手轮功能。

7）单段：在自动/MDI/DNC 方式下，选择单段，程序一段一段地运行，执行完一个程序后暂停，待按下程序启动键后再执行后面的程序段。

8）空运行：在自动/MDI/DNC 方式下，选择空运行，编程速度无效，程序将按照参数设定的空运行速度运行。

9）机床锁住：在自动/MDI/DNC 方式下，数控机床不运动而执行移动指令，只有坐标显示变化，仅对移动指令有效，指令中 M、S、T 功能照常执行。

10）跳过任选程序：在自动/MDI/DNC 方式下，选择该功能，对加工程序中有斜杠“/”的程序不执行。

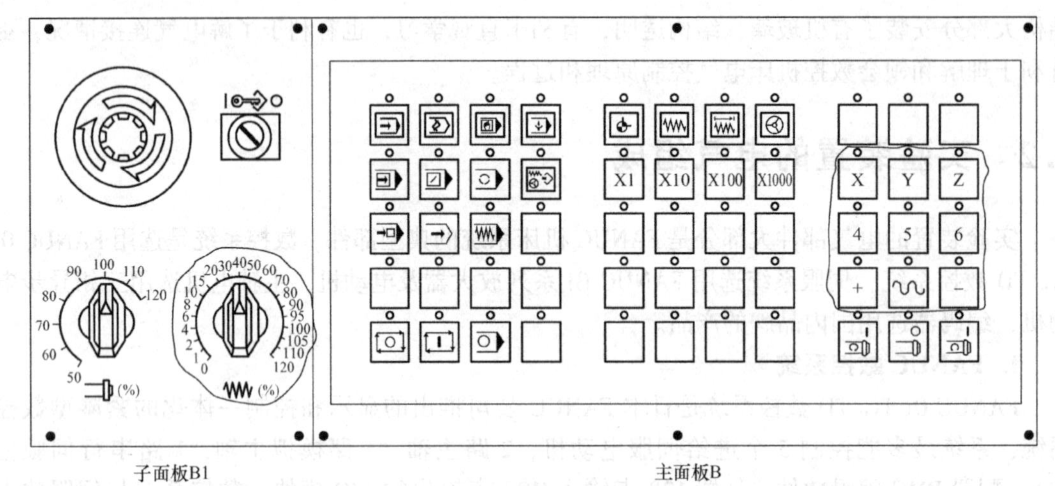

a) FANUC公司提供的操作面板

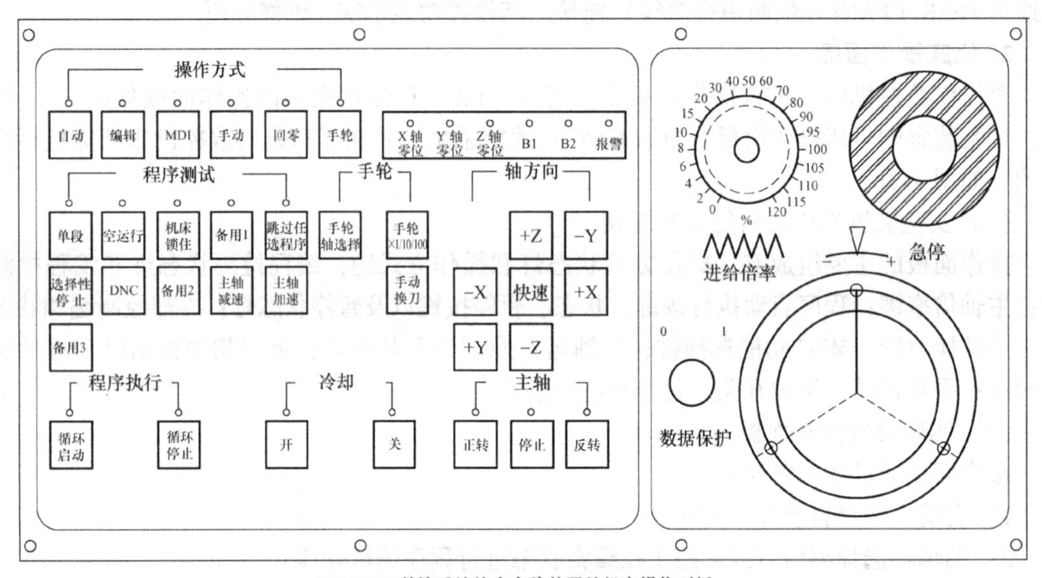

b) FANUC数控系统综合实验装置的机床操作面板

图 3-2　机床操作面板

11）手轮轴选择：数控系统实际使用中一般配置 1 个手轮，FANUC 数控系统最多可配置 3 个手轮。实验装置通过使用该键循环选择手轮进给轴。在手轮方式下，X 轴手轮轴选择可通过按 +X/ −X 键实现，Z 轴手轮轴选择按 +Z/ −Z 键实现。

12）手轮 ×1/10/100（手轮进给倍率）：当正反转手轮时，每个脉冲对应的进给轴移动距离取决于手轮进给倍率。实验装置使用按键为循环倍率，按一次按键为一种手轮进给倍率，依次为 ×1→×10→×100→×1000 循环。

13）选择性停止：根据编程选择条件停止。

14）DNC：在 DNC 方式才能选择计算机传输程序或 CF 卡加工。

15）主轴减速：在自动加工或 MDI 方式下，按“主轴减速”键，按一次则递减 10%。若长按不放，则连续按 10% 递减。最小倍率为 50%。

16）主轴加速：在自动加工或 MDI 方式下，按“主轴加速”键，按一次则递增 10%。

若长按不放，则连续按10%递增。最大倍率为120%。

17）手动换刀（车床版用）：在非自动和非编辑状态下，每按一次“手动换刀”键，电动刀架就转向下一个刀号位置。

18）－X：X轴负方向运动键。在手动方式下按“－X”键，X轴向负方向运动。

19）＋X：X轴正方向运动键。在手动方式下按“＋X”键，X轴向正方向运动。

20）－Y：Y轴负方向运动键。在手动方式下按“－Y”键，Y轴向负方向运动。

21）＋Y：Y轴正方向运动键。在手动方式下按“＋Y”键，Y轴向正方向运动。

22）－Z：Z轴负方向运动键。在手动方式下按“－Z”键，Z轴向负方向运动。

23）＋Z：Z轴正方向运动键。在手动方式下按“＋Z”键，Z轴向正方向运动。

24）快速：在手动方式，同时按下轴方向键和“快速”键，相应轴的运动速度按参数设定的速度快速运动。

25）循环启动：在自动/MDI/DNC方式下，“循环启动”键用于程序加工开始，但能被循环停止中断，若再按该键，则加工程序能继续运行。

26）循环停止：在自动/MDI/DNC方式下，在加工过程中按“循环停止”键，则程序运行停止，中断加工。

27）冷却开：在手动方式下，按下该键，冷却泵开。

28）冷却关：在手动方式下，按下该键，冷却泵关。

29）主轴正转：在手动方式下，按下该键，主轴处于正转运行状态。

30）主轴停止：在手动方式下，按下该键，主轴处于停止状态。

31）主轴反转：在手动方式下，按下该键，主轴处于反转运行状态。

32）进给倍率：在手动或自动方式下，进给速度由进给倍率设定。

33）急停：在意外或有操作需要时按下该急停按钮，数控系统将处于急停状态。

34）数据保护：设定参数、输入或修改程序时需打开该开关。

以实验装置样本程序为例，含地址分配的机床操作面板如图3-3所示。

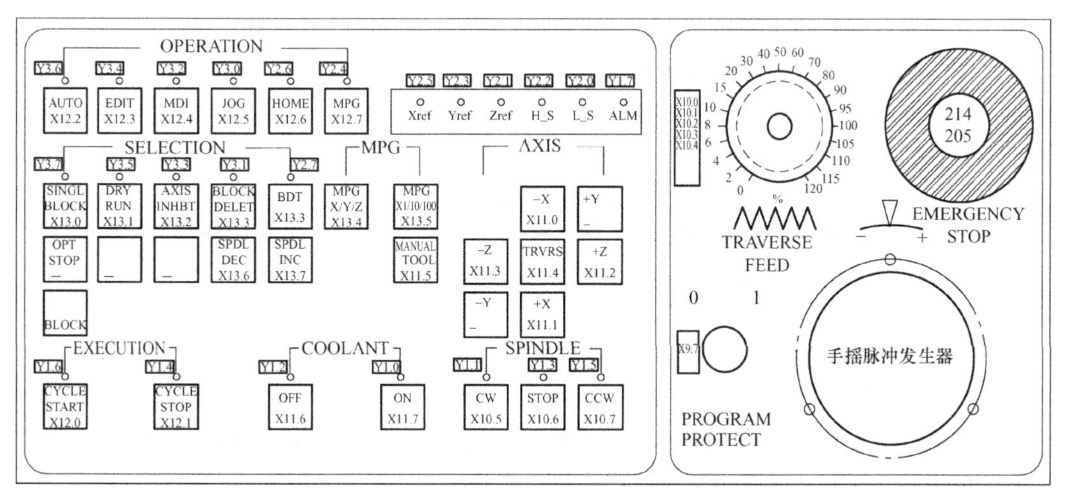

图3-3　含地址分配的机床操作面板

实验装置PMC样本程序的地址分配，输入地址是按照X8地址开始分配的，输出地址是按照Y0地址开始分配的。

由于实验装置在设计时，已经进行了I/O模块地址分配，实验装置中I/O模块地址分配与PMC程序用地址是相吻合。若自行练习PMC程序开发，需结合自行设计的输入输出硬件电路进行地址分配并编制PMC程序。地址分配时注意，FANUC数控系统有些输入地址的固定的，后续有详细介绍。

3. 模拟信号板

实验装置的模拟信号板如图3-4所示。

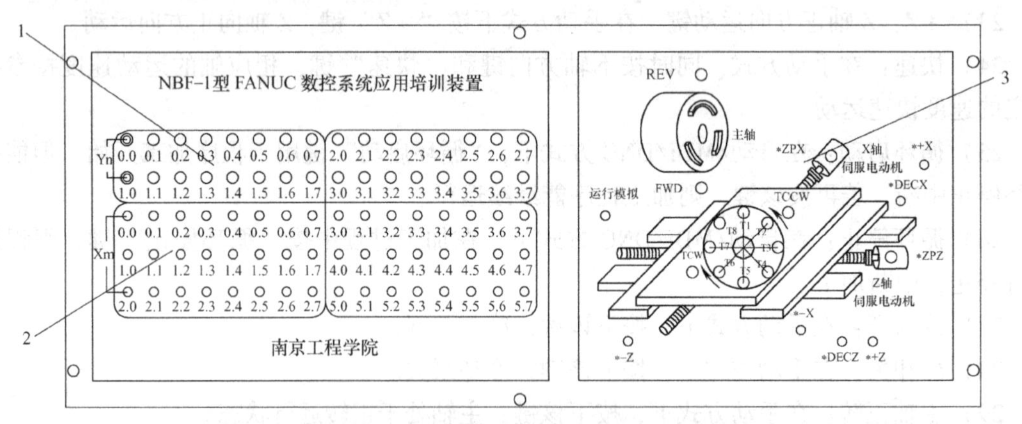

图3-4 实验装置的模拟信号板示意图

1—为输出信号状态灯 2—为输入信号 3—为模拟机床功能输入信号开关和状态灯

图3-4中，m和n需要PMC程序开发人员根据电气图硬件设计在软件中进行地址分配定义。图3-4中使用的输入输出地址与图3-3所示机床操作面板地址在物理上是并联关系，使用图3-4钮子开关输入地址和信号灯作为输出地址时要注意区别。

4. 实验装置的使用说明

(1) 实验装置上电次序

1）确保执行台右侧低压断路器在断开位置。

2）确保控制台右侧低压断路器在断开位置。

3）确保控制台红色急停按钮已按下。

4）合上实验装置总电源。

5）合上实验装置执行台右下三极低压断路器。

6）依次合上控制台上双极低压断路器、单极低压断路器、单极低压断路器。

7）等数控系统正常通电后，松开控制面板上的急停按钮。

(2) 实验设备关电次序

1）确认修改后的PMC程序已写入FROM。

2）按下急停按钮。

3）与控制台上电次序相反，依次断开单极低压断路器、单极低压断路器、双极低压断路器。

4）断开执行台的三极低压断路器。

5）断开实验装置总电源开关。

6）整理实验装置周围卫生。

基于FANUC数控系统的实践项目

4.1 项目1 FANUC数控系统硬件综合连接实践

【实践预习】

预习本节相关知识，初步了解 FANUC 系统数控机床电气系统组成。

【实践目的】

1）掌握 FANUC 数控系统的硬件组成。
2）掌握 FANUC 数控系统各部件实物及接口含义。

【实践平台】

1）FANUC 数控系统综合实验装置，1 台。
2）工具及仪表（包括一字螺钉旋具、十字螺钉旋具、万用表等），1 套。

【相关知识】

1. FANUC 系统数控机床电气控制系统的组成

如图 4-1 所示，FANUC 系统数控机床电气控制系统由以下部件组成：FANUC 数控系统、X 轴/Z 轴伺服放大器、主轴调速器、伺服电动机、主轴电动机、主轴光电编码器、I/O 模块、机床操作面板、机床本体 I/O 信号、变压器、稳压电源等。其中，数控系统输入工作电源为 DC 24V。

2. FANUC 数控系统产品系列

（1）FANUC 数控系统 0i 系列产品特点

目前国内使用较多的 FANUC 数控系统有 0 系列、0i 系列和其他系列产品。虽然规格和型号很多，但都有一个共同的特点：数控系统采用 32 位及以上的高速微处理器，具有丰富的 CNC 功能，采用高速、高精度智能型数字式伺服系统及高速内外装 PMC，可以大大提高机械加工精度和效率。它们性能优良、可靠性高，具有良好的性价比，可匹配使用高速、高精度 FANUC 交流伺服单元和交流伺服电动机。

（2）FANUC 0i A/B 系列产品特点

0i 系列中有 0i－MODEL A 和 0i－MODEL B，0i－MODEL A 系列有 0i－TA 和 0i－MA（分别用于机床和铣床及加工中心），最大联动轴数为 4 轴，最大控制主轴数为 2 个；0i－MODEL B 分为两大类四种规格，分别为 0i－TB 和 0i－MB 以及 0i－Mate TB 和 0i－Mate MB，

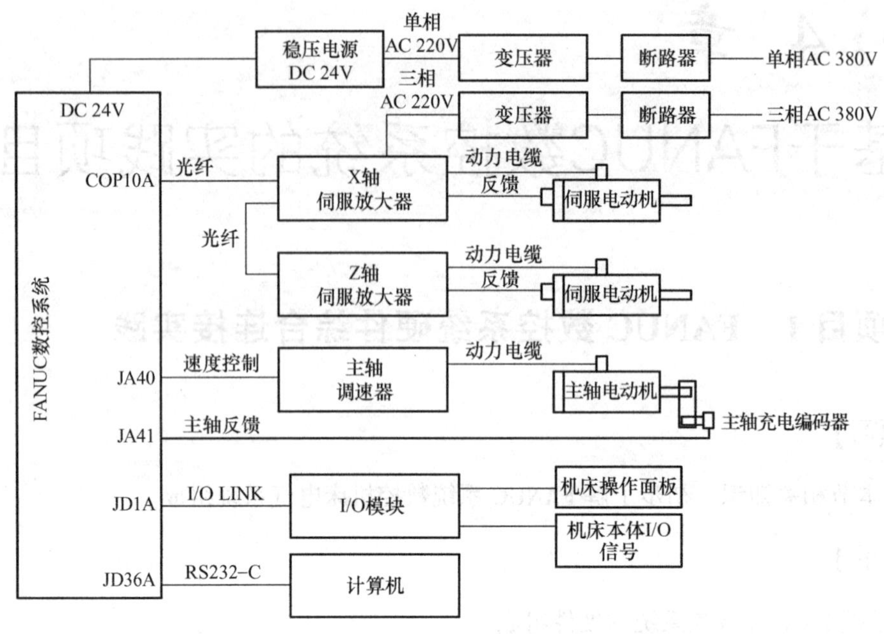

图 4-1　FANUC 系统数控机床电气控制系统的组成框图

最大联动轴数分别为 4 轴和 3 轴。0i 系列中 MODEL A 和 MODEL B 的主要区别是软件功能和硬件具体连接不同。

（3）FANUC 0i 21i C/D/F 系列产品特点

FANUC 还拥有具有网络功能的超小型、超薄型系列 16i/18i/21i，所控制最大轴数和联动轴数有所不同，21i－B 系列，21i 最大控制轴为 5 个，联动轴为 4 个。

目前还有 0i C/D/F 系列，0i C 系列分为 0i－Mate C 和 0i C，0i D 系列分为 0i－Mate D 和 0i D，0i F 系列分为 0i－TF 和 0i－MF，最新推出的有 0i F puls ，它们的软件包不同，但硬件连接类似。

3. FANUC 数控系统的硬件连接

本书实习用 FANUC 数控系统主要以 0i C/D/F 系列为例进行介绍。

（1）FANUC 控制器

0i C/D/F 系列的控制器外形相差不多，正面和背面如图 4-2 所示。

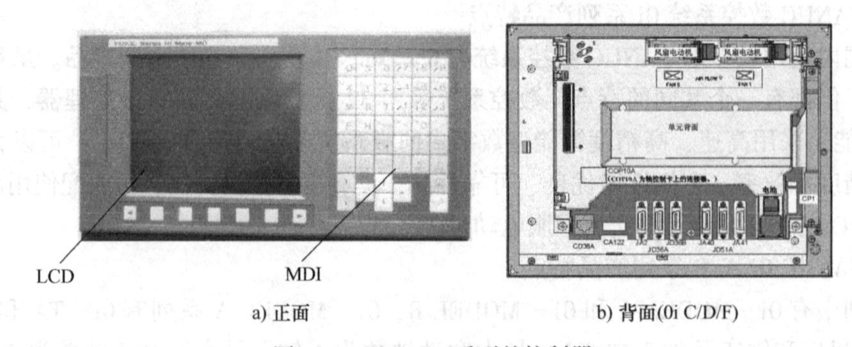

a) 正面　　b) 背面(0i C/D/F)

图 4-2　0i C/D/F 系列的控制器

图4-2中，数控系统信息都通过LCD显示，0i C系列产品有黑白和彩色LCD显示。MDI（手动数字输入）面板主要由菜单功能键、数字0～9、字母A～Z等组成。0i D/F系列数控系统与外设连接的接口主要有：JD36A/JD36B为与计算机连接的RS232接口；JA40为输出模拟电压接口，与主轴调速器（常用变频器）连接；JD51为与I/O模块连接的I/O Link总线接口；JA41为与FANUC伺服主轴连接并接收主轴编码器反馈信号的串行总线接口；CP1为数控系统电源接口，输入电压为DC 24V。0i C系统与0i D/F接口功能相同，仅接口代号有所不同，在0i C系列数控系统中与I/O模块连接的I/O Link总线接口代号为JD1A，与主轴放大器串行连接的接口代号为JA7A。

（2）FANUC I/O模块

由于FANUC 0i系列数控系统体积小，所以I/O模块不能集成到数控系统本体中。因此，I/O模块一般外置，常见I/O模块如图4-3所示。

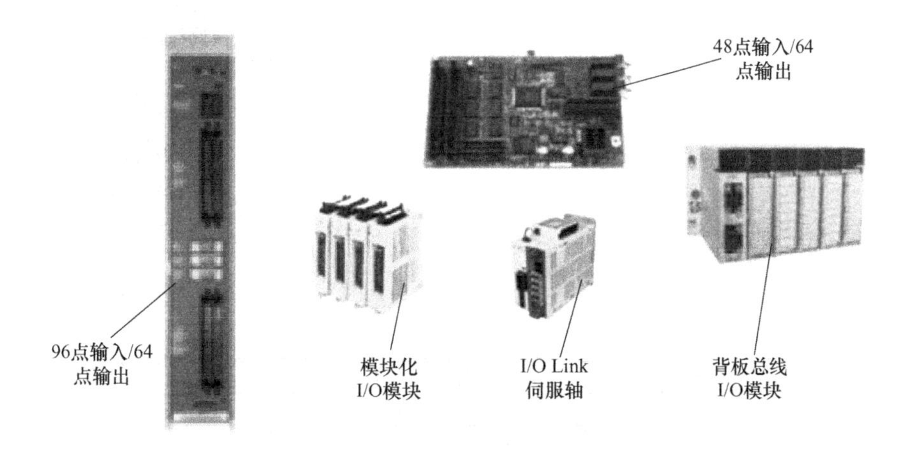

图4-3　FANUC数控系统常见I/O模块

图4-3中给出了不同规格的I/O模块，尽管外形不同、输入输出点数也不同，但实际使用时差别不大。I/O模块上都有2个I/O Link通信接口，1个为I/O Link JD1B接口，与CNC接口或上一个I/O模块的JD1A接口相连；另一个为I/O Link JD1A接口，与下一个I/O模块的JD1B接口相连。

（3）FANUC进给伺服放大器

常见FANUC进给伺服放大器如图4-4所示。

a) βi SVSP一体化伺服放大器

b) βi SV伺服放大器

c) αi SV伺服放大器

图4-4　常见FANUC进给伺服放大器

βi SVSP一体化伺服放大器（含主轴伺服）集成了βi伺服放大器和βi主轴伺服放大器，接口位置如图4-5所示，接口含义见表4-1，综合连接如图4-6所示。

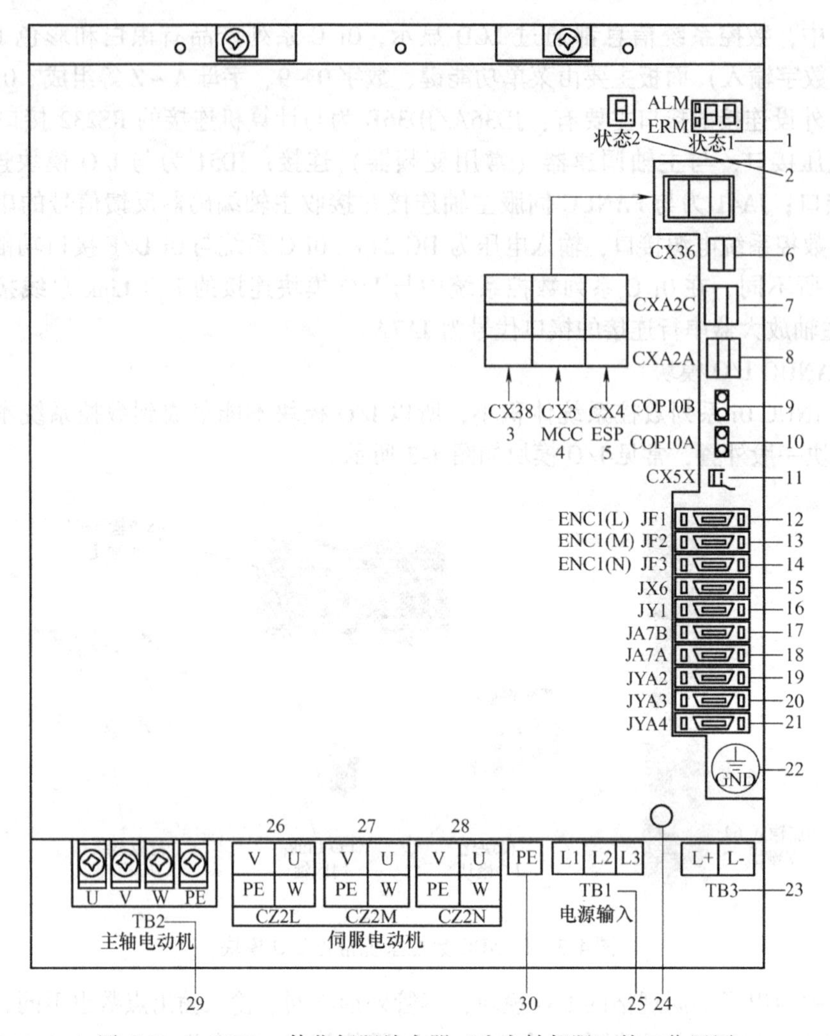

图 4-5 βi SVSP 一体化伺服放大器（含主轴伺服）接口位置图

表 4-1 βi SVSP 一体化伺服放大器（含主轴伺服）接口功能一览表

序号	名称	含义	序号	名称	含义
1	状态 1	伺服状态指示灯	8	CXA2A	DC 24V 电源输出接口
2	状态 2	主轴状态指示灯	9	COP10B	伺服 FSSB 光缆接口
3	CX38	主电源输入接口	10	COP10A	伺服 FSSB 光缆接口
4	CX3	主电源 MCC 控制信号接口	11	CX5X	绝对式编码器用电池接口
5	CX4	紧急停止信号接口	12	JF1	第 1 轴编码器连接接口
6	CX36	输出信号	13	JF2	第 2 轴编码器连接接口
7	CXA2C	DC 24V 电源输入接口	14	JF3	第 3 轴编码器连接接口

（续）

序　号	名　称	含　义	序　号	名　称	含　义
15	JX6	断电后备模块	23	TB3	直流动力电源测量点
16	JY1	负载表等接口	24		直流动力电源指示灯
17	JA7B	主轴指令信号串行输入接口	25	TB1	主电源连接端子
18	JA7A	主轴指令信号串行输出接口	26	CZ2L	接第 1 个伺服电动机动力线
19	JYA2	主轴传感器反馈信号 Mi/MZi 接口	27	CZ2M	接第 2 个伺服电动机动力线
20	JYA3	主轴位置编码器或外部一转信号接口	28	CZ2N	接第 3 个伺服电动机动力线
21	JYA4	独立的主轴位置编码器接口	29	TB2	主轴电动机动力电缆端子
22	GND	信号线接地端子	30	PE	接地端子

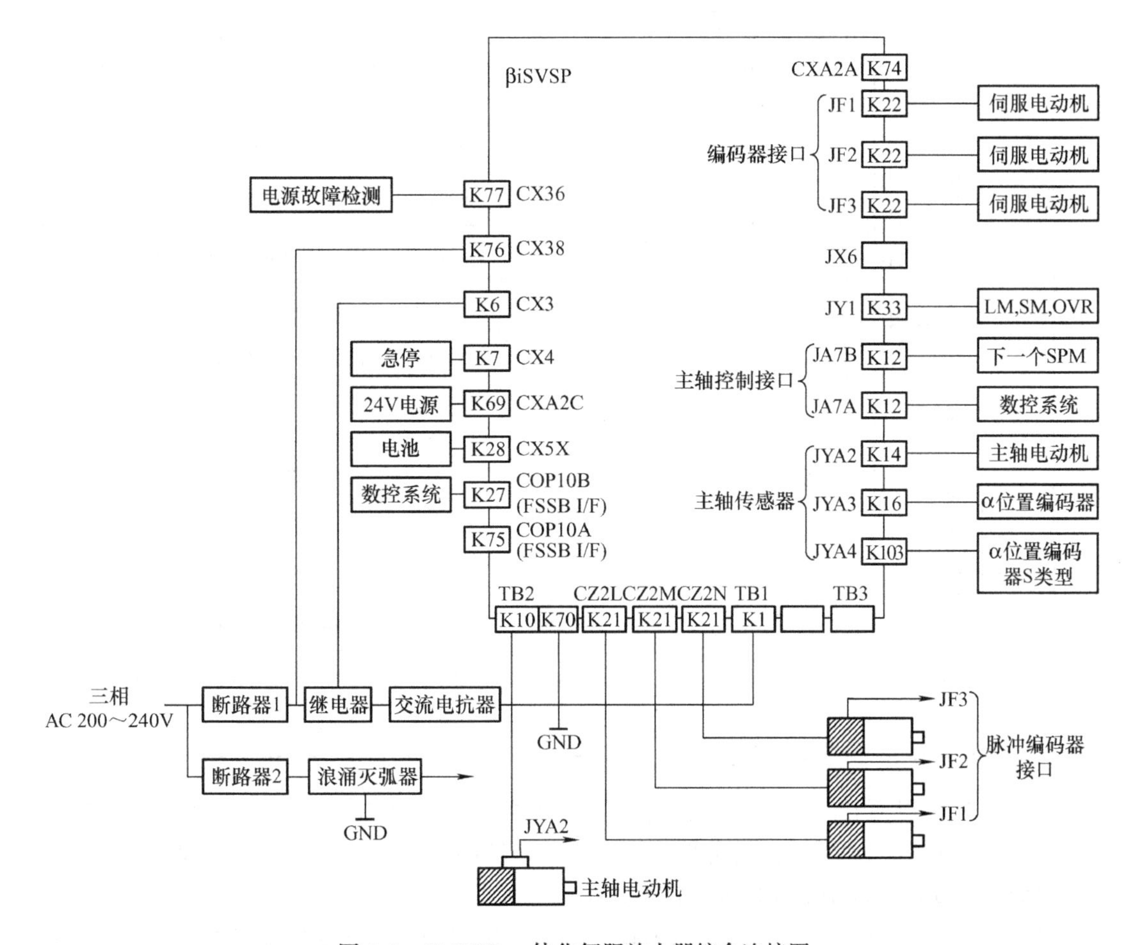

图 4-6　βi SVSP 一体化伺服放大器综合连接图

由图 4-6 可以看出：βi SVSP 一体化伺服放大器主电源输入为三相 AC 200V 等级（200～240V），控制电源输入为 DC 24V，放大器进给伺服驱动控制信号来自数控系统光缆，最多可控制 3 个伺服电动机；放大器的主轴控制信号也来自数控系统，能控制 1 个主轴电动机，主轴电动机反馈信号有多种方式。

βi SV 伺服放大器一般有单模块、双模块以及三模块之分。单模块只能驱动 1 个伺服电动机，双模块能驱动 2 个伺服电动机，三模块能驱动 3 个伺服电动机。单模块 βi SV 伺服放大器接口位置如图 4-7 所示，接口含义见表 4-2，综合连接如图 4-8 所示。

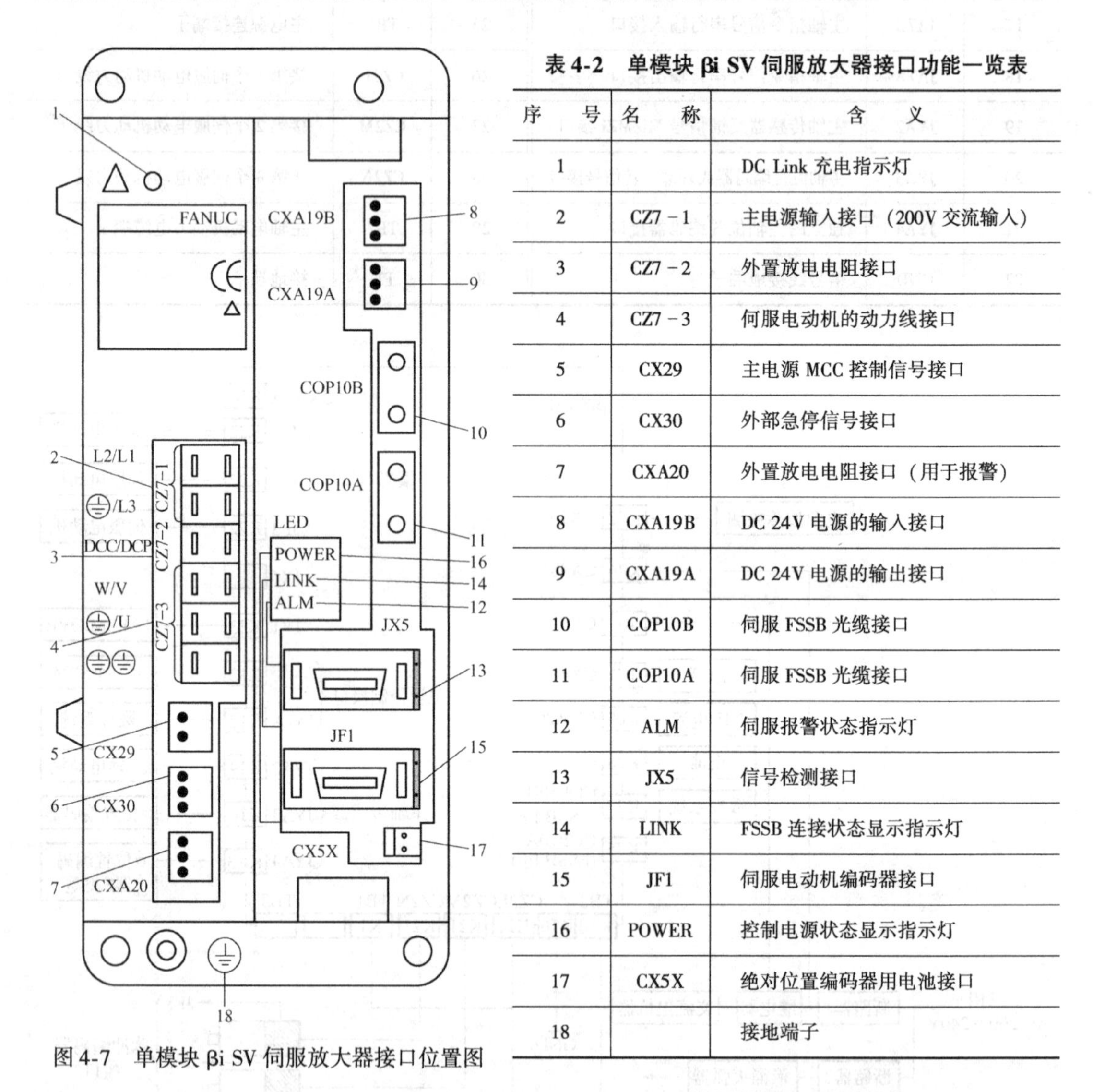

图 4-7 单模块 βi SV 伺服放大器接口位置图

表 4-2 单模块 βi SV 伺服放大器接口功能一览表

序号	名称	含义
1		DC Link 充电指示灯
2	CZ7-1	主电源输入接口（200V 交流输入）
3	CZ7-2	外置放电电阻接口
4	CZ7-3	伺服电动机的动力线接口
5	CX29	主电源 MCC 控制信号接口
6	CX30	外部急停信号接口
7	CXA20	外置放电电阻接口（用于报警）
8	CXA19B	DC 24V 电源的输入接口
9	CXA19A	DC 24V 电源的输出接口
10	COP10B	伺服 FSSB 光缆接口
11	COP10A	伺服 FSSB 光缆接口
12	ALM	伺服报警状态指示灯
13	JX5	信号检测接口
14	LINK	FSSB 连接状态显示指示灯
15	JF1	伺服电动机编码器接口
16	POWER	控制电源状态显示指示灯
17	CX5X	绝对位置编码器用电池接口
18		接地端子

由图 4-8 可以看出：βi SV 伺服放大器的主电源输入为三相 AC 200V 等级（200 ~ 240V），控制电源是 DC 24V，放大器进给伺服驱动控制信号来自数控系统光缆，经过放大器控制伺服电动机，伺服电动机反馈信号连接到放大器相应接口。

αi SV 伺服放大器也有单模块、双模块以及三模块之分，同样单模块只能驱动 1 个伺服电动机，双模块能驱动 2 个伺服电动机，三模块能驱动 3 个伺服电动机。伺服放大器主电源由独立的电源模块提供，αi SV 伺服放大器接口位置如图 4-9 所示，接口含义见表 4-3，综合连接如图 4-10。

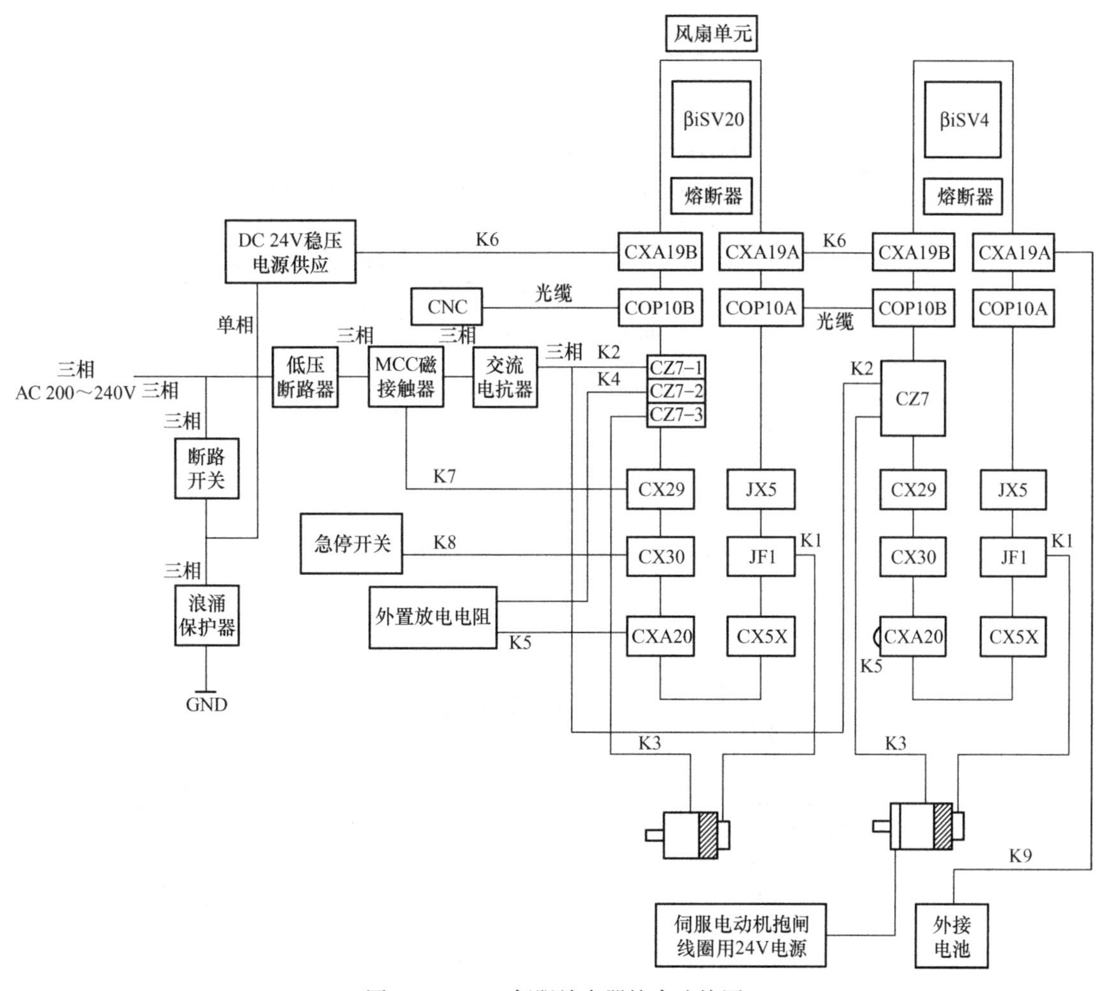

图 4-8　βi SV 伺服放大器综合连接图

表 4-3　αi SV 伺服放大器接口含义一览表

序　　号	标注名称	功　　能
1		DC Link，输入主电源电压为 AC 200V 时，直流母线 DC Link 电压为 DC 300V；输入主电源电压为 AC 400V 时，直流母线 DC Link 电压为 DC 600V
2		DC Link 指示灯
3		电源模块、主轴放大器模块、伺服放大器模块故障码指示七段 LED 数码管
4	CX1A/CX1B	CX1A 接口是电源模块 AC 200V 的控制电压输入接口，CX1B 接口是 AC 200V 电压输出接口
5	CXA2A	电源模块的 CXA2A 输出控制电源 DC 24V，给主轴放大器模块和伺服放大器模块提供 DC 24V 电源；同时，电源模块上的* ESP（急停）等信号由 CXA2A 串联至主轴放大器模块的伺服放大器模块
6	CX3/CX4	CX3 接口用于伺服放大器输出信号控制机床主电源接触器（MCC）吸合，CX4 接口用于外部急停信号输入
7		电源模块的三相主电源输入

（续）

序　号	标注名称	功　能
8		主轴放大器到主轴电动机的动力电缆接口
9	CX5X	伺服放大器电池的接口（使用绝对式编码器）
10	CXA2A/CXA2B	用于放大器间 DC 24V 电源、* EPS（信号）、绝对式编码器电池的连接，接线顺序是从 CXA2A 到 CXA2B
11	COP10A/COP10B	伺服放大器的光缆接口，连接顺序是从 COP10A 到 COP10B
12	JA7B	数控系统连接主轴放大器模块的主轴控制指令接口
13	JYA2	主轴电动机内置传感器的反馈接口
14	JF1/JF2	伺服反馈接口
15	CZ2L/CZ2M	伺服放大器与对应伺服电动机的动力电缆接口
16	CX37	断电检测输出接口

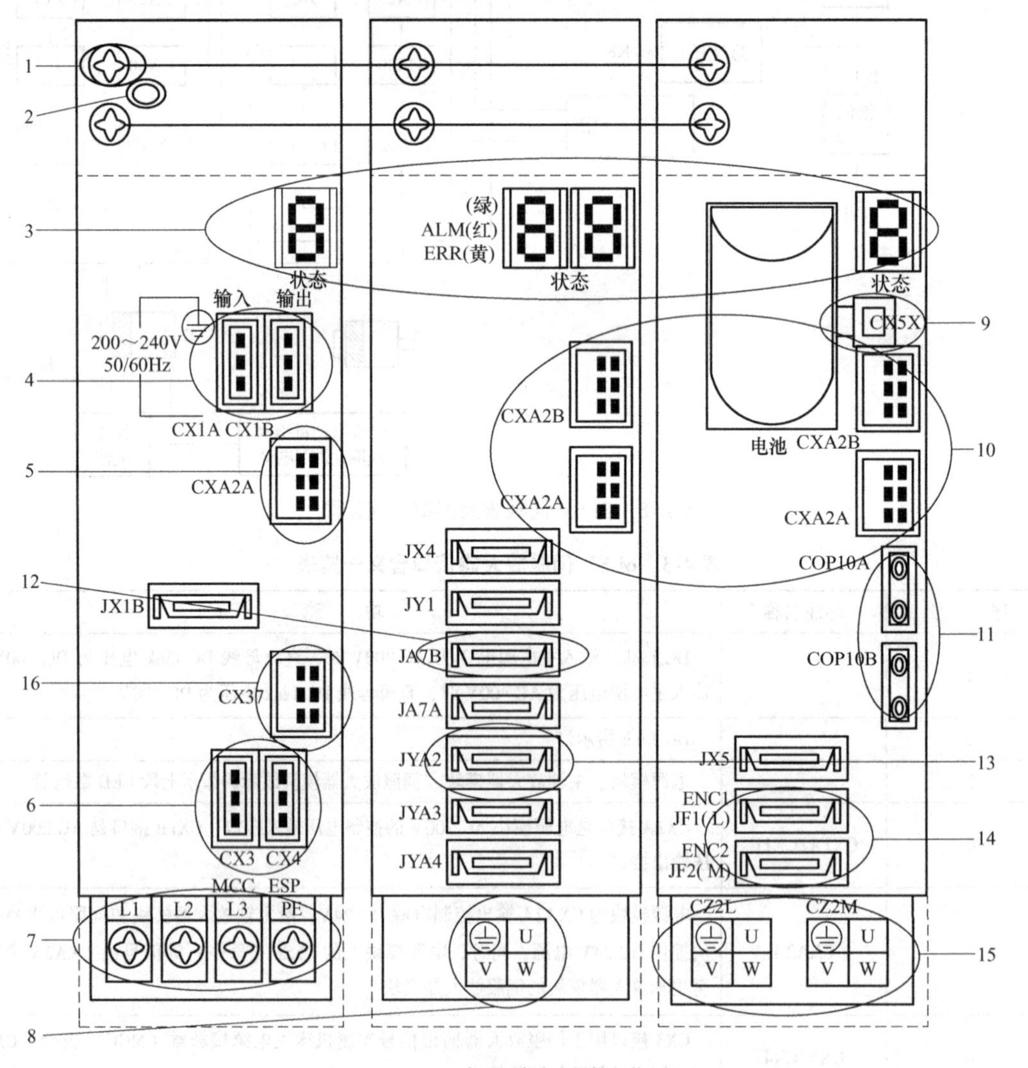

图 4-9　αi SV 伺服放大器接口位置图

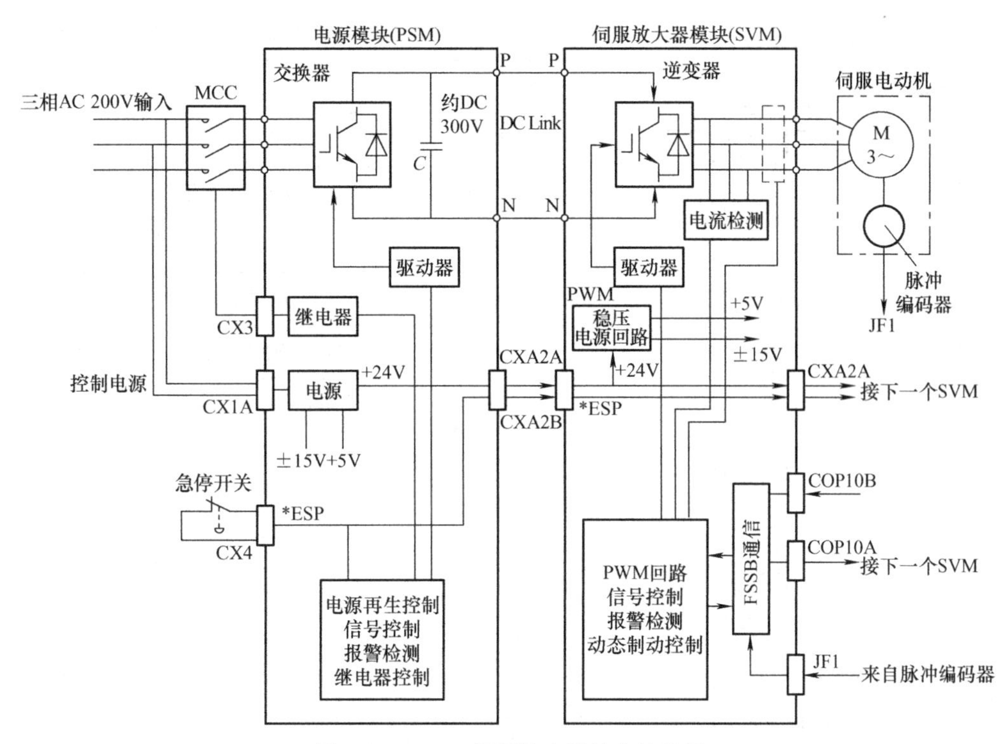

图4-10　αi SV伺服放大器综合连接图

由图4-10可以看出：αi SV伺服放大器主电源来自独立的电源模块，由电源模块转换成直流电源，电源模块主电源为三相AC 200V，控制电源为单相AC 200V，由急停信号控制电源模块和伺服放大器，放大器与电源模块之间还有控制信号互连，放大器的伺服控制信号来自数控系统或上一级伺服放大器，最后经放大器控制伺服电动机，伺服电动机的位置和速度信号会反馈给伺服放大器相应接口。

（4）主轴调速放大器

FANUC数控系统的控制主轴有两种接口：一种是伺服主轴接口，也称为串行主轴接口，配套的主轴调速放大器只能选FANUC伺服主轴放大器；另一种是模拟主轴接口，即数控系统输出模拟电压来控制主轴调速，配套的主轴调速放大器也可以选通用的变频器。

1）FANUC伺服主轴放大器。FANUC伺服主轴放大器如图4-11所示，αi系列和βi系列主轴伺服放大器接口定义相同。αi系列伺服主轴放大器接口位置如图4-12所示，接口含义见表4-4，综合连接如图4-13所示 。βi系列伺服主轴综合连接如图4-6所示。

a) 含βi主轴放大器的伺服主轴放大器

b) 含αi主轴放大器的伺服主轴放大器

图4-11　FANUC伺服主轴放大器

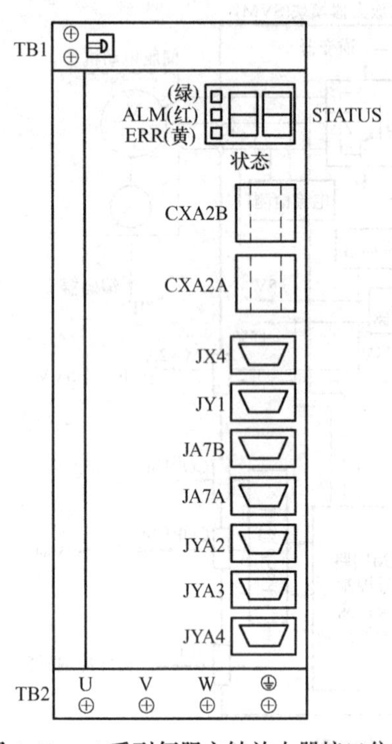

图 4-12　αi 系列伺服主轴放大器接口位置

表 4-4　αi 系列伺服主轴放大器接口含义一览表

名　称	含　义	备　注
TB1	直流母线	
STATUS	七段 LED 数码管显示器	显示状态
CXA2B	DC 24V 电源输入接口	
CXA2A	DC 24V 电源输出接口	
JX4	主轴检测板输出接口	
JY1	负载表和速度仪输出接口	
JA7B	串行主轴输入接口	
JA7A	串行主轴输出接口	
JYA2	主轴电动机内置传感器反馈接口	
JYA3	外置主轴位置一转信号或主轴独立编码器连接器接口	
JYA4	外置主轴位置信号接口	
TB2	电机连接线（U、V、W）及接地	

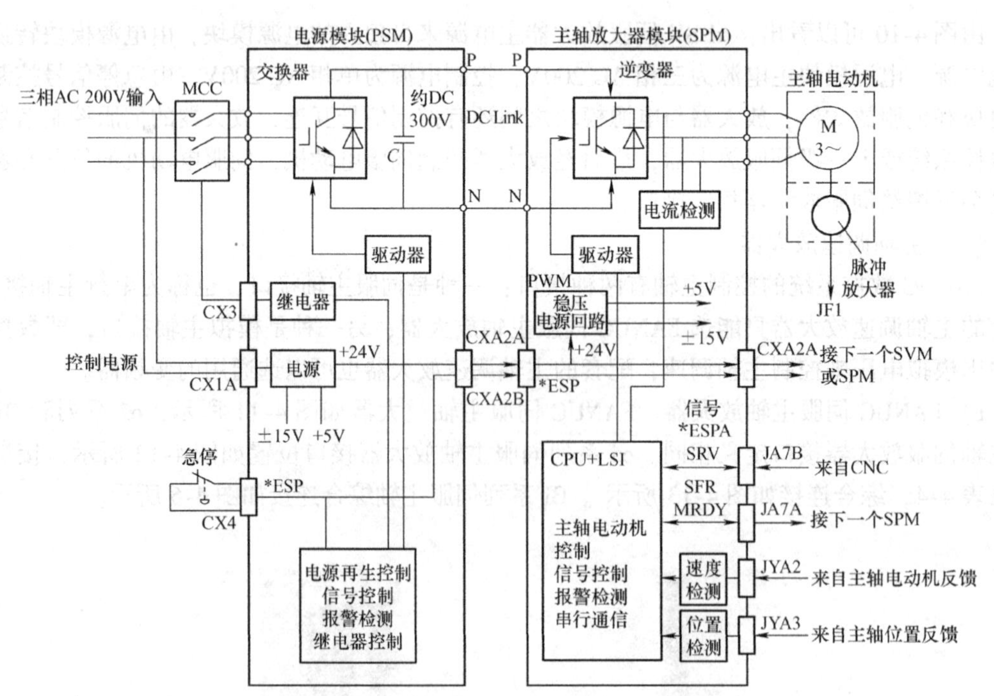

图 4-13　αi 系列伺服主轴放大器综合连接图

由图 4-13 可以看出：αi 系列伺服主轴放大器主电源来自同电源模块，主轴放大器的控制信号来自数控系统，主轴放大器反馈中的速度检测来自主轴电动机，位置检测来自主轴位置反馈传感器。

2）变频器。实验装置采用变频器作为主轴调速装置，即FANUC 0i C/D系列数控系统从JA40输出模拟电压，由变频器接收模拟电压来控制主轴电动机调速。变频器实物如图4-14所示，一般使用连接图如图4-15所示。

图4-14　变频器实物图

由图4-15所示可以看出：东元变频器的使用与其他品牌变频器类似，主电源有单相/三相200V等级，也有三相400V等级。电动机正转/反转/停止运行状态由开关控制，电动机速度由模拟信号控制，常见的速度控制信号类型有0～10V/0～±10V/4～20mA，运行状态由变频器输出。

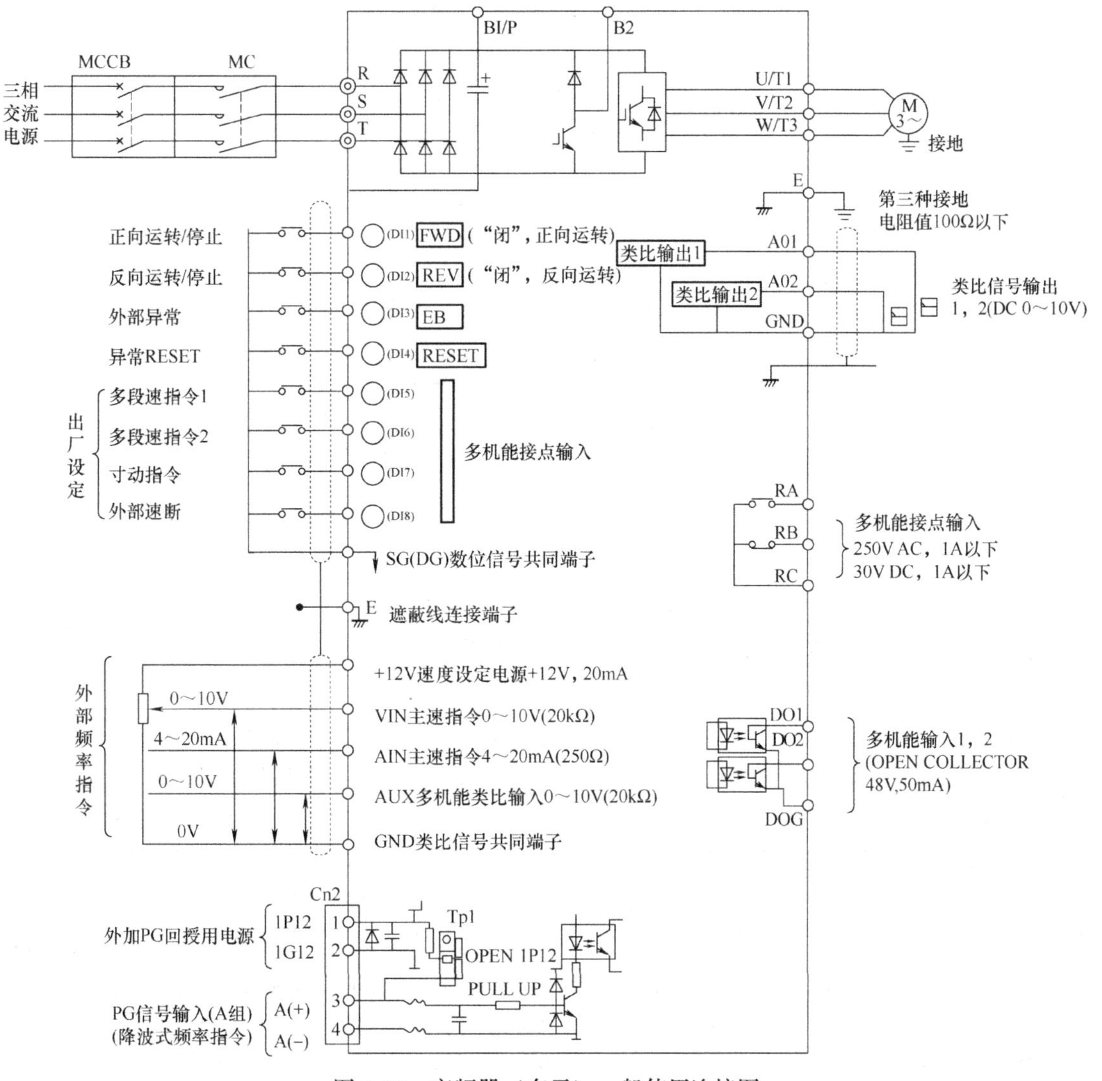

图4-15　变频器（东元）一般使用连接图

（5）FANUC数控系统硬件总体连接图

FANUC数控系统硬件总体连接图如图4-16所示（以0i C系列为例）。

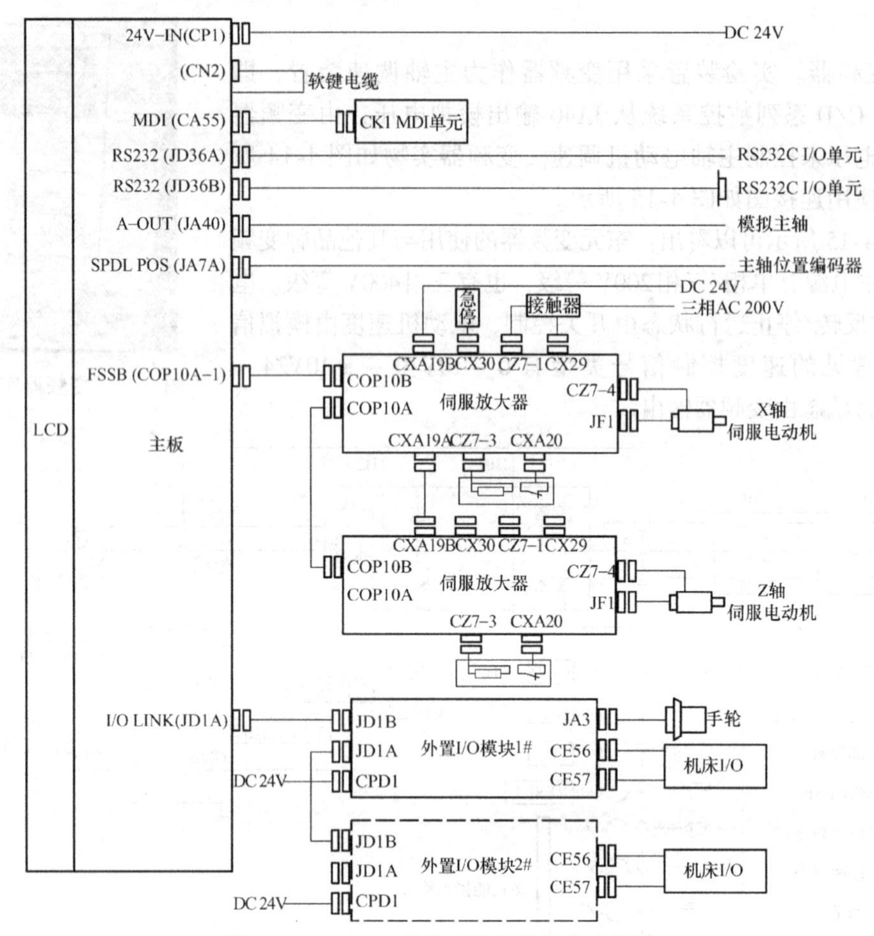

图 4-16 FANUC 数控系统硬件总体连接图

由图 4-16 可以看出：

1）数控系统工作输入电压为 DC 24V，接口代号为 CP1。

2）数控系统与计算机通信接口有 2 个，接口代号是 JD36A 和 JD36B。

3）数控系统输出控制模拟主轴放大器接口代号是 JA40。

4）数控系统接收主轴位置编码器接口代号是 JA7A（0i C 系列）或 JA41A（0i D 系列）。

5）数控系统与伺服放大器连接的接口代号为 COP10A，是光缆接口。

6）数控系统与 I/O 模块通信接口的代号是 JD1A（0i C 系列）或 JD51A（0i D 系列）。

0i D/F 数控系统与外设连接的接口主要有：JD36A/JD36B 为与计算机连接的 RS232 接口；JA40 为输出模拟电压接口，与主轴调速器（常用变频器）连接；JD51 为与 I/O 模块连接的 I/O link 总线接口；JA41 为接收主轴编码器反馈信号和与 FANUC 伺服主轴连接的串行总线接口；CP1 为数控系统电源接口，输入电压 DC 24V。0i D/0i F 与 0i C 系统接口功能相同，仅接口代号差异，0i C 系统中与 I/O 模块连接的 I/O LINK 总线接口代号为 JD1A，与主轴放大器连接的串行接口代号为 JA7A。0i D/0i F 系统与 MDI 面板连接的接口代号是 JA2，而 0i C 系统是 CA55。

（6）FANUC 数控系统综合实验装置电气主回路图

FANUC 数控系统综合实验装置电气主回路如图 4-17 所示，图中，数控系统输入工作电压为 DC 24V，伺服放大器动力电源为三相 220V。

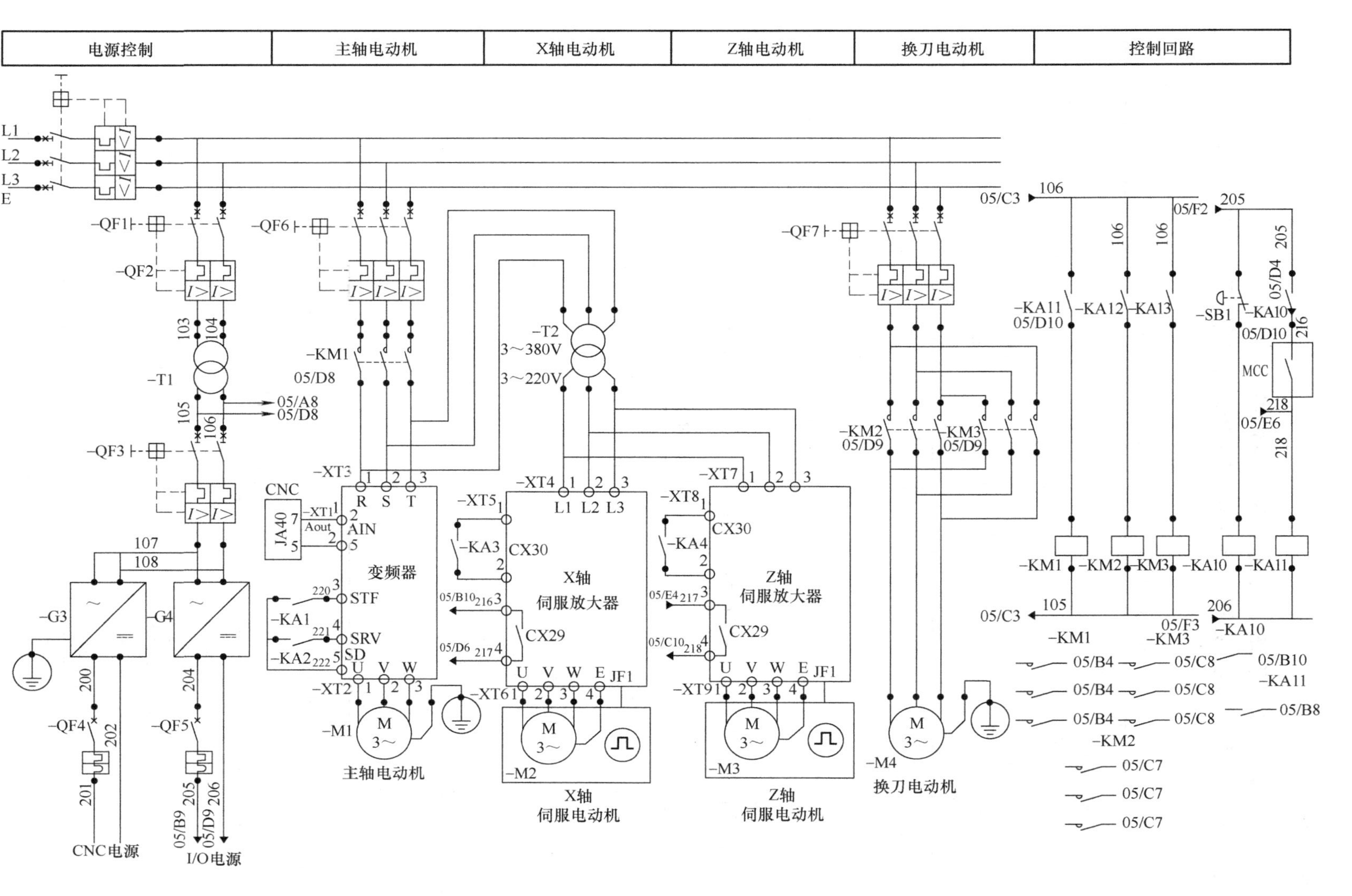

图 4-17　FANUC数控系统综合实验装置电气主回路图

【实践步骤】

1. 认识FANUC数控系统综合实验装置各实物部件

根据图4-16硬件总体连接图，熟悉FANUC数控系统综合实验装置各实物部件的名称，并填写表4-5。

表4-5 FANUC数控系统综合实验装置部件清单

序 号	部件名称	布局位置（确认打√）	部件型号或订货号	序 号	部件名称	布局位置（确认打√）	部件型号或订货号
1	控制器			9	变压器		
2	MDI面板			10	断路器		
3	显示部件			11	接触器		
4	放大器			12	中间继电器		
5	伺服电动机			13	开关电源		
6	编码器			14	机床操作面板		
7	变频器			15	主轴编码器		
8	主轴电动机			16	电动刀架		

（1）认识控制器

根据前面的知识介绍，掌握控制器各接口的含义，并填写表4-6。

表4-6 控制器各接口含义一览表

序 号	接口名称	接口位置（确认打√）	接口代号	含 义
1	电源接口			
2	伺服接口			
3	I/O Link总线接口			
4	模拟主轴接口			
5	伺服主轴接口			
6	RS232接口1			
7	RS232接口2			
8	MDI面板接口			

根据实验装置中控制器背面黄色壳体上的标签，填写表4-7。

表4-7 控制器标识认识

序 号	标识名称	标识位置（确认打√）	标 识 号	含 义
1	数控系统型号			
2	生产日期			
3	型号规格			
4	序列号			

（2）认识放大器

根据前面的知识介绍，掌握放大器类别及其各接口的含义，并填写表4-8。

表4-8　放大器各接口含义一览表

序　　号	放大器类别（αi/βi）	接 口 名 称	接口位置（理解打√）	接口代号	含　　义
1	βi	主电源输入接口			
2		伺服电动机接口			
3		急停信号接口			
4		能耗制动接口			
5		过热保护接口			
6		MCC 接口			
7		控制电源入口			
8		控制电源出口			
9		光缆入口			
10		光缆出口			
11		反馈接口			
12		电池接口			
13	αi（选做）	动力电源			
14		伺服电动机接口			
15		控制电源接口入			
16		控制电源接口出			
17		光缆入口			
18		光缆出口			
19		反馈接口			
20		电池接口			
21		电源模块主电源			
22		电源模块控制电源			
23		电源模块输出动力电源			
24		电源模块输出控制电源及互联信号接口			
25		电源模块急停入口			
26		电源模块 MCC 入口			

根据实验装置上放大器黄色壳体上的标签，填写表4-9。

表4-9　放大器标识认识

序　　号	标 识 名 称	标识位置（确认打√）	标　识　号	含　　义
1	产品规格			
2	产品订货号			

（续）

序　号	标识名称	标识位置（确认打√）	标识号	含　义
3	产品参数			
4	生产日期			

（3）认识伺服电动机

找出实验装置上伺服电动机，理解伺服电动机在数控系统中的作用。根据伺服电动机标识，填写表4-10。

表4-10　伺服电动机标识含义

序　号	项目内容	标识位置（确认打√）	标识/参数	含　义
1	伺服电动机型号			
2	伺服电动机订货号			
3	伺服电动机转矩			
4	伺服电动机额定电流			
5	伺服电动机额定转速			
6	伺服电动机编码器类型			
7	伺服电动机编码器订货号			

（4）认识I/O模块

找出实验装置上I/O模块，理解I/O模块在数控系统中的作用。根据I/O电路板上标识，填写表4-11。

表4-11　I/O模块标识含义

序　号	项目内容	标识（实物）位置（确认打√）	标识/参数	含　义
1	I/O模块订货号			
2	I/O模块输入点数			
3	I/O模块输出点数			
4	I/O模块电源接口			
5	I/O模块I/O Link输入			
6	I/O模块I/O Link输出			
7	I/O模块输入输出接口1			
8	I/O模块输入输出接口2			

（5）认识主轴调速器

认识实验装置上主轴调速器，理解主轴调速器在数控系统中作用。

1）变频器。实验装置设计中选用了三菱变频器和东元变频器，根据实验装置变频器参数填写表4-12。

表4-12 变频器功能一览表

序 号	项目内容	标识（实物）位置（确认打√）	标识/参数	含 义
1	变频器输入电压			
2	变频器功率			
3	变频器适配电动机			
4	变频器速度信号输入端			
5	变频器运行输入端			
6	变频器输入电压端			
7	变频器电动机输出端			

2）FANUC主轴伺服放大器。在FANUC数控系统中，数控机床根据工艺需要一般选用主轴伺服电动机，根据实验装置使用的主轴伺服电动机填写表4-13。

表4-13 主轴伺服放大器（αi/βi）功能一览表

序 号	项目内容	标识（实物）位置（确认打√）	标识/参数	含 义
1	主轴控制信号接口			
2	主轴伺服电动机反馈接口			
3	主轴αi编码器反馈接口			
4	主轴αiS信号反馈接口			
5	主轴接近开关反馈接口			
6	主轴伺服放大器输出到主轴伺服电动机接口			
7	控制电源接口			

（6）认识主轴电动机

找出实验装置上主轴电动机，理解主轴电动机在数控系统中作用。

了解数控系统综合实验装置中将三相异步电动机作为主轴电动机的原因，并填写表4-14。

表4-14 普通三相异步电动机功能一览表

序 号	项目内容	标识（实物）位置（确认打√）	标识/参数	含 义
1	三相异步电动机铭牌			
2	电动机额定功率			
3	电动机额定转速			
4	电动机工作电压			

找出FANUC主轴伺服电动机，理解数控系统综合实验装置中主轴伺服电动机作用和应

用，并填写表4-15。

表4-15 主轴伺服电动机应用

序　号	项目内容	标识（实物）位置（确认打√）	标识/参数	含　义
1	主轴伺服电动机标签			
2	电动机额定功率			
3	电动机额定转速			
4	电动机最大转速			
5	最大电流			
6	主轴伺服电动机风扇			
7	主轴伺服电动机风扇工作电压			
8	主轴伺服电动机反馈			

2. 认识实验装置其他的电气部件

（1）变压器及其功能

1）找出实验装置中的变压器，确认打√□。

2）变压器一次侧电压：____V，二次侧电压：____V。

3）变压器的作用：____________________。

（2）电动刀架及其功能

1）找出实验装置中的电动刀架，确认打√□。

2）电动刀架电动机规格：380V 等级确认打√□/220V 等级确认打√□。

3）电动刀架的作用____________________。

（3）低压断路器及其功能

找出实验装置中任意一个低压断路器：确认打√□；规格参数：确认打√□。

（4）接触器及其功能

找出实验装置中任意一个接触器：确认打√□；规格参数：确认打√□。

（5）开关电源及其功能

找出实验装置中任意一个开关电源，确认打√□；规格参数：确认打√□。

（6）中间继电器及其功能

找出实验装置中任意一个中间继电器，确认打√□；规格参数：确认打√□。

（7）主轴编码器及其功能

1）找出实验装置中的主轴编码器，确认打√□；规格参数：确认打√□。

2）主轴编码器的作用______________。

（8）机床信号模拟输入和模拟输出模块及其功能

1）找出实验装置中 I/O 模块位置，确认打√□。

2）找出实验装置中模拟输入模块，确认打√□。

3）找出实验装置中模拟输出模块，确认打√□。

3. 实验装置总体连接关系认识

理解实验装置中 FANUC 数控系统的各个部件连接关系。

实践笔记

4.2　项目2　FANUC数控系统电气接口设计实践

【实践预习】

预习本节相关知识，初步了解FANUC数控系统I/O模块接口连接原理图。

【实践目的】

1）掌握FANUC数控系统I/O模块接口设计方法。
2）掌握FANUC系统数控机床的I/O接口设计功能。

【实践平台】

1）FANUC数控系统综合实验装置，1台。
2）工具及仪表（一字螺钉旋具、十字螺钉旋具、万用表等），1套。

【相关知识】

1. FANUC数控系统PMC、CNC以及机床三者之间的关系

现在典型数控系统都含有CNC控制装置和I/O逻辑处理装置。CNC装置用于完成插补、控制和监控管理等，而I/O逻辑处理主要由PLC处理。FANUC数控系统也含有CNC控制器和PLC，但FANUC数控系统的PLC通常被称为PMC（可编程机床控制器，Programmable Machine Control）。PLC主要用于一般的自动化设备，都有输入逻辑、与逻辑、或逻辑、输出逻辑、定时器、计数器等基本功能，但是缺少针对机床的便于机床控制编程的功能指令，如快捷找刀、机床译码指令等，一般PLC是没有的，而FANUC数控系统中PLC，除具有一般PLC的逻辑功能外，还专门设计了便于用户使用的针对机床控制的功能指令，故FANUC数控系统把系统中的PLC称为PMC。

要掌握好FANUC数控系统，就必须了解FANUC数控系统中PMC所起的作用以及各接口之间的基本关系，如图4-18所示。

（1）PMC基本功能

CNC是数控系统的核心，机床中的I/O模块与CNC交换信息，要通过PMC处理才能完成信号处理，PMC起着CNC与机床（Machine Tool，MT）之间的桥梁作用。

（2）PMC与机床输入输出信号的关系

机床本体的信号进入PMC，输入信号为X地址信号，输出到机床本体信号为Y信号地址，因内置PMC和外置PMC模块不同，地址的编排和范围有所不同，X地址和Y地址编排由机床制造商定义。

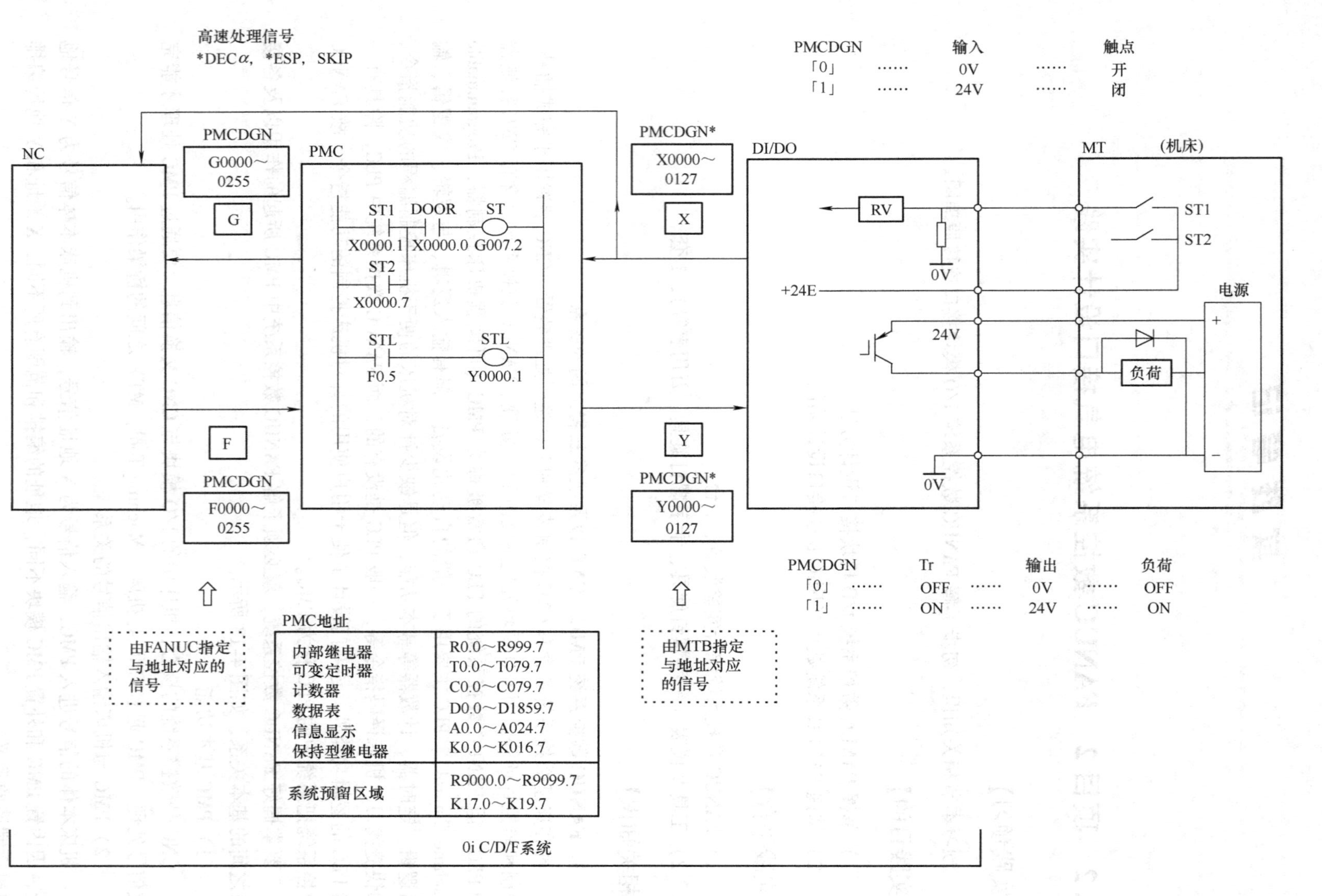

图 4-18　CNC与PMC以及机床三者之间的关系

（3）PMC 与 CNC 信号关系

根据机床动作要求编制 PMC 程序，FANUC 公司规定由 PMC 处理并送给 CNC 装置的信号为 G 地址信号，CNC 处理结果产生的标志位为 F 地址信号，可直接用于 PMC 逻辑编程。各具体信号含义可以参考 FANUC 有关技术资料。

（4）PMC 逻辑处理功能

从 PMC 角度来看，PMC 本身还有计数器、定时器、内部继电器、保持型继电器等功能，可以把 PMC 当作普通 PLC 应用处理。

（5）PMC 输入信号固定地址

机床本体上的一些开关量通过接口电路进入系统，大部分信号进入 PMC 控制器参与逻辑处理，处理结果送给 CNC 装置（G 地址信号）。其中，一部分高速处理信号［如* DEC（减速）、* ESP（急停）、SKIP（跳跃）等］直接进入 CNC 装置，由 CNC 装置直接处理。CNC 输出控制信号为 F 地址信号，该信号根据需要参与 PMC 编程。

FANUC 数控系统各接口之间的总体关系如图 4-19 所示。图 4-19 的理解很重要，现在的中高档数控系统已经把 CNC、PMC（PLC）紧密结合在一起，数控系统柔性更强，CNC 与 PMC 之间通过 G 地址信号和 F 地址信号通信，而 PMC 与 MT 之间通过 X、Y 地址输入输出，外部信号要进入 CNC 以及 CNC 信号要输出控制 MT，都需用户编制 PMC 程序。

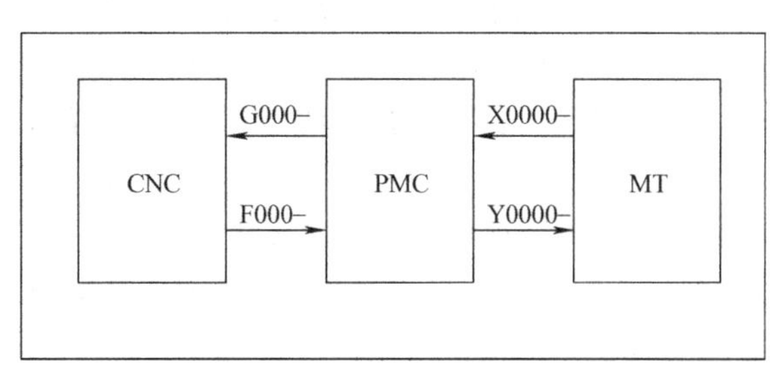

图 4-19　CNC、PMC 以及 MT 三者之间的总体关系图

要应用好 FANUC 数控系统，首先要理解控制对象（机床）的动作要求，列出有哪些信号需要输入数控系统 I/O 模块，数控系统 I/O 模块能输出哪些控制信号，以及各个信号的作用和电平要求。其次，了解 PMC 和 CNC 装置之间 G 地址信号和 F 地址信号的逻辑时序要求，根据机床动作要求，分清哪些信号（G 地址信号）需要进入 CNC 装置，哪些信号（F 地址信号）从 CNC 装置输出，哪些信号需要参与编制逻辑程序。最后，在理解机床动作的基础上，了解 PMC 编程指令，编制 PMC 程序，并对 PMC 程序进行调试。

2. 数控车（铣）床实现的基本功能

（1）数控车床实现的基本功能

数控车床是加工回转工件的自动化设备，数控车床系统能实现主轴调速功能控制、两轴进给运动功能控制、电动换刀功能控制和冷却功能控制等。

1）常见操作方式。常见的操作方式有手动方式、自动方式、回零方式、手轮方式、编辑方式、MDI（手动数据输入）方式、DNC（直接数字控制）等。

2）手动功能。与手动功能有关的操作有手动方式、进给轴运动（+X 方向/-X 方向/+Z 方向/-Z 方向/快进）、进给倍率、主轴正转、主轴反转、主轴停止、回参考点等。

3）手轮功能。与手轮功能有关的操作有手轮方式、手轮轴选择和手轮倍率。

4）自动功能。与自动功能有关的操作有自动方式、循环启动、循环停止、进给倍率、单段、空运行、机床锁住、选择性跳跃等。

5）编程功能。与编程功能有关的操作有编辑方式、程序保护和编程指令，编程指令常见格式有 G（00/01/02/03 等）、X100（坐标）、Z100（坐标）、F100（进给速度）、M08（辅助指令）、T0202（换刀指令）、M02（程序结束指令）等。

以数控车床系统为例，编程指令常见格式为 NGXZFMST，最后以“;”结束，字母后面是数字。N 字符表示程序段号；G 字符表示准备指令；X 和 Z 字符为轴名称的坐标系，后面紧跟的数字为坐标系中数值；F 字符为进给轴速度；M 字符为辅助功能；S 字符为主轴功能，紧跟的数字为速度；T 字符为换刀功能。

（2）数控铣床实现的基本功能

数控铣床是加工箱体零件的自动化设备，数控铣床系统能实现主轴调速控制、三轴进给运动控制、冷却控制等功能。

1）常见的操作方式。常见的操作方式有手动方式、自动方式、回零方式、手轮方式、编辑方式、MDI（手动数据输入）方式、DNC（直接数字控制）等。

2）手动功能。与手动功能有关的操作有手动方式、进给轴运动（+X 方向/－X 方向/+Y 方向/－Y 方向/+Z 方向/－Z 方向/快进）、进给倍率、主轴正转、主轴反转、主轴停止等。

3）手轮功能。与手轮功能有关的操作有手轮方式、手轮轴选择和手轮倍率等。

4）自动功能。与自动功能有关的操作有自动方式、循环启动、循环停止、进给倍率、单段、空运行、机床锁住、选择性跳跃等。

5）编程功能。与编程功能有关操作有编辑方式、程序保护和编程指令，编程指令常见格式有 G（00/01/02/03 等）、X100（坐标）、Y100（Y 轴坐标）、Z100（坐标）、F100（进给速度）、M08（辅助指令）、T02（换刀指令，02 为刀号）、G43（G44）H 为刀具长度补偿/G41（G42）D 为刀具半径补偿、M02（程序结束指令）等。

3. FANUC 数控系统 I/O 模块的规格与输入输出硬件接口

（1）I/O 模块

FANUC 数控系统配有的多种 I/O 模块（前文已介绍），国内使用较多的有 48 点输入/32 点输出模块、96 点输入/64 点输出模块，也有 24 点输入/16 点输出单一模块。

（2）输入输出接口

FANUC 数控系统 I/O 模块虽然有多种，但常规使用电气接口相差不多，具体的硬件可以参考 FANUC 数控系统硬件手册，本文仅介绍典型输入输出应用。

1）输入接口。输入接口如图 4-20 和图 4-21 所示。

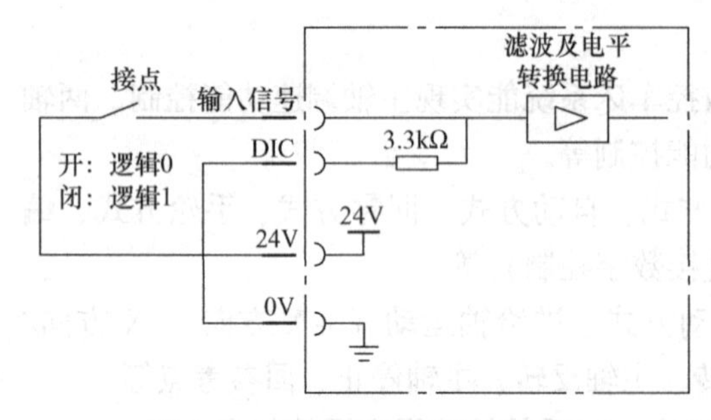

图 4-20　漏极型输入接口原理图

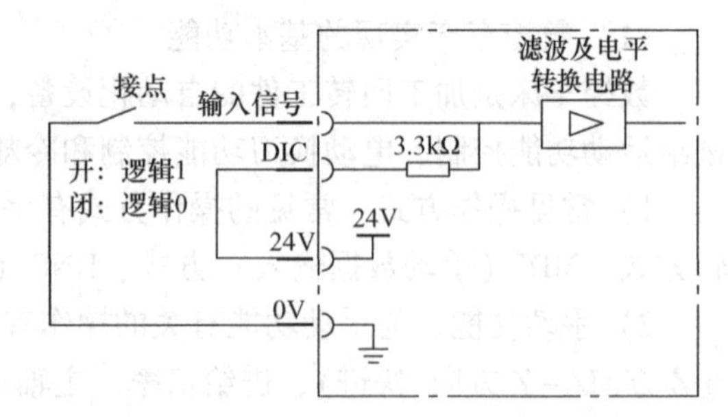

图 4-21　有源型输入接口原理图

由图4-20可以看出：当DIC与0V相连时，输入信号都是高电平有效；当DIC与24V相连时，输入信号都是低电平有效。在I/O模块中，只有8路类似输入可以选择高电平有效还是低电平有效，其他输入信号都是高电平输入。因此，实际应用中都是选择图4-20所示连接方法。

2）输出接口。I/O模块输出接口如图4-22所示。

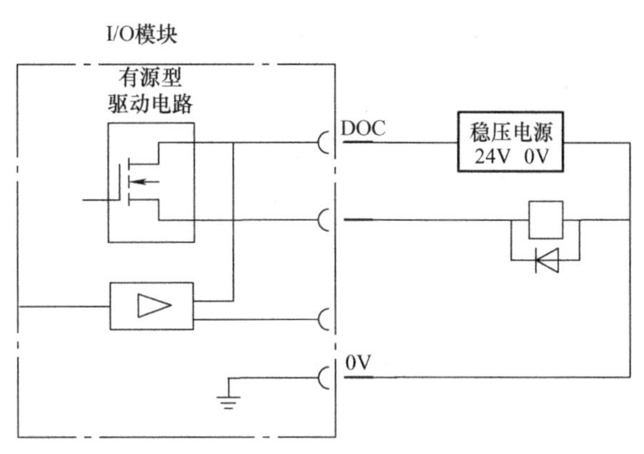

图4-22　输出接口

由图4-21可以看出：当PMC程序中软线圈有输出信号时，硬件输出为高电平，输出电压约为DC 24V。

4. I/O模块地址分配及特殊地址

实习中选用以下两种I/O模块

（1）I/O模块1

I/O模块1选用48点输入/32点输出。

1）I/O模块1接口及外形模块接口及外形如图4-23所示，该I/O模块带手轮功能，手轮信号接至JA3（若I/O模块不带手轮功能，则没有JA3接口）。JD1A和JD1B是I/O Link接口。CE56和CE57是输入输出接口，CP1为电源DC 24V接口。

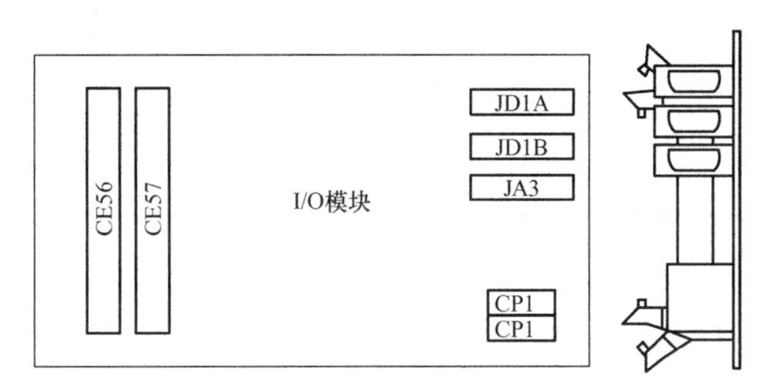

图4-23　I/O模块1

2）物理输入输出地址I/O模块1的CE56和CE57为模块输入输出接口，地址分配见表4-16，输入输出硬件接口连接如图4-21和图4-22所示。

表4-16　I/O模块1输入输出地址分配表

序　号	CE56接口		CE57接口	
	A	B	A	B
1	0V	+24V	0V	+24V
2	Xm+0.0	Xm+0.1	Xm+3.0	Xm+3.1
3	Xm+0.2	Xm+0.3	Xm+3.2	Xm+3.3
4	Xm+0.4	Xm+0.5	Xm+3.4	Xm+3.5

（续）

序 号	CE56 接口		CE57 接口	
	A	B	A	B
5	Xm +0.6	Xm +0.7	Xm +3.6	Xm +3.7
6	Xm +1.0	Xm +1.1	Xm +4.0	Xm +4.1
7	Xm +1.2	Xm +1.3	Xm +4.2	Xm +4.3
8	Xm +1.4	Xm +1.5	Xm +4.4	Xm +4.5
9	Xm +1.6	Xm +1.7	Xm +4.6	Xm +4.7
10	Xm +2.0	Xm +2.1	Xm +5.0	Xm +5.1
11	Xm +2.2	Xm +2.3	Xm +5.2	Xm +5.3
12	Xm +2.4	Xm +2.5	Xm +5.4	Xm +5.5
13	Xm +2.6	Xm +2.7	Xm +5.6	Xm +5.7
14	DICOM			DICOM
15				
16	Yn +0.0	Yn +0.1	Yn +2.0	Yn +2.1
17	Yn +0.2	Yn +0.3	Yn +2.2	Yn +2.3
18	Yn +0.4	Yn +0.5	Yn +2.4	Yn +2.5
19	Yn +0.6	Yn +0.7	Yn +2.6	Yn +2.7
20	Yn +1.0	Yn +1.1	Yn +3.0	Yn +3.1
21	Yn +1.2	Yn +1.3	Yn +3.2	Yn +3.3
22	Yn +1.4	Yn +1.5	Yn +3.4	Yn +3.5
23	Yn +1.6	Yn +1.7	Yn +3.6	Yn +3.7
24	DOCOM	DOCOM	DOCOM	DOCOM
25	DOCOM	DOCOM	DOCOM	DOCOM

表4-16 中，m 和 n 是机床制造商根据 I/O Link 连接情况进行软件设置的；DICOM 由用户根据输入传感器情况进行选择（是高电平有效，还是低电平有效），一般 DICOM 与 0V 短接，确保输入都是高电平有效；DOCOM 端为输出信号电源公共端，由外部提供 DC 24V 电源。

3）CNC 与 I/O 模块 1 的连接。CNC 与 I/O 模块 1 连接示意图如图 4-24 所示。

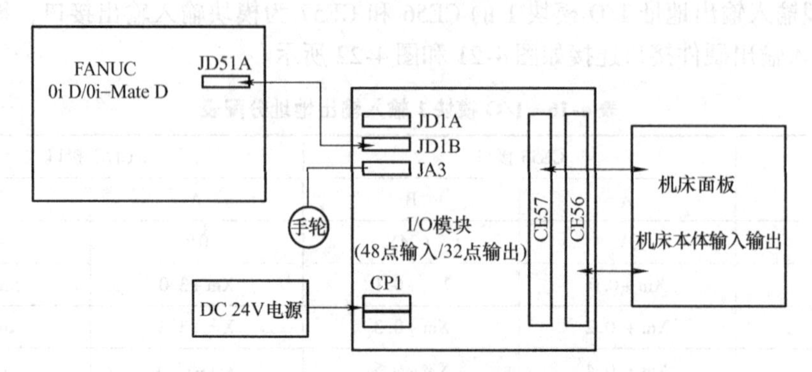

图 4-24 CNC 与 I/O 模块 1 连接示意图（0i D 系统）

4）I/O 模块 1 地址分配设定。以 0i D 系统为例：

① 多按几次“SYSTEM”键，再按“+”软键→“PMCCNF”软键→“+”软键→“模块”软键→“操作”软键→“编辑”软键，进入 I/O 模块设置界面，如图 4-25 和图 4-26 所示。

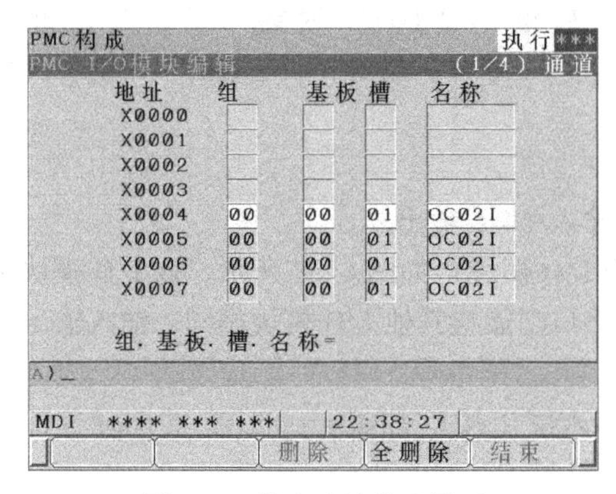

图 4-25 输入地址分配界面

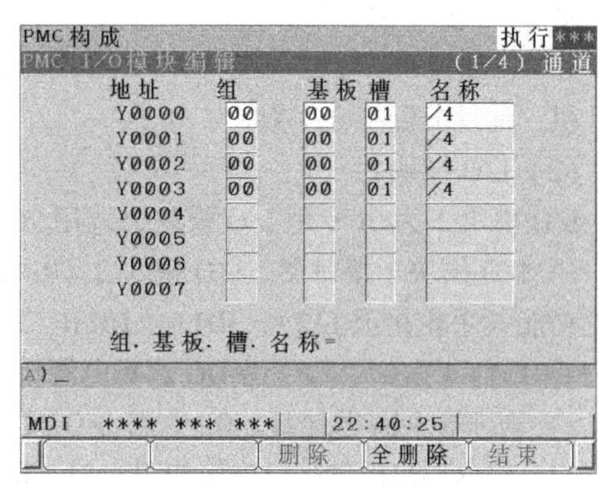

图 4-26 输出地址分配界面

② 移动光标（光标变成黄色），放在设计定义的 X 初始地址位置，如 X0004 位置处。

③ 输入“0. 0. 1. OC02I”，按“INPUT”按键，输入地址就分配完了，出现图 4-25 所示界面。

参数“0. 0. 1. OC02I”表示的含义：第一个“0”表示 I/O 模块离 CNC 最近，定义成 0 组；第二个“0”表示 I/O 模块基座（总线）是“0”；第三个数值“1”表示 I/O 模块槽数，数值为第一个，因为至少有一块电路板；“OC02I”表示 I/O 模块输入电路板型号，计划分配输入地址 16B。

④ 按 MDI 面板上的“→”键，黄色光标出现在 Y 地址组，在上下移动光标，放在设计定义的 Y 初始地址处。

⑤ 输入“0. 0. 1. /4”，按“INPUT”按键，输出地址就分配完了，出现图 4-26 所示界面。

参数“0. 0. 1. /4”表示的含义：第一个“0”表示 I/O 模块离 CNC 最近，定义成 0 组；第二个“0”表示 I/O 模块基座（总线）是“0”开始；第三个数值“1”表示 I/O 模块槽数，数值为第一个，因为至少有一块电路板；“/4”表示 I/O 模块输出电路板型号，计划分配输出地址 4B。

⑥ 设定完成后，进入 I/O 界面，将以上设置保存到 F－ROM 中：

多按几次“SYSTEM”键，再按“+”软键→“PMCMNT”软键→“I/O”软键→“→”按键“F－ROM”软键→“↓”按键→“WRITE”软键→“操作”软键→“EXEC”软键，关机再开机，地址分配将会生效。

由图 4-25 和图 4-26 所示地址分配可以看出，输入起始地址是 X4（m＝4），输出起始地址是 Y0（n＝0）。相应的 CE56 的 A8 引脚地址为 X5. 4，A20 引脚地址为 Y1. 0。

以 0i C 系统（SA1/SB7 版本软件）为例：

操作步骤：多按几次“SYSTEM”键，再按“PMC”软键→“EDIT”软键→“→”按键→“MODULE”软键，移动光标在拟定的 X 输入地址的初始位置字节，输入“0. 0. 1. OC02I”，按“INPUT”按键，输入地址就分配完了。按 MDI 面板上的“→”按键，光标移至 Y 地址组，再上下移动光标（按↑/↓按键）移至设计定义的 Y 初始地址处，输入“0.0.1./4”，按“INPUT”按键，输出地址就分配完成出现如图 4-25 和图 4-26 所示界面。

多按几次“SYSTEM”键，再按“PMC”软键→“I/O”软键→“→”按键→“F-ROM”软键→“↓”按键→“WRITE”软键→“操作”软键→“EXEC”软键，关机再开机，地址分配将会生效。

（2）I/O 模块 2

I/O 模块 2 为 0i 专用 I/O 模块，选用 96 点输入/64 点输出。

1）I/O 模块 2 接口图。I/O 模块 2（0i 专用 I/O 模块）如图 4-27 所示，该 I/O 模块带手轮功能（手轮接至 JA3），JD1A、JD1B、JA3 接口功能与其他 I/O 模块相同，输入输出接口为 CB104～CB107，CP1 为 DC 24V 电源接口。

2）物理输入输出地址。0i 专用 I/O 模块输入输出接口 CB104～CB107 的地址分配见表 4-17，输入输出硬件接口连接如图 4-21 和图 4-22 所示。

表 4-17　0i 专用 I/O 模块输入输出地址分配表

序　号	CB104 接口		CB105 接口		CB106 接口		CB107 接口	
	A	B	A	B	A	B	A	B
1	0V	+24V	0V	+24V	0V	+24V	0V	+24V
2	Xm+0.0	Xm+0.1	Xm+3.0	Xm+3.1	Xm+4.0	Xm+4.1	Xm+7.0	Xm+7.1
3	Xm+0.2	Xm+0.3	Xm+3.2	Xm+3.3	Xm+4.2	Xm+4.3	Xm+7.2	Xm+7.3
4	Xm+0.4	Xm+0.5	Xm+3.4	Xm+3.5	Xm+4.4	Xm+4.5	Xm+7.4	Xm+7.5
5	Xm+0.6	Xm+0.7	Xm+3.6	Xm+3.7	Xm+4.6	Xm+4.7	Xm+7.6	Xm+7.7
6	Xm+1.0	Xm+1.1	Xm+8.0	Xm+8.1	Xm+5.0	Xm+5.1	Xm+10.0	Xm+10.1
7	Xm+1.2	Xm+1.3	Xm+8.2	Xm+8.3	Xm+5.2	Xm+5.3	Xm+10.2	Xm+10.3
8	Xm+1.4	Xm+1.5	Xm+8.4	Xm+8.5	Xm+5.4	Xm+5.5	Xm+10.4	Xm+10.5
9	Xm+1.6	Xm+1.7	Xm+8.6	Xm+8.7	Xm+5.6	Xm+5.7	Xm+10.6	Xm+10.7
10	Xm+2.0	Xm+2.1	Xm+9.0	Xm+9.1	Xm+6.0	Xm+6.1	Xm+11.0	Xm+11.1
11	Xm+2.2	Xm+2.3	Xm+9.2	Xm+9.3	Xm+6.2	Xm+6.3	Xm+11.2	Xm+11.3
12	Xm+2.4	Xm+2.5	Xm+9.4	Xm+9.5	Xm+6.4	Xm+6.5	Xm+11.4	Xm+11.5
13	Xm+2.6	Xm+2.7	Xm+9.6	Xm+9.7	Xm+6.6	Xm+6.7	Xm+11.6	Xm+11.7
14					COM4			
15					HDI0			
16	Yn+0.0	Yn+0.1	Yn+2.0	Yn+2.1	Yn+4.0	Yn+4.1	Yn+6.0	Yn+6.1
17	Yn+0.2	Yn+0.3	Yn+2.2	Yn+2.3	Yn+4.2	Yn+4.3	Yn+6.2	Yn+6.3
18	Yn+0.4	Yn+0.5	Yn+2.4	Yn+2.5	Yn+4.4	Yn+4.5	Yn+06.4	Yn+6.5
19	Yn+0.6	Yn+0.7	Yn+2.6	Yn+2.7	Yn+4.6	Yn+4.7	Yn+06.6	Yn+6.7
20	Yn+1.0	Yn+1.1	Yn+3.0	Yn+3.1	Yn+5.0	Yn+5.1	Yn+07.0	Yn+7.1
21	Yn+1.2	Yn+1.3	Yn+3.2	Yn+3.3	Yn+5.2	Yn+5.3	Yn+07.2	Yn+7.3
22	Yn+1.4	Yn+1.5	Yn+3.4	Yn+3.5	Yn+5.4	Yn+5.5	Yn+07.4	Yn+7.5
23	Yn+1.6	Yn+1.7	Yn+3.6	Yn+3.7	Yn+5.6	Yn+5.7	Yn+07.6	Yn+7.7
24	DOCOM	DOCOM	DOCOM	DOCOM	DOCOM	DOCOM	DOCOM	DOCOM
25	DOCOM	DOCOM	DOCOM	DOCOM	DOCOM	DOCOM	DOCOM	DOCOM

表4-17中，m和n是机床制造商根据I/O Link连接情况进行软件设置的；DICOM由用户根据输入传感器情况进行选择（是高电平有效，还是低电平有效），一般DICOM与0V短接，确保输入都是高电平有效；DOCOM端为输出信号电源公共端，由外部提供给DC 24V电源。

3）CNC与0i专用I/O模块的连接。CNC与0i专用I/O模块连接示意图如图4-28所示。

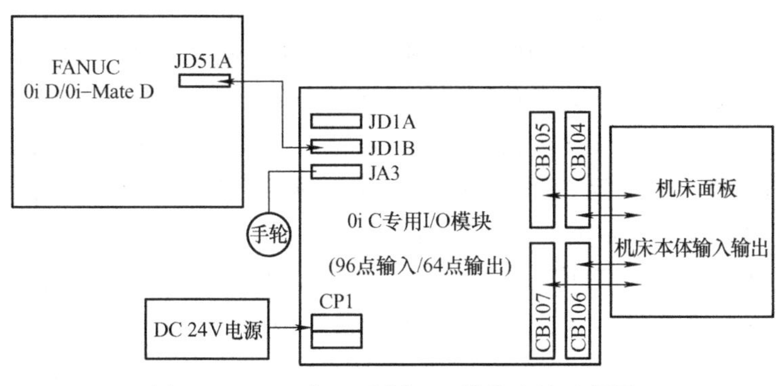

图4-28　CNC与0i专用I/O模块连接示意图

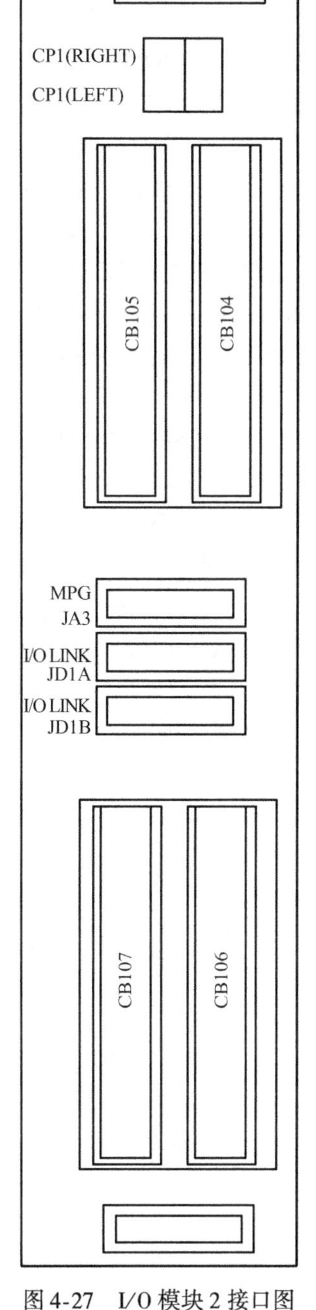

图4-27　I/O模块2接口图

4）0i专用I/O模块地址分配设定。以0i D系统为例：

① 多按几次“SYSTEM”键，再按“+”软键→“PMCCNF”软键→“+”软键→“模块”软键→“操作”软键→“编辑”软键，进入I/O模块设置画面，如图4-29。

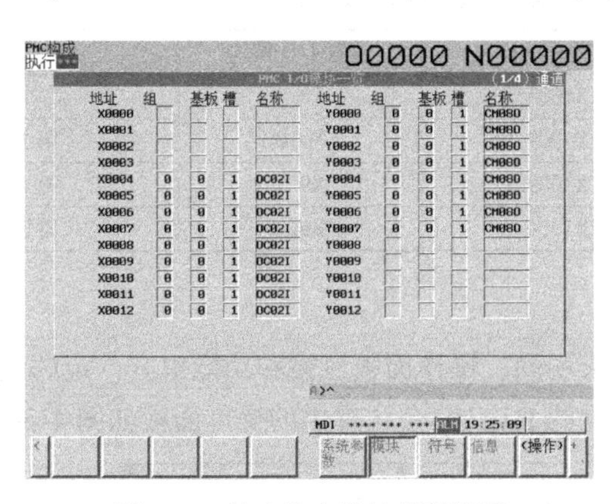

图4-29　输入输出地址分配界面

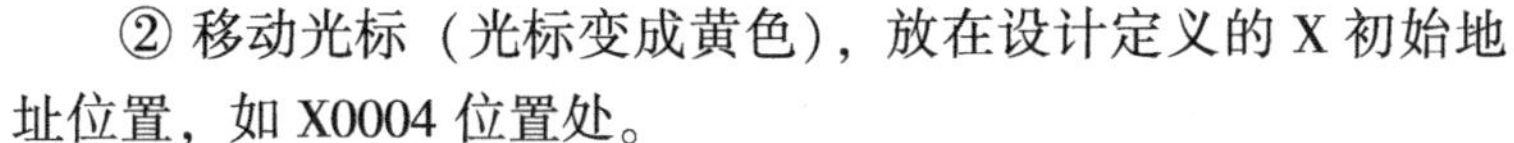

② 移动光标（光标变成黄色），放在设计定义的X初始地址位置，如X0004位置处。

③ 输入“0.0.1.OC02I”，按“INPUT”按键，输入地址就分配完成，出现图4-29所示界面。

④ 按MDI面板上的“→”键，黄色光标出现在Y地址组，再上下移动光标，放在设计定义的Y初始地址处。

⑤ 输入“0.0.1.CM08O”，按“INPUT”按键，输出地址就分配完了，出现图4-29所

示界面。

⑥ 设定完成后，进入 I/O 界面，将以上设置保存到 F - ROM 中：

多按几次“SYSTEM”键，再按“+”软键→“PMCMNT”软键→“I/O”软键→“→”按键→“F - ROM”软键→“↓”按键→“WRITE”软键→“操作”软键→“EXEC”软键，关机再开机，地址分配将会生效。

由图 4-29 所示地址分配可以看出，输入起始地址是 X4（m = 4），输出起始地址是 Y0（n = 0）。相应的 CB104 的 A8 引脚地址为 X5.4，CB105 的 A8 引脚地址为 X13.4。

以 0i C 系统（SA1/SB7 版本软件）为例：

操作步骤：多按几次“SYSTEM”键，再按“PMC”软键→“EDIT”软键→“→”按键→“MODULE”软键，移动光标在拟定的 X 输入地址的初始位置字节，输入“0.0.1.OC02I”，按“INPUT”按键，输入地址就分配完成。按 MDI 面板上“→”按键，光标出现在 Y 地址组，在上下移动光标（按↑/↓按键），移至设计定义的 Y 初始地址处。输入“0.0.1.CM08O”，按“INPUT”按键，输出地址就分配完成，出现类似图 4-29 所示界面。

多按几次“SYSTEM”键，再按“PMC”软键→“I/O”软键→“→”按键→“F - ROM”软键→“↓”按键→“WRITE”软键→“操作”软键→“EXEC”软键，关机再开机，地址分配将会生效。

（3）地址分配中注意特殊地址

在 FANUC 数控系统输入输出地址分配中，内置 I/O 模块输入输出地址是系统固定分配的，具体查阅硬件连接手册。外置 I/O 模块输出地址分配没有特殊限制，只要在 Y0.0 ~ Y127.7 范围内即可，而输入地址分配 FANUC 数控系统有一定限制，见表 4-18。

表 4-18 FANUC 数控系统特殊地址一览表

序 号	地址含义	内置 I/O 模块	外置 I/O 模块	备 注
1	急停	X1008.4	X8.4	必须连接
2	X 轴减速信号	X1009.0	X9.0	第 1 轴
3	Y 轴减速信号	X1009.1	X9.1	第 2 轴
4	Z 轴减速信号	X1009.2	X9.2	第 3 轴

5. 数控机床常见操作面板及功能

数控机床操作因设备工艺及使用要求不同，操作面板风格和功能也有一定的差异，但主要的操作功能差异不大，数控机床中常见的 FANUC 公司提供的操作面板如图 4-30 所示。

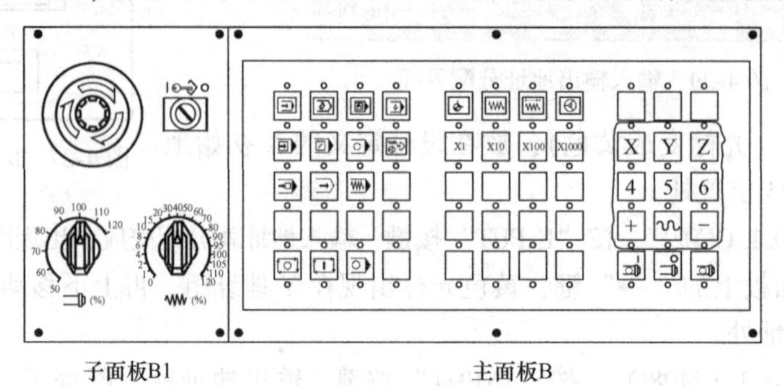

图 4-30 FANUC 公司提供的操作面板

FANUC 数控系统综合实验装置的机床操作面板参见图 3-2。

图 3-2 所示机床操作方式是按键式的，有些机床厂家把机床操作方式设计为图 4-31 所示形式。图 4-31 中，机床操作通过选择开关实现，选择开关一般使用组合开关，具体硬件连接需要参考设计或机床厂家的定义。

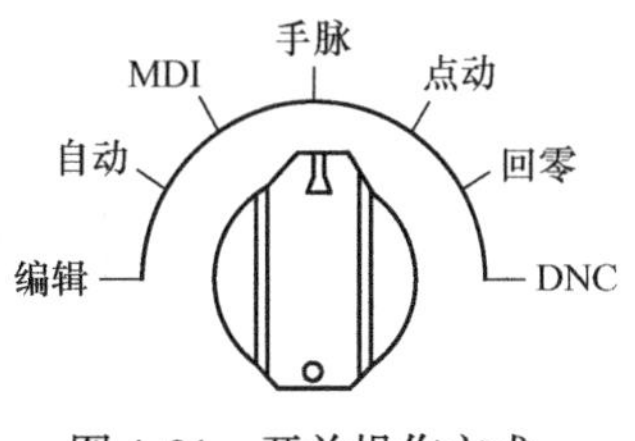

图 4-31　开关操作方式

在编制和分析 PMC 程序时，必须充分了解机床操作面板布置、面板功能、硬件连接以及地址分配，只有这样才能理解和编制好 PMC 程序。

6. 数控机床本体常见输入输出信号

（1）机床本体传感器信号

要设计数控机床电气控制电路图和控制机床动作，必须对机床本体动作要求十分清楚，包括机床本体上安装的传感器类型（是 NPN 型还是 PNP 型）、传感器安装位置以及如何与 PMC 输入接口相连等，本文仅对数控车床常用信号进行介绍，具体机床有所不同。

1）作为车床，四个方向超程要安装限位开关。根据功能需要，还需电气连接或软件编制报警解除按钮。

2）根据回参考点要求，可设置回参考点减速信号，两个轴各安装一个，有的数控系统还要求设计零位信号。

3）数控车床一般具有电动换刀功能，根据电动刀架控制要求，刀架传感器信号需接入 PMC 接口。

4）其他信号可根据机床控制要求加以设计。

5）输入信号具体接线可参考 I/O 接口介绍。

在输入信号中，有一部分输入信号地址是系统固定的，例如，内置 PMC I/O 模块的急停信号必须接入 X1008.4，X 轴、Y 轴和 Z 轴减速信号必须分别接入 X1009.0、X1009.1、X1009.2；外置 PMC I/O 模块的急停信号必须接入 X8.4，X 轴、Y 轴和 Z 轴减速信号必须分别接入 X9.0、X9.1、X9.2。具体参数可参考相关技术资料。

（2）PMC 输出到机床的控制信号

在数控机床中，机床具体功能不同，输出信号功能也不同，常用的输出信号有主轴正反转信号（编程指令分别为 M03、M04、M05）、换刀信号（编程指令为 M06 或 TXX）、冷却泵信号（编程指令为 M08、M09）、机床换档信号（编程指令为 M41、M42、M43）等，机床其他输出功能可根据需要加以设计。PMC 输出 Y 地址信号没有特别限制，但应注意输出负载功率，具体接线原理可参考前述 I/O 接口图。

7. 电气图设计格式要求

（1）电气图纸的图幅和分区

计算机软件电气设计一般选用 A4 格式，图幅和分区要求具体参见“电气制图与电气标准”类教材。

（2）输入输出接口电气设计

输入输出接口电气设计示例如图 4-32 所示。

设计时，注意电气图形符号和文字符号要符号国家电气标准，导线要标注线号及实物功能。以图 4-32 中开关 1 为例，SB1 为按钮电气符号，X8.0 为线号，XT2：1 为接线端子，开

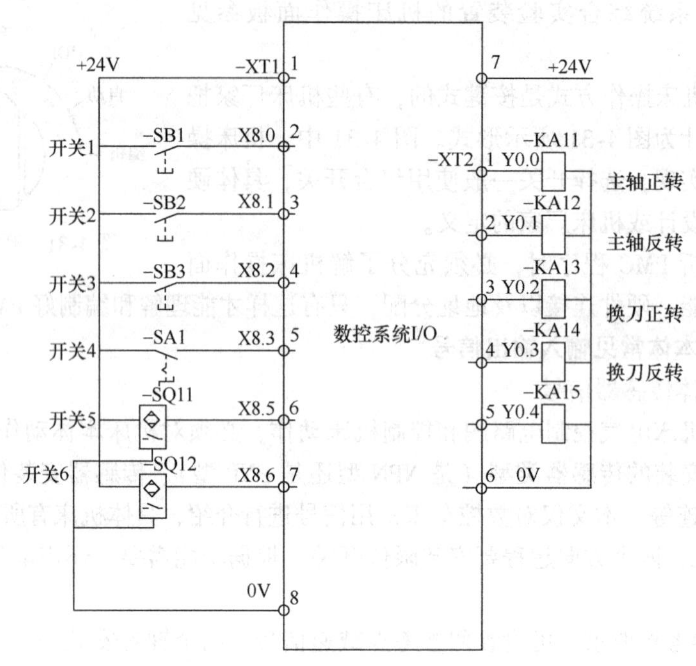

图 4-32　输入输出接口电气设计示例

关 1 为功能。

【实践步骤】

1. 了解实验装置机床操作面板功能

（1）实验装置的组成

实验装置由控制台和执行台组成。控制台主要由数控系统、机床操作面板、模拟信号板、机床电气部件等组成。数控系统主要是 FANUC 0i C 或 0i D 系统。

（2）机床操作面板

一般机床操作面板如图 3-2 所示，模拟信号板如图 3-4 所示，在实验装置中，机床操作面板上输入输出信号与模拟信号板相应地址是并联关系。表 4-19 为采用实验装置样本 PMC 程序时的薄膜操作面板地址分配一览表。

表 4-19　薄膜操作面板地址分配一览表（模块从地址 X8 开始定义）

地址	含　义	地址	含　义
X8.0	T1 刀架信号	X11.0	X 轴正方向按键（+X）
X8.1	T2 刀架信号	X11.1	X 轴负方向按键（-X）
X8.2	T3 刀架信号	X11.2	Z 轴正方向按键（+Z）
X8.3	T4 刀架信号	X11.3	Z 轴负方向按键（-Z）
X8.4	急停输入	X11.4	手动快速按键
X8.5	X+/-（X 轴超程）	X11.5	手动换刀
X8.6	Z+/-（Z 轴超程）	X11.6	冷却关按键
X8.7	备用	X11.7	冷却开按键

（续）

<table>
<tr><th>地址</th><th colspan="2">含　义</th><th>地址</th><th colspan="2">含　义</th></tr>
<tr><td>X9.0</td><td colspan="2">XDEC（X 轴减速）</td><td>X12.0</td><td colspan="2">循环启动按键</td></tr>
<tr><td>X9.1</td><td colspan="2">ZDEC（Z 轴减速）</td><td>X12.1</td><td colspan="2">循环停止按键</td></tr>
<tr><td>X9.2</td><td colspan="2">T5 刀架信号</td><td>X12.2</td><td colspan="2">自动方式按键</td></tr>
<tr><td>X9.3</td><td colspan="2">T6 刀架信号</td><td>X12.3</td><td colspan="2">编辑方式按键</td></tr>
<tr><td>X9.4</td><td colspan="2">T7 刀架信号</td><td>X12.4</td><td colspan="2">MDI 方式按键</td></tr>
<tr><td>X9.5</td><td colspan="2">T8 刀架信号</td><td>X12.5</td><td colspan="2">JOG 方式按键</td></tr>
<tr><td>X9.6</td><td colspan="2">报警解除</td><td>X12.6</td><td colspan="2">回零方式按键</td></tr>
<tr><td>X9.7</td><td colspan="2">数据保护</td><td>X12.7</td><td colspan="2">手轮方式按键</td></tr>
<tr><td>X10.0</td><td colspan="2">进给倍率 OV1</td><td>X13.0</td><td colspan="2">单段功能按键</td></tr>
<tr><td>X10.1</td><td colspan="2">进给倍率 OV2</td><td>X13.1</td><td colspan="2">空运行功能按键</td></tr>
<tr><td>X10.2</td><td colspan="2">进给倍率 OV3</td><td>X13.2</td><td colspan="2">机床锁住功能按键</td></tr>
<tr><td>X10.3</td><td colspan="2">进给倍率 OV4</td><td>X13.3</td><td colspan="2">选择性跳跃功能按键</td></tr>
<tr><td>X10.4</td><td colspan="2">进给倍率 OV5</td><td>X13.4</td><td colspan="2">手轮轴选择（X/Z）</td></tr>
<tr><td>X10.5</td><td colspan="2">主轴正转按键</td><td>X13.5</td><td colspan="2">手轮倍率（×1/×10/×100/×1000）</td></tr>
<tr><td>X10.6</td><td colspan="2">主轴停止按键</td><td>X13.6</td><td colspan="2">主轴倍率减按键</td></tr>
<tr><td>X10.7</td><td colspan="2">主轴反转按键</td><td>X13.7</td><td colspan="2">主轴倍率加按键</td></tr>
<tr><td>Y0.0</td><td>输出备用</td><td rowspan="8">绿色灯</td><td>Y2.0</td><td>主轴低速</td><td>绿色灯</td></tr>
<tr><td>Y0.1</td><td>输出备用</td><td>Y2.1</td><td>Z 轴回零完成</td><td>绿色灯</td></tr>
<tr><td>Y0.2</td><td>输出备用</td><td>Y2.2</td><td>主轴高速</td><td>红色灯</td></tr>
<tr><td>Y0.3</td><td>输出备用</td><td>Y2.3</td><td>Y 轴回零完成</td><td>绿色灯</td></tr>
<tr><td>Y0.4</td><td>输出备用</td><td>Y2.4</td><td>手轮方式灯</td><td>绿色灯</td></tr>
<tr><td>Y0.5</td><td>输出备用</td><td>Y2.5</td><td>X 轴回零完成</td><td>绿色灯</td></tr>
<tr><td>Y0.6</td><td>输出备用</td><td>Y2.6</td><td>回零方式灯</td><td>绿色灯</td></tr>
<tr><td>Y0.7</td><td>输出备用</td><td>Y2.7</td><td>选择性跳跃灯</td><td>黄色灯</td></tr>
<tr><td>Y1.0</td><td>冷却开灯</td><td>绿色灯</td><td>Y3.0</td><td>JOG 方式灯</td><td>绿色灯</td></tr>
<tr><td>Y1.1</td><td>主轴正转灯</td><td>绿色灯</td><td>Y3.1</td><td>备用</td><td>黄色灯</td></tr>
<tr><td>Y1.2</td><td>冷却关灯</td><td>红色灯</td><td>Y3.2</td><td>MDI 方式灯</td><td>绿色灯</td></tr>
<tr><td>Y1.3</td><td>主轴停止灯</td><td>红色灯</td><td>Y3.3</td><td>机床锁住灯</td><td>黄色灯</td></tr>
<tr><td>Y1.4</td><td>循环停止</td><td>红色灯</td><td>Y3.4</td><td>编辑方式灯</td><td>绿色灯</td></tr>
<tr><td>Y1.5</td><td>主轴反转灯</td><td>黄色灯</td><td>Y3.5</td><td>空运行灯</td><td>绿色灯</td></tr>
<tr><td>Y1.6</td><td>循环启动</td><td>绿色灯</td><td>Y3.6</td><td>自动方式灯</td><td>绿色灯</td></tr>
<tr><td>Y1.7</td><td>报警指示灯</td><td>红色灯</td><td>Y3.7</td><td>单段灯</td><td>黄色灯</td></tr>
</table>

模拟信号板（见图 3-4）中，模拟输入信号和输出信号大部分与薄膜操作面板是并联关系，若选用模拟输入信号和输出指示灯用于 PMC 程序开发，务必注意以下几个问题：

1）需把薄膜操作面板上的选择类开关旋到未用位置：程序保护（X9.7 钥匙开关）处

于 OFF 档，进给倍率（X10.0/X10.1/X10.2/X10.3/X10.4）处于0%。

2）模拟面板上的“运行模拟”开关处于合上位置。

3）模拟面板右边一部分钮子开关处于断开位置。

4）模拟面板右边一部分功能钮子开关也与左边相应的功能开关是并联关系，功能与地址见表 4-19。

2. 设计数控机床机床操作面板

（1）设计要求

参考实验室的实验装置、数控机床实物、有关教材和网络上涉及的机床操作面板，设计数控机床操作面板，实现以下功能：

1）机床操作方式：手动（JOG）、自动（MEM）、编辑（EDIT）、MDI、回零（REF）、手轮（HANDLE）及状态灯。

2）手动功能：+X 按键、-X 按键、+Z 按键、-Z 按键、快进按键、JOG 倍率、主轴正转、主轴反转、主轴停止和主轴倍率。

3）编辑功能：存储器保护键（一般用钥匙开关）。

4）自动功能：循环启动及指示灯、循环停止及指示灯、自动倍率、单段、空运行、机床锁住。

5）回零功能：X 轴和 Z 轴回零完成指示灯。

6）手轮功能：手轮轴选择（X 轴/Z 轴）、手轮倍率（×1/×10/×100/×1000）。

（2）输入输出地址分配

建议程序中只使用一次 X 输入地址，其他尽量使用中间继电器 R 地址参与编程。

根据表 4-18 的固定地址分配限制，实验装置地址分配如下：

1）若 I/O 模块是 48 点输入/32 点输出，输入地址分配范围为 $4 \leq m \leq 8$，输出地址分配范围为 $0 \leq n \leq 4$，0i D 系统输出地址可以灵活定义。

2）若 I/O 模块是 96 点输入/64 点输出，输入地址分配范围为 $0 \leq m \leq 8$，输出地址分配范围为 $0 \leq n \leq 4$，0i D 系统输出地址可以灵活定义。

（3）机床操作面板功能及地址分配

根据设计任务，列出机床操作面板功能、选择开关类型以及分配地址，填写表 4-20。

表 4-20 机床操作面板输入输出功能及开关类型

面板功能	输入地址	开关类型（按钮/选择开关）	输出指示灯及地址	面板功能	输入地址	开关类型（按钮/选择开关）	输出指示灯及地址
JOG				-X 按键			
自动				+Z 按键			
编辑				-Z 按键			
MDI				快进按键			
回零				JOG 倍率			
手轮				主轴正转			
+X 按键				主轴反转			

（续）

面板功能	输入地址	开关类型（按钮/选择开关）	输出指示灯及地址	面板功能	输入地址	开关类型（按钮/选择开关）	输出指示灯及地址
主轴停止				机械锁住			
主轴倍率				手轮轴 X			
程序保护				手轮轴 Z			
循环启动				手轮倍率 ×1			
循环停止				手轮倍率 ×10			
自动倍率				手轮倍率 ×100			
单段				手轮倍率 ×1000			
空运行				急停			

（4）设计数控车床操作面板布局图

根据表 4-20 罗列的操作面板功能以及开关类型，设计数控车床操作面板布局图。

3. 数控机床本体输入输出信号

常见数控机床本体输入信号有 X 轴/Z 轴减速信号、X 轴和 Z 轴正负超程信号、换刀（4 把刀）刀位传感器信号等。常见数控机床本体输出信号有冷却泵电动机控制信号、主轴正转/反转控制信号、换刀正转/反转控制信号等。

根据设计结果，填写表 4-21。

表 4-21　数控机床本体输入输出信号一览表

输入功能	输入地址	备　注	输出功能	输出地址	备　注

4. 手工或用电气设计软件画出机床操作面板

5. 手工或用电气设计软件画出数控机床操作面板及机床本体输入输出电气接口图

实践笔记

4.3 项目3 FANUC 数控系统参数功能调试实践

【实践预习】

预习本节相关知识，初步了解 FANUC 数控系统参数分类和参数含义。

【实践目的】

1）了解 FANUC 数控系统参数丰富性。

2）熟悉 FANUC 系统参数修改设置方法。

3）掌握 FANUC 系统数控机床常见参数含义。

4）掌握 FANUC 系统数据备份方法。

【实践平台】

1）FANUC 数控系统综合实验装置，1 台

2）工具及仪表（一字螺钉旋具、十字螺钉旋具、万用表等），1 套。

【相关知识】

1. 数控系统参数在数控机床功能中的作用

通用型数控系统要适合各种自动化设备，就必须考虑各种设备的通用性使用，因此通用型数控系统预留有参数给用户，用户可根据各自设备具体情况进行设置和调试。例如：

1）由于机床行程大小、运行范围不同，保护范围需用户根据具体设备情况设置。

2）机床设备大小规格不同，驱动机床的负载转矩也不同，数控设备选择的电动机转矩也不同，数控系统控制伺服电机参数也不同，数控系统必须根据具体设备进行参数调试。

3）主轴电动机既可以选用主轴伺服电动机，也可以选用普通异步电动机，数控系统也必须根据具体设备配置情况进行参数设置和调试。

当然，将来会出现傻瓜式数控系统，开发和调试功能越来越简单。

2. FANUC 数控系统参数

（1）FANUC 数控系统参数分类

FANUC 数控系统参数较多，涉及通信、轴控制、界面显示、坐标系、编程、进给速度、刀具补偿、伺服参数、主轴参数、PMC 轴参数、维修参数等。

（2）参数手册查阅方法

1）参数目录中有各个参数的分类，可以根据参数分类快速找到想查找的参数大概页码。

2）参数手册参数格式如下：

参数号	数据							
000	#7	#6	#5	#4	#3	#2	#1	#0
			SEQ			INI	ISO	TVC

在参数手册中，参数号在前，参数数据在后。数据格式及数据含义有详细介绍。

3）参数数据型式见表4-22。注意，位型、字节型、字型、双字型：这几种类型的参数数据对所有的轴或系统起作用，相应参数数值范围不同。

位轴型、字节轴型、字轴型、双字轴型：轴类型参数只对相应的进给轴或主轴起作用，相应参数数值范围不同。

表4-22　参数数据型式表

数据类型	有效数据范围
位型	0或1
位轴型	
字节型	-128～127，0～255
字节轴型	
字型	0～65535，-32768～32767
字轴型	
双字型	-99999999～99999999
双字轴型	

3. FANUC数控系统常见参数含义

（1）通信参数

FANUC数控系统提供有多种与外设通信的方式，见表4-23。

表4-23　FANUC数控系统与外设通信情况一览表（0i C和0i D系统）

序　号	参数号	参数含义	接口位置
1	0，1	RS 232C串行口1	系统背面位置JD36A
2	2	RS 232C串行口2	系统背面位置JD36B
3	4	CNC的存储卡接口（CF卡）	显示屏左边位置
4	5	数据服务器接口	系统背面位置（以太网接口）
5	6	通过FOCAS2/Ethernet进行DNC运行或M198指令	系统背面位置（以太网接口）
6	9	嵌入式以太网接口	系统背面位置（以太网接口）
7	17	USB接口	显示屏左边位置

（2）轴控制参数

常见轴控制参数见表4-24。

表4-24　常见轴控制参数一览表

序　号	参数号	符号表示	含　义	简要说明
1	1001#0	INM	直线轴的最小移动单位： 0：公制系统 1：英制系统	设置控制系统移动单位
2	1005#1	DLZx	无挡块参考点返回 0：无效（各轴） 1：有效（各轴）	回零可以有挡块（减速信号），也可以无挡块（减速信号）
3	1006#3	DIAx	各轴的移动量的指令的设定： 0：半径指定 1：直径指定	主要机床进给编程和显示数值，常见机床采用直径编程为多

（续）

<table>
<tr><th>序　号</th><th>参数号</th><th>符号表示</th><th>含　义</th><th>简要说明</th></tr>
<tr><td>4</td><td>1006#5</td><td>ZMINx</td><td>各轴返回参考点的方向：
0：正向
1：负向</td><td>正方向回参考点就是进给轴一直向正方向移动并回到参考点；负方向回参考点就是进给轴挡块压到减速开关后，再反方向移动进给轴，直至挡块再压上再脱开后，回到参考点</td></tr>
<tr><td>5</td><td>1020</td><td>AXIS NAME</td><td>各轴的程序名称：
X：88；Y：89；Z：90；U：85；V：86；W：87；A：65；B：66；C：67</td><td></td></tr>
<tr><td>6</td><td>1022</td><td>AXIS ATTRIBUTE</td><td>各轴属于基本坐标系的哪根轴：<table><tr><th>设定值</th><th>意义</th></tr><tr><td>0</td><td>既不是基本（非基本三轴，也不是平行轴）</td></tr><tr><td>1</td><td>基本三轴中的 X 轴</td></tr><tr><td>2</td><td>基本三轴中的 Y 轴</td></tr><tr><td>3</td><td>基本三轴中的 Z 轴</td></tr><tr><td>5</td><td>X 轴的平行轴</td></tr><tr><td>6</td><td>Y 轴的平行轴</td></tr><tr><td>7</td><td>Z 轴的平行轴</td></tr></table></td><td></td></tr>
<tr><td>7</td><td>1023</td><td>SERVO AIXS NUM</td><td>各轴伺服轴号：
1，8，…</td><td>离 CNC 最近的为第一个伺服轴，依次类推</td></tr>
<tr><td>8</td><td>1815#4</td><td>APZx</td><td>机械位置和绝对位置检测器的位置对应：
0：尚未结束
1：已经结束</td><td></td></tr>
<tr><td>9</td><td>1815#5</td><td>APCx</td><td>位置检测器为：
0：绝对位置检测器之外检测器
1：绝对位置检测器（又称绝对位置编码器）</td><td></td></tr>
<tr><td>10</td><td>1825</td><td>SERVO LOOP GAIN</td><td>各轴伺服环增益，单位为 $0.01s^{-1}$</td><td>一般设为 3000～5000</td></tr>
<tr><td>11</td><td>1826</td><td>IN-POS WIDTH</td><td>各轴到位宽度，一般为 10～50 个检测单位</td><td></td></tr>
<tr><td>12</td><td>1828</td><td>ERR LIMIT：MOVE</td><td>各轴移动中的位置偏差极限值</td><td>设置跟随数值＝进给速度÷［60×位置环增益（1825）］，该设定值与进给速度和位置环增益有关</td></tr>
</table>

（续）

序　　号	参数号	符号表示	含　　义	简 要 说 明
13	1829	ERR LIMIT：STOP	各轴停止中的位置偏差极限值	
14	1240	REF. POINT #1	各轴第 1 参考点的机械坐标	回零后屏幕显示坐标数值

（3）有关存储行程检测参数

与存储行程检测有关的参数见表 4-25。

表 4-25　与存储行程检测有关的参数一览表

序号	参数号	符号表示	含　　义	简 要 说 明
1	1320	LIMIT 1 +	存储行程检测 1 的正向边界的坐标值	回零后软件超程范围，当 1321 > 1320 数值，软限位无效
2	1321	LIMIT 1 -	存储行程检测 1 的负向边界的坐标值	

（4）有关进给速度的参数

与进给速度有关的参数见表 4-26。

表 4-26　与进给速度有关的参数一览表

序　　号	参数号	符号表示	含　　义	简 要 说 明
1	1410	DRY RUN RATE	空运行速度	若选择空运行功能，运行切削插补指令时不使用程序编程速度，而自动选择空运行速度
2	1420	RAPID FEEDRATE	每个轴的快速移动速度	设置 G00 速度
3	1423	JOG FEEDRATE	每个轴的 JOG 进给速度	设置手动 100% 时速度
4	1424	MANUAL RAPID F	每个轴的手动快速移动速度	设置手动快速速度
5	1425	REF. RETURN FL	每个轴的返回参考点时的 FL 速度	设置回参考点减速速度
6	1428	REF FEEDRATE	每个轴的返回参考点速度	设置各轴回参考点的快速速度值
7	1430	MAX CUT FEEDRATE	每个轴的最大切削进给速度	设置每个轴的最大插补切削速度

（5）有关伺服的参数

与伺服有关的参数将在后面项目介绍。

（6）有关 DI / DO 的参数

与 DI/DO 有关的参数见表 4-27。

表 4-27　与 DI/DO 有关的参数一览表

序　　号	参数号	符号表示	含　　义	简 要 说 明
1	3003#5	DEC	返回参考点减速信号 X9.0/X9.1/X9.2： 0：该信号为 0 时减速 1：该信息号为 1 时减速	设置为 0，则减速信号压到（或感应到）时，减速信号状态需为 0 设置为 1，则减速信号压到（或感应到）时，减速信号状态需为 1

（续）

序　号	参数号	符号表示	含　义	简要说明
2	3004#5	OTH	超程限位信号： 0：检查 1：不检查	设置为0，系统检测超程信号：G114.0/G114.1为正方向信号，平时为信号“1”（不超程）；G116.0/G116.1为负方向信号，平时为信号“1”（不超程）。信号为“0”，系统OT超程报警（506为正向超程，507为负向超程） 设置为1：数控系统不检测硬件超程

（7）有关显示及编辑的参数

与显示及编辑有关的参数见表4-28。

表4-28　与显示及编辑有关的参数一览表

序　号	参数号	符号表示	含　义	简要说明
1	3105#0	DPF	当前位置显示界面、程序检查界面和程序界面（MDI方式）是否显示实际速度： 0：不显示 1：显示	
2	3105#2	DPS	是否显示实际主轴速度和T代码： 0：不显示 1：总是显示	
3	3106#5	SOV	是否显示主轴倍率值： 0：不显示 1：显示	
4	3108#7	JPS	在当前位置显示界面及程序检查界面中是否显示手动连续进给速度： 0：不显示 1：显示	
5	3401#0	DPI	可以使用小数点的地址字，省略了小数点时： 0：视为最小设定单位 1：视为mm、inch、sec单位（计数器型小数点输入）	例如，指令G98 G01U10 F100：当参数为1时，U10表示运行10mm，当参数为0时，U10表示运行0.01mm

（8）有关主轴控制的参数

与主轴控制有关的参数见表4-29。

表4-29　与主轴控制有关的参数一览表

<table>
<tr><th>序　号</th><th>参数号</th><th>符号表示</th><th>含　义</th><th>简要说明</th></tr>
<tr><td>1</td><td>3701#1</td><td>ISI</td><td>是否使用第1、第2主轴串行接口：
0：使用
1：不使用</td><td>0i C系统</td></tr>
<tr><td>2</td><td>3716#0</td><td>A/S</td><td>主轴电动机的种类：
0：模拟主轴
1：串行主轴</td><td>0i D系统</td></tr>
<tr><td>3</td><td>3717</td><td>SPDL INDEX NO</td><td>主轴放大器的使用：
0：不使用
1：1个主轴
2：2个主轴</td><td>0i D系统</td></tr>
<tr><td>4</td><td>3706#7，#6</td><td>TCW、CWM</td><td>主轴速度输出时电压的极性：<table><tr><th>TCW</th><th>CWM</th><th>电压的极性</th></tr><tr><td>0</td><td>0</td><td>M03、M04同时为正</td></tr><tr><td>0</td><td>1</td><td>M03、M04同时为负</td></tr><tr><td>1</td><td>0</td><td>M03为正，M04为负</td></tr><tr><td>1</td><td>1</td><td>M03为负，M04为正</td></tr></table></td><td>0i C/D系统</td></tr>
<tr><td>5</td><td>3730</td><td></td><td>主轴速度模拟输出的增益调整数据：
单位为0.01%，范围为700 ～ 1250</td><td>0i C/D系统</td></tr>
<tr><td>6</td><td>3731</td><td></td><td>主轴速度模拟输出偏置电压的补偿值：
范围为-1024～1024</td><td>0i C/D系统</td></tr>
<tr><td>7</td><td>3741</td><td></td><td>齿轮档1的主轴最高转速，单位为r/min</td><td>0i C/D系统</td></tr>
<tr><td>8</td><td>3742</td><td></td><td>齿轮档2的主轴最高转速，单位为r/min</td><td>0i C/D系统</td></tr>
<tr><td>9</td><td>3772</td><td></td><td>主轴上限转速，单位为r/min</td><td>0i C/D系统</td></tr>
<tr><td>10</td><td>8133#5</td><td>SSN</td><td>SSN=0：不使用模拟主轴（即使用串行主轴）
SSN=1：使用模拟主轴</td><td>0i C/D系统</td></tr>
</table>

(9) 有关手轮进给参数

与手轮进给有关的参数见表4-30。

表4-30　与手轮进给有关的参数一览表

序　号	参数号	符号表示	含　义	简要说明
1	8131#0	HPG	手轮进给是否使用： 0：不使用 1：使用	设定此参数时，要切断一次电源
2	7110		手轮使用数量： 0：没有手轮 1：使用1个手轮	

（续）

<table>
<tr><th>序号</th><th>参数号</th><th>符号表示</th><th>含义</th><th>简要说明</th></tr>
<tr><td>3</td><td>7113</td><td></td><td>手轮进给倍率 m，设置范围为 1～127</td><td></td></tr>
<tr><td>4</td><td>7114</td><td></td><td>手轮进给倍率 n，设置范围为 1～1000
<table>
<tr><th>MP2</th><th>MP1</th><th>移动量（手轮进给）</th></tr>
<tr><td>0</td><td>0</td><td>最小设定单位×1</td></tr>
<tr><td>0</td><td>1</td><td>最小设定单位×10</td></tr>
<tr><td>1</td><td>0</td><td>最小设定单位×m</td></tr>
<tr><td>1</td><td>1</td><td>最小设定单位×n</td></tr>
</table></td><td>MP1（G19.4）
MP2（G19.5）</td></tr>
</table>

4. FANUC 数控系统数据备份

数控机床数控系统中有多种数据，最终用户务必在数控机床出厂后及时备份。不然，当保护数控系统数据的电池没电或控制部件硬软件故障时，数控机床的数据就会丢失，数据一旦丢失，数控设备的控制核心就没有了，数控机床就彻底瘫痪了。

FANUC 数控系统数据主要保存在 SRAM 和 FROM 中，SRAM 中的数据由于断电后需要电池保护，有易失性，所以保存数据非常必要，此类数据可以通过启动时“引导画面 BACKUP（备份）”的方式或者通过系统启动后“数据输入/输出”的方式保存。通过“引导画面备份”保留的数据无法用写字板或 WORD 文件打开，即无法用文本格式阅读数据。但是，通过“输入输出”方式得到的数据可以通过写字板或 WORD 文件打开。数据输入输出方式又分为 CF 方式和 RS232C 方式，如图 4-33 所示。0i D 和 0i F 系统还标配以太网接口。

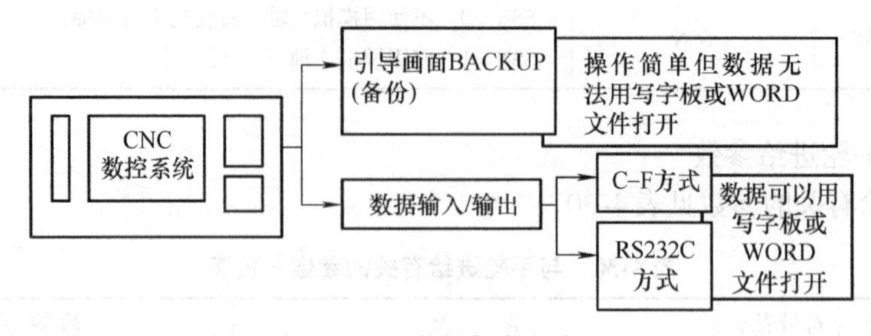

图 4-33　数据保存方式

FROM 中的数据相对稳定，一般情况下不易丢失，但是在更换主板或存储器板时，FROM 中的数据有可能会丢失，其中 FANUC 系统文件在购买备件或修复时会由 FANUC 公司恢复，但是机床厂文件——PMC 程序及用户宏程序执行器也会丢失，因此机床厂数据的保留也是必要的。

【实践步骤】

1. 熟悉 FANUC 系统参数的修改方法

参数设置步骤如下：

1）选择 MDI 方式。

2）在 MDI 面板上按OFS/SET键。

3）在显示屏下方按“设置/SETTING”键，修改“写参数使能”，使写使能为1，出现100 报警信息。

4）再按多次“SYSTEM”按键，显示屏下方出现“参数”。

5）输入查找的参数号，按“搜索”键，出现查找的参数号；

6）修改参数后，按OFS/SET键，再按“设置/SETTING”键，修改“写参数使能”，使写使能为0，再按“RESET”键，报警消除。

2. 设置和验证数控机床的常见功能参数

设置和验证参数见表4-31。

表4-31　设置和验证参数一览表

序号	参数号	参 数 含 义	原有参数值	修改后数值	修改后功能验证方法	完成后打√
1	20	通信参数： 0、1：RS232C/JD36A 2：RS232C/JD36B 4：CF 卡 6、9：以太网 17：USB			1. 参数为 0、1、2 等时，测试能否与 CF 卡备份参数 2. 参数设为 4 时，测试能否与计算机通信	
2	1006#3	各轴移动量： 0：半径指定 1：直径指定			1. X 轴参数设为0，手轮 X 轴运行 10mm，观察屏幕显示数值与丝杠（或电动机圈数）位移对应关系 2. X 轴参数设为1，手轮 X 轴运行 10mm，观察屏幕显示数值与丝杠（或电动机圈数）位移对应关系	
3	1006#5	设定各轴返回参考点方向： 0：正方向 1：负方向			1. 设置为0，Z 轴回参考点时，观察滑台（电动机旋转方向）是否一直为正方向 2. 设置为1，Z 轴回参考点时，观察减速过程中滑台（电动机旋转方向）的变化情况	
4	1010	CNC 控制轴数： 1：1 个伺服电动机 2：2 个伺服电动机			1. 设置为 1 时，应只显示和控制 1 个伺服电动机 2. 设置为 2 时，应可以显示和控制 2 个伺服电动机	

（续）

序号	参数号	参数含义	原有参数值	修改后数值	修改后功能验证方法	完成后打√
5	1020	各轴编程的名称： X：88；Y：89；Z：90； U：85；V：86；W：87； A：65；B：66；C：67			改变X轴和Z轴数值，会发现显示字符变化，同时编程中只能用设置数值对应的轴字符名	
6	1023	各轴的伺服轴号： X：1第1个轴，可以分配给X轴； Z：2第2个轴，可以分配给Z轴	X轴：1 Z轴：2	X轴：2 Z轴：1	1. 修改参数前，在JOG方式下按X轴正方向键，观察相应电动机运行 2. 修改参数后，X轴设为2，Z轴设为1，再按X轴正方向键，观察相应电动机运行情况	
7	1320	正方向边界坐标数据： 单位：0i D系统单位为mm；0i C系统单位为0.001mm	0i D系统：500 0i C系统：500000	0i D系统：100 0i C系统：100000	1. 设置X轴和Z轴正方向边界坐标为100mm 2. 回零后，按X轴或Z轴正方向键，观察当显示坐标为100mm时，有无报警信息提示	
8	1321	负方向边界坐标数据： 单位：0i D系统单位为mm；0i C系统单位为0.001mm	0i D系统：-500 0i C系统：-500000	0i D系统：-100 0i C系统：-100000	1. 设置X轴和Z轴正方向边界坐标为-100mm 2. 回零后，按X轴或Z轴负方向键，观察当显示坐标为-100mm时，有无报警信息提示	
9	1410	空运行速度， 单位为mm/min			1. 设置数据为1600 2. 编制G98 G01W100 F100；M02 3. 按下操作面板上空运行功能键 4. 在MDI方式下运行程序 5. 进给倍率为100%，观察实际运行速度	
10	1420	各轴快速移动速度，单位为mm/min（与参数有关）			1. 设置数据为1400 2. 编制G00 W100；M02 3. 在MDI方式下运行程序 4. 进给倍率为100%，观察实际运行速度	
11	1422	最大切速速度，单位为mm/min			1. 设置数据为1200 2. 编制G98 G01W100 F2000；M02 3. 在MDI方式下运行程序 4. 进给倍率为100%，观察实际运行速度	
12	1423	各轴手动速度（JOG进给）时的进给速度，单位为mm/min			1. 设置数据为2100 2. 进给倍率为100%，按X轴或Z轴正方向键，观察实际运行速度是否与设置值一致	

（续）

序号	参数号	参 数 含 义	原有参数值	修改后数值	修改后功能验证方法	完成后打√
13	1424	各轴手动快速移动速度，单位为 mm/min			1. 设置数据为 2500 2. 进给倍率为 100%，同时按 X 轴（Z 轴）正方向按键和快进按键，观察实际运行速度是否与设置值一致	
14	1425	各轴返回参考点的 FL 速度，单位为 mm/min			1. 设置数据为 300 2. 进给倍率为 100%，在回零方式按 X 轴（Z 轴）回参考点，观察回零过程中减速速度是否与设置值一致	
15	1428	参考点返回速度，单位为 mm/min			1. 设置数据为 2300 2. 进给倍率为 100%，在回零方式按 X 轴（Z 轴）回参考点，观察回零过程中回零速度是否与设置值一致	
16	1430	各轴最大切削进给速度，单位为 mm/min			1. 设置 Z 轴数据为 1000 2. 编制 G98 G01W100 F2000；M02 3. 在 MDI 方式下运行程序 4. 进给倍率为 100%，观察实际运行速度	
17	1820	各轴指令倍乘比（CMR）			机床系统一般将 X 设 102，Z 设为 2；铣床系统一般为 2	
18	3003#5	返回参考点减速信号 X9. 0/X9. 1/X9. 2： 0：该信号为 0 时，减速 1：该信息号为 1 时，减速			1. 确认实验台参数：参数为 0 时，回参考点前需把钮子开关处于上位，参数为 1 时，钮子开关处于下位 2. 确认 1006#5 = 0 或 1，0 是正方向回参考点，1 是反方向回参考点 3. 正方向回参考点：选择回参考点方式，按 + Z 按键，Z 轴开始回参考点，观察相应电动机转速变化，回零过程中，人为变化减速开关，观察相应伺服电动机速度和方向变化过程（3003#5 = 0 时）；再变化一次开关位置，伺服电动机停止，回零完成	

（续）

序号	参数号	参数含义	原有参数值	修改后数值	修改后功能验证方法	完成后打√
19	3004#5	超程限位信号： 0：检查 1：不检查			1. 确认参数数值，设置数值为0 2. 系统会提示超程报警 3. 可以编制PMC程序，选用未用的输入钮子开关，控制G114.0（X轴正方向）/G114.1（Z轴正方向）和G116.0（X轴负方向）/G116.1（Z轴负方向） 4. 检测输入信号变化和报警信息，以及G信号状态（G信号线圈得电不报警，失电报警） 5. 可以通过设置参数3004#5 =1屏蔽报警信息，但不安全	

3. 数据备份与恢复

（1）FANUC CNC SRAM数据备份

通过系统引导程序备份数据到CF（Compact Flash，CF）卡中，该方法简便，数据保留齐全，恢复简便容易，以0i D系统为例：

1）在机床断电的情况下将CF卡插入系统控制单元存储卡接口上，如图4-34所示。

2）同时按下软键右端的两个键，并同时接通机床电源，如图4-35所示。

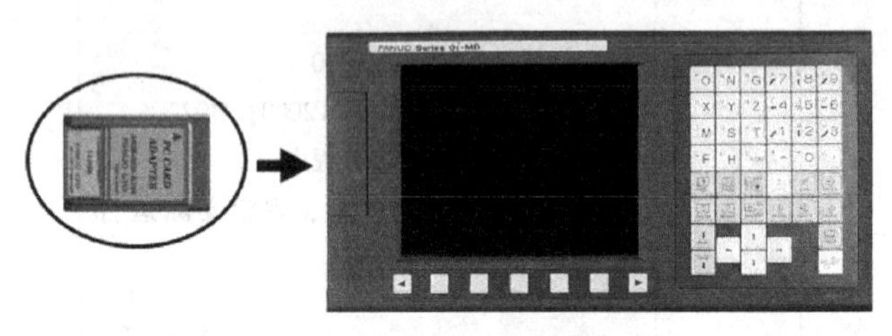

图4-34　CF卡的插入

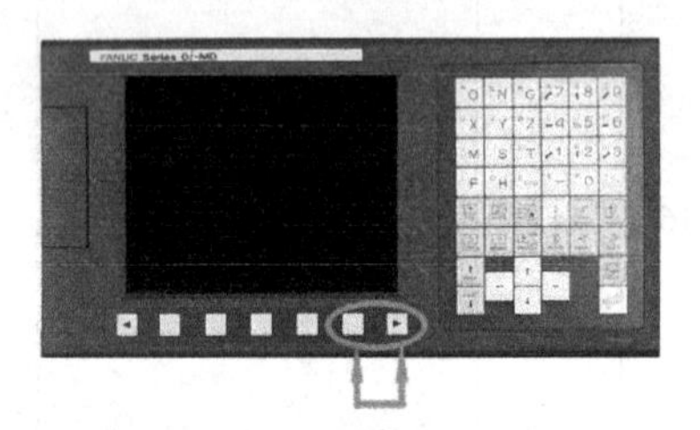

图4-35　开机进入引导画面

3）系统进入引导画面（BOOT画面），此时屏幕显示内容如图4-36所示，右边中文为界面英文的解释。

	屏幕显示	解释
(1)	SYSTEM MONITOR MAIN MENU　60W3 - 01	(1) 显示标题。右端显示出BOOT SYSTEM的系列版本。
(2)	1.END	(2) 退出BOOT SYSTEM，启动CNC。
(3)	2.USER DATA LOADING	(3) 向FLASH ROM写入用户数据。
(4)	3.SYSTEM DATA LOADING	(4) 向FLASH ROM写入系统数据。
(5)	4.SYSTEM DATA CHECK	(5) 确认ROM文件的版本。
(6)	5.SYSTEM DATA DELETE	(6) 删除FLASH ROM/存储卡文件。
(7)	6.SYSTEM DATA SAVE	(7) 向存储卡备份数据。
(8)	7.SRAM DATA UTILITY	(8) 备份/恢复SRAM区。
(9)	8.MEMORY CARD FORMAT	(9) 格式化存储卡。
	*** MESSAGE ***	
(10)	SELECT MENU AND HIT SELECT KEY.	(10) 显示简单的操作方法和错误信息。
	[SELECT][YES][NO][UP][DOWN]	

图4-36　引导画面

4）用软键“UP”或“DOWN”进行选择处理。把光标移到要选择的功能上，按软键“SELECT”。另外，在执行功能之前要进行确认，有时还要按软键“YES”或“NO”。其功能执行流程如图4-37所示。

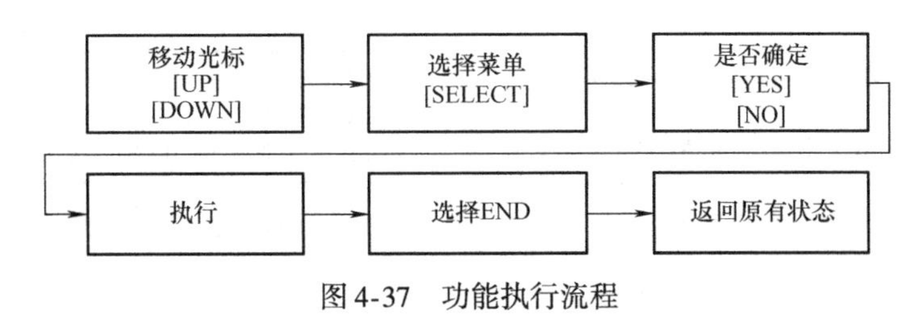

图4-37　功能执行流程

5）选择“7. SRAM DATA UTILITY”，该项功能可以将数控系统SRAM中的用户数据全部储存到CF卡中作备份用，或将CF卡中的数据恢复到数控系统SRAM中，如图4-38所示。

(1)	SRAM DATA UTILITY	(1) 显示标题。
(2)	1.SRAM BACKUP　(CNC -> MEMORY CARD) 2.SRAM RESTORE (MEMORY CARD -> CNC)	(2) 显示菜单。
(3)	3.END	(3) 返回MAIN MENU。
(4)	SRAM + ATA PROG FILE : (4MB)	(4) 显示文件内容。 (在选定处理后予以显示)
(5)	SRAM_BAK.001	(5) 显示目前正在保存/加载中的文件名。 (在选定处理后予以显示)
	*** MESSAGE *** SET MEMORY CARD NO.001 ARE YOU SURE ? HIT YES OR NO. [SELECT][YES][NO][UP][DOWN]	
(6)	*** MESSAGE *** SELECT MENU AND HIT SELECT KEY. [SELECT][YES][NO][UP][DOWN]	(6) 显示信息。

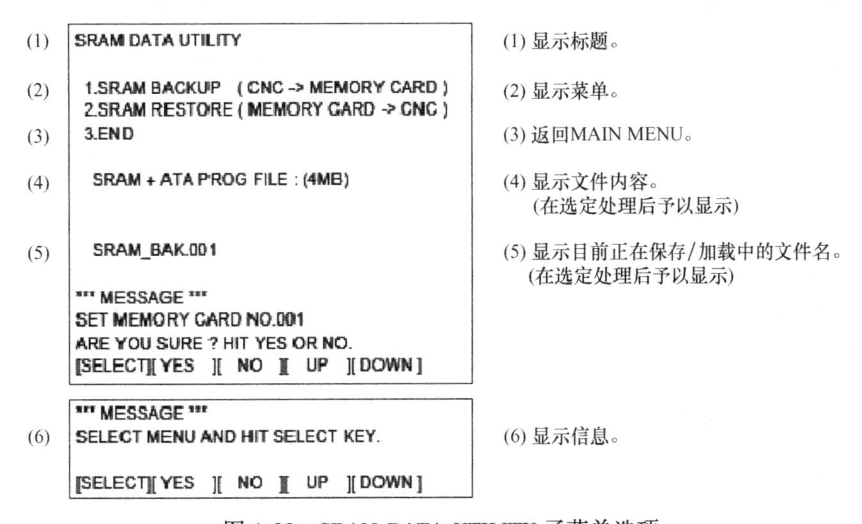

图4-38　SRAM DATA UTILITY子菜单选项

6）选择“1. SRAM BACKUP”，显示要确认的信息，如图4-39所示。

7）按“YES”软键，开始保存数据。

8）如果要备份的文件已经存在于存储卡上，系统就会提示是否覆盖原文件（YES）或忽略（NO）。

9）按“YES”软键，则数据开始写入存储卡中，如图4-40所示。

```
*** MESSAGE ***
SET MEMORY CARD NO.001
ARE YOU SURE ? HIT YES OR NO.
[SELECT][ YES ][ NO ][ UP ][DOWN]
```

图4-39　是否保存数据选项

```
SRAM-BACK.001
*** MESSAGE ***
STORE TO MEMORY CARD
 XXXXXX/XXXXXX.
[SELECT][ YES ][ NO ][ UP ][DOWN]
```

图4-40　文件名的显示

10）备份结束后，显示以下图4-41所示信息，需要按“SELECT”软键。

（2）FANUC CNC SRAM数据恢复

数据恢复操作的前5步与“（1）FANUC CNC SRAM 数据备份”的操作一样，从第6步开始不同。

1）选择“2. SRAM RESTORE”，显示要确认的信息，如图4-42所示。

```
*** MESSAGE ***
SRAM BACKUP COMPLETE. HIT SELECT KEY.

[SELECT][ YES ][ NO ][ UP ][ DOWN ]
```

图4-41 备份完成显示

```
*** MESSAGE ***
ARE YOU SURE? HIT YES OR NO
[SELECT][ YES ][ NO ][ UP ][ DOWN ]
```

图4-42 是否恢复数据选项

2）请按“YES”软键，进行恢复。

3）系统将显示要确认的信息，如图4-43所示。

4）按“YES”键，开始恢复数据。

5）恢复结束后，显示图4-44所示信息，需要按“SELECT”软键。

```
*** MESSAGE ***
SET MEMORY CARD INCLUDING SRAM_BAK.001
ARE YOU SURE ? HIT YES OR NO.
[SELECT][ YES ][ NO ][ UP ][ DOWN ]
```

图4-43 是否恢复数据

```
*** MESSAGE ***
SRAM RESTORE COMPLETE. HIT SELECT KEY.

[SELECT][ YES ][ NO ][ UP ][ DOWN ]
```

图4-44 恢复完成显示

（3）FANUC CNC FROM 数据备份

对于机床厂编辑的梯形图程序、Manual Guide 程序或 CAP 程序，存储在 FROM 中，当备份这些数据时需要进行此操作（PMC 梯形图程序也可通过 I/O 方式保存）。

1）插入 CF 卡，开机后进入系统引导画面，如图4-36所示。

2）选择菜单选项“6. SYSTEM DATA SAVE（数据复制）”进入图4-45所示画面，然后将光标移到需要存储文件的名字上，按“SELECT”软键。

```
(1)  SYSTEM DATA SAVE
     FROM DIRECTORY
(2)   1 NC BAS-1   (0008)
      2 NC BAS-2   (0008)
      3 NC BAS-3   (0008)
      4 NC BAS-4   (0008)
      5 DGD0SRVO(0003)
      6 PS0B       (0006)
      7 PMC1       (0001)
(3)   8 END

     *** MESSAGE ***
(4)  SELECT FILE AND HIT SELECT KEY.

     [SELECT][ YES ][ NO ][ UP ][ DOWN ]
```

(1) 显示标题。

(2) 显示FLASH ROM上存在的文件名。显示在文件名右侧的( )中的数字为使用管理单位数。

(3) 返回MAIN MENU。

(4) 显示信息。

图4-45 SYSTEM DATA SAVE 子菜单选项

3）系统显示要确认信息，如图4-46所示。

```
*** MESSAGE ***
SYSTEM DATA SAVE OK ? HIT YES OR NO.

[SELECT][ YES  ][  NO  ][  UP  ][ DOWN ]
```

图 4-46 是否存储数据选项

4）按“YES”软键，开始存储数据；按“NO”软键，中止存储，如图 4-47 所示。

```
*** MESSAGE ***
STORE TO MEMORY CARD

[SELECT][ YES  ][  NO  ][  UP  ][ DOWN ]
```

图 4-47 存储数据

5）存储结束时，显示图 4-48 所示信息，需要按“SELECT”软键。

```
*** MESSAGE ***
FILE SAVE COMPLETE. HIT SELECT KEY.
SAVE FILE NAME : PMC1.000
[SELECT][ YES  ][  NO  ][  UP  ][ DOWN ]
```

图 4-48 存储完成显示

（4）FANUC CNC FROM 数据恢复

FANUC CNC FROM 数据恢复是把 CF 卡中的数据加载到数控系统的 FROM 中去。

1）插入 CF 卡，开机后进入系统引导画面，如图 4-36 所示。

2）选择菜单选项“3. SYSTEM DATA LOADING（数据加载）”，进入图 4-49 所示画面，然后把光标移到需要存储文件的名字上，按“SELECT”软键。

```
(1) SYSTEM DATA LOADING                                   (1) 显示标题。
(2) MEMORY CARD DIRECTORY   (FREE[KB]:  5123)             (2) 显示存储卡的可用空间。
(3)  1 D4F1_B1.MEM 1048704 2003-01-01 12:00               (3) 显示存储卡内的文件一览。
     2 D4F1_B2.MEM 1048704 2003-01-01 12:00
(4)  3 END                                                (4) 返回MAIN MENU。

    *** MESSAGE ***
(5) SELECT MENU AND HIT SELECT KEY.                       (5) 显示信息。

    [SELECT][ YES  ][  NO  ][  UP  ][ DOWN ]
```

图 4-49 SYSTEM DATA LOADING 子菜单选项

3）选择文件后，则显示是否加载这个文件，如图 4-50 所示。

4）若按“YES”软键，开始读入数据，也可用“NO”软键中止，如图 4-51 所示。

5）文件加载结束时，显示图 4-52 所示信息，需要按“SELECT”软键。

```
SYSTEM DATA CHECK & DATA LOADING
D4F1_B1 MEM
1 D4F1 001A
2 D4F1 021A
3 D4F1 041A
4 D4F1 061A
5 D4F1 081A
6 D4F1 0A1A
7 D4F1 0C1A
8 D4F1 0E1A
***MESSAGE***
LOADING OK? HIT YES OR NO.

[SELECT][ YES ][  NO  ][  UP  ][ DOWN ]
```

图 4-50　是否加载文件

```
*** MESSAGE ***
LOADING FROM MEMORY CARD xxxxxx/xxxxxx

[SELECT][ YES  ][  NO  ][  UP  ][ DOWN ]
```

图 4-51　文件加载中

```
*** MESSAGE ***
LOADING COMPLETE.
HIT SELECT KEY.
[SELECT][ YES  ][  NO  ][  UP  ][ DOWN ]
```

图 4-52　文件加载结束

4. 实践结束

关闭实验装置电源，整理实验装置周围卫生。

实践笔记

4.4　项目 4　FANUC 数控系统 PMC 编程与开发实践

【实践预习】

预习本节相关知识，初步了解 FANUC 数控系统、PMC 以及机床三者之间的关系。

【实践目的】

1）理解 FANUC 数控系统、PMC 以及机床三者之间的关系。
2）熟悉 FANUC 系统 PMC 指令的基本应用。
3）熟悉 FANUC 系统 PMC 菜单的应用。
4）掌握数控机床操作面板功能开发。

【实践平台】

1）FANUC 数控系统综合实验装置，1 台。
2）工具及仪表（一字螺钉旋具、十字螺钉旋具、万用表等），1 套。

【相关知识】

（一）CNC 与 PMC 之间信号含义

1. PMC 与机床之间关系

由图 4-18 和图 4-19 可以看出，来自机床本体（含机床操作面板）的输入信号，通过 I/O模块进入 PMC，由 PMC 程序逻辑控制 CNC 功能；CNC 状态输出以及机床本体负载的控制，也是通过 PMC 逻辑输出至机床完成的。

2. PMC 与 CNC 之间关系

PMC 逻辑结果输出到 CNC 的是 G 存储区地址信号，CNC 输出到 PMC 的是 F 存储区地址信号。

3. FANUC 数控系统功能丰富

FANUC 数控系统的功能还是比较丰富的，具体功能可以参考 FANUC 系统功能连接手册（B－64303CM），若要手动实现某个功能，必须在机床操作面板上设计相应的功能按钮和开发相应的 PMC 程序，CNC 才能执行相关功能。

4. 常用 G 地址信号和 F 地址信号

常用 G 地址信号见表 4-32，F 地址信号见表 4-33。

表 4-32　常用 G 地址信号一览表

PMC→CNC（G 地址信号）	符　号	含　义	备　注
G43.2/G43.1/G43.0	MD3/MD2/MD1	操作方式（自动/手动/MDI/编辑/手轮/回零）	
G8.4	* ESP	急停	状态 0 信号有效
G43.5	DNC1	DNC 运行选择信号	
G43.7	ZRN	手动参考点返回选择信号	
G100.0	+J1	进给轴正方向信号（第 1 个进给电动机）	
G100.1	+J2	进给轴正方向信号（第 2 个进给电动机）	
G100.2	+J3	进给轴正方向信号（第 3 个进给电动机）	
G102.0	-J1	进给轴负方向信号（第 1 个进给电动机）	
G102.1	-J2	进给轴负方向信号（第 2 个进给电动机）	
G102.2	-J3	进给轴负方向信号（第 3 个进给电动机）	
G19.7	RT	手动快速移动选择信号	
G10/G11	* JV0 ~ * JV15	手动进给速度倍率信号	0 信号组合有效
G18.0/G18.1	HS1A ~ HS1B	手轮进给轴选择信号	
G19.4/G19.5	MP1，MP2	手轮进给移动量选择信号（增量进给信号）	
G46.3 ~ G46.6	KEY1 ~ KEY4	存储器保护信号	
G7.2	ST	自动运行启动信号	1→0 程序运行
G8.5	* SP	自动运行停止信号	状态 0 信号有效
G8.6	RRW	复位和倒带信号	程序光标回首行

（续）

PMC→CNC（G 地址信号）	符　号	含　义	备　注
G8.7	ERS	外部复位信号	
G12	*FV0 ~ *FV7	进给速度倍率信号	0 信号组合有效
G014.0，G014.1	ROV1，ROV2	快速移动倍率信号	
G44.1	MLK	所有轴机床锁住信号	
G46.1	SBK	单程序段信号	
G46.7	DRN	空运行信号	
G44.0	BDT	可选程序段跳过信号	
G29.6	*SSTP	主轴停止信号	状态 0 信号有效
G30	SOV0 ~ SOV7	主轴速度倍率信号	1 信号组合有效
G70.4	SRVA	反向旋转指令信号（串行主轴）	
G70.5	SFRA	正向旋转指令信号（串行主轴）	
G71.0	ARSTA	报警复位信号（串行主轴）	
G71.1	*ESPA	紧急停止信号（串行主轴）	
G114.0	* +L1	正硬件超程信号（第 1 个进给电机）	参数：No.3004#4 = 0，检查超程；NO.3004 #4 = 1，不检测超程
G114.1	* +L2	正硬件超程信号（第 2 个进给电机）	
G114.2	* +L3	正硬件超程信号（第 3 个进给电机）	
G116.0	* -L1	负硬件超程信号（第 1 个进给电机）	
G116.1	* -L2	负硬件超程信号（第 2 个进给电机）	
G116.2	* -L3	负硬件超程信号（第 3 个进给电机）	
G4.3	FIN	M/S/T 完成信号	

表 4-33　常用 F 地址信号一览表

CNC→PMC（F 地址信号）	符　号	含　义	备　注
F0.4	SPL	自动运行停止中信号	
F0.5	STL	自动运行起动中信号	
F0.6	SA	伺服准备就绪信号	
F1.0	AL	报警中信号	
F1.1	RST	复位中信号	
F1.2	BAL	电池报警信号	
F1.3	DEN	分配结束信号	
F3.0	MINC	增量进给选择确认信号	
F3.1	MH	手控手轮进给选择确认信号	
F3.2	MJ	JOG 进给选择确认信号	
F3.3	MMDI	手动数据输入选择确认信号	

（续）

CNC→PMC（F地址信号）	符　号	含　义	备　注
F3.4	MRMT	DNC运行选择确认信号	
F3.5	MMEM	自动运行选择确认信号	
F3.6	MEDT	存储器编辑选择确认信号	
F4.5	MREF	手动参考点返回选择确认信号	
F7.0	MF	辅助功能选通脉冲信号	
F7.2	SF	主轴功能选通脉冲信号	
F7.3	TF	刀具功能选通脉冲信号	
F9.4	DM30	特殊M指令解码信号DM30	
F9.5	DM02	特殊M指令解码信号DM02	
F9.6	DM01	特殊M指令解码信号DM01	
F9.7	DM00	特殊M指令解码信号DM00	
F10～F13	M00～M31	M辅助功能代码信号	M功能数据占用4B
F22～F25	S00～S31	S主轴功能代码信号	S功能数据占用4B
F26～F29	T00～T31	T刀具功能代码信号	T功能数据占用4B
F94.0～F94.2	ZP1～ZP3	参考点返回完成信号	
F106.0～F106.2	MVD1～MVD3	轴移动方向信号	
F120.0～F120.2	ZRF1～ZRF2	参考点建立信号	

5. CNC与PMC接口信号详解

（1）急停和复位

1）急停功能。急停功能很重要，在意外情况或某些操作需要在急停操作状态下操作时，CNC必须知道是否处于急停，该地址信号的符号表示为*ESP，其中*表示该信号“0”有效，进入CNC装置的地址信号为G8.4，外围输入PMC地址为X1008.4（内置I/O模块）和X8.4（外置I/O模块）。在编制PMC程序中，该信号必须编制在PMC程序第一级程序中。

2）复位功能。复位功能是数控系统的基本功能，在FANUC数控系统中，有三种复位应用功能：

① MDI面板上“RESET”。当按下“RESET”按键时，CNC提供给PMC的F1.1信号。

② 外部复位。可以设计外部复位按钮，CNC接收G8.7（ERS），CNC处于复位状态，运行的加工程序立即停止，并光标停留在加工程序段。

③ 复位和倒带信号。可以设计外部复位按钮，CNC接收G8.6（RRW），CNC处于复位状态，运行的加工程序立即停止，加工程序光标回到程序开始。

（2）操作方式

操作方式选择信号MD1、MD2、MD4（G43#0～G43#2），其中G43#0就是G43.0，G43#0表示G43地址的0位地址，其他地址信号表示方法依此类推。

机床控制有不同的操作方式，CNC装置只有接收到相应操作方式的G地址信号后才会使数控系统处于某种操作方式下，方式选择信号是由 MD1（G43.0）、MD2（G43.1）、MD4（G43.2）三位构成的代码组合信号，这些信号的不同组合，可以组成如下五种方式：存储器编辑（EDIT）；自动运行（MEM）；手轮/步进进给（HANDLE/STEP）；手动连续进给（JOG）；手动数据输入（MDI）。具体信号关系见表4-34。

表4-34　方式选择信号功能

序号	方　式	PMC 信号状态		
		MD4（G43.2）	MD2（G43.1）	MD1（G43.0）
1	存储器编辑（EDIT）	0	1	1
2	自动运行（MEM）	0	0	1
3	手轮/步进进给（HANDLE/STEP）	1	0	0
4	手动连续进给（JOG）	1	0	1
5	手动数据输入（MDI）	0	0	0

当操作方式被 CNC 确认时，CNC 对外输出操作方式运行状态。操作方式输入信号与输出信号的关系见表4-35。

表4-35　CNC 输出操作方式确认信号

方　式	输入信号					输出信号
	ZRN G43.7	DNC1 G43.5	MD4 G43.2	MD2 G43.1	MD1 G43.0	F 地址信号
手动数据输入（MDI）	0	0	0	0	0	MMDI（F003#3）
自动运行（MEM）	0	0	0	0	1	MAUT（F003#5）
存储器编辑（EDIT）	0	0	0	1	1	MEDT（F003#6）
手轮/步进进给（HANDLE/STEP）	0	0	1	0	0	MH（F003#1）
手动连续进给（JOG）	0	0	1	0	1	MJ（F003#2）
手动返回参考点（HOME/REF）	1	0	1	0	1	MREF（F004#5）

表4-35 中增加了手动返回参考点（HOME/REF）方式，可以将该方式理解成 JOG 方式的一种特殊操作方式。

（3）手动进给轴运动

进给轴方向选择信号（输入）有 +Jn（G100#0/G100#1/G100#2）、-Jn（G102#0/G102#1/G102#2），表示 JOG 进给时的进给轴及进给方向，信号名称中的 +/- 表示进给方向，J 后面的数字表示控制轴的序号。例如，G100#0 表示第 1 个伺服电动机正方向，G102#0 表示第 1 个伺服电动机负方向。

选择 JOG 方式后，进给轴方向选择信号（+Jn，-Jn）由“0”变为“1”时，该信号为“1”期间，刀具就沿所选的轴及方向，根据倍率信号或手动快速进给选择信号确定的速度移动。在 JOG 进给方式时，进给轴方向，选择信号由“1”变“0”或按 RESET 按钮或急停按钮，使该信号再次变为“0”，若不再置为“1”，则轴不能移动。

手动速度的进给速度倍率输入信号为 * JV0 ~ * JV15（G10，G11），JOG 进给及步进

（增量）进给的实际速度为 JOG 参数设定值乘以进给速度倍率。倍率计算公式为

$$倍率值(\%) = 0.01\% \times \sum_{i=0}^{15} |2^1 \times Vi| \tag{4-1}$$

当 $*JVi = 1$ 时，$Vi = 0$；当 $*JVi = 0$ 时，$Vi = 1$。简单计算，G10、G11 的组合就是：倍率值×100，转换成 16 位二进制数，再取反，得到的 G10、G11 的二进制组合。以 10% 为例，十进制 10×100 = 1000，转换成二进制数：0000 0011 1110 1000，再取反：1111 1100 0001 0111。实际 G10 = 0001 0111，G11 = 1111 1100。

需手动快进时，G19.7 必须为“1”且 +Jn、-Jn 相应的方向为“1”。

当某个轴运行时，正方向 F106.0～F106.2 状态为 0，负方向 F106.0～F106.2 状态为 1，其中 F106.0～F106.2 分别对应第 1～3 个进给伺服电动机。

（4）回参考点

1）与回第一参考点有关的信号。

① 手动返回参考点选择信号。与手动返回参考点有关的信号有 ZRN（G43#7）以及 G43#2/G43#1/G43#0。当 G43.7 = 1，G43.0 = 1，G43.1 = 0，G43.2 = 1 时，在没有急停和复位情况下 CNC 会判断并控制系统处于回零方式。

② 返回参考点减速信号。内置 PMC I/O 模块：*DECn（n = 1～3）（X1009.0，X1009.1，X1009.2）。外置 PMC I/O 模块：*DECn（n = 1～3）（X9.0，X9.1，X9.2）。

当参数 NO.3003#5 = 0 时，减速信号断开为减速；当参数 NO.3003#5 = 1 时，减速信号闭合为减速。

③ 返回参考点结束信号。当返回参考点完成时，CNC 就输出 F 地址信号，ZP1～ZP2（F94.0～F94.2）相应信号状态为 1。

④ 参考点建立信号。当返回参考点完成时，CNC 还会输出参考点建立信号，ZRF1～ZRF2（F102.0～F102.2）相应状态为 1。

2）回参考点功能。本功能是用手动或自动方式使机床可移动部件按照各轴规定的方向移动，返回到参考点。这种返回参考点方式称为栅格方式，参考点是由位置检测器的每转信号所决定的栅格位置来确定的。

3）返回参考点的动作（栅格方式）。选择 JOG 进给方式，将信号 ZRN（G43#7）置为“1”，然后按返回参考点方向的手动进给按钮，机床可动部件就会以快速进给速度移动。当碰上减速限位开关，返回参考点用减速信号（*DECn）为“0”时，进给速度减速，然后以一定的低速持续移动。此后离开减速限位开关，返回参考点用减速信号再次变为“1”后，进给停止在第一个电气栅格位置上，返回参考点结束信号（ZPn）变为“1”。各轴返回参考点的方向可分别设定。一旦返回参考点结束，返回参考点结束信号（ZPn）为“1”的坐标轴，在信号 ZRN 变为“0”之前，JOG 进给无效。以上的动作时序如图 4-53 所示。

该时序图的应用有几个条件：参数设置为正方向回参考点；减速信号设置为“0”有效；减速开关平时未感应到时状态为“1”，硬件设计接线为常闭。

（5）编辑功能

在编辑方式下若输入加工程序，必须开发 PMC 程序，当 G46#3～G46#6 状态为“1”时，CNC 才允许在编辑方式下输入加工程序；当 G46#3～G46#6 状态为“0”时，不能输入加工程序，CNC 处于保护状态。一般在操作面板上设计钥匙开关，用于程序及参数保护。

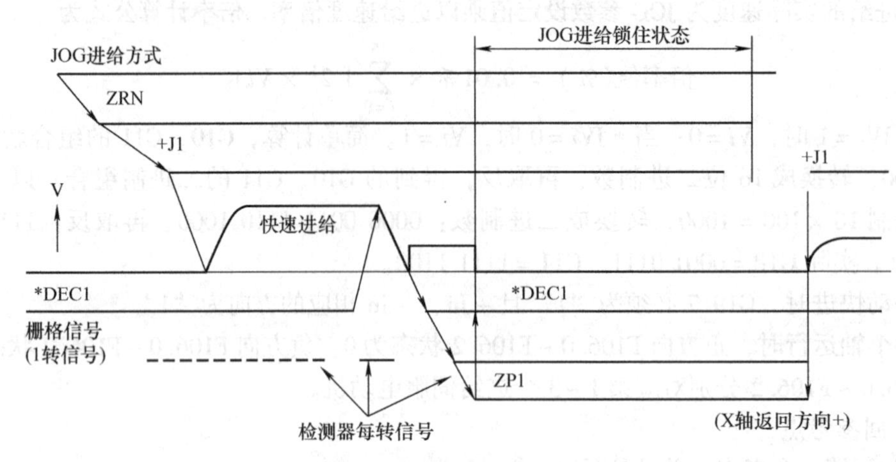

图 4-53　返回参考点时序图

(6) 手轮功能

1) 手轮轴选择。FANUC 数控系统一般使用 5V 电压等级的 A/B 相脉冲且每圈能产生 100 个脉冲的手轮。

使用 1 个手轮时，手轮最终控制哪个进给轴由 G18#0、G18#1（G18.0、G18.1）组合确定，手轮轴选择与 G 地址信号关系见表 4-36。

表 4-36　手轮轴选择与 G 地址信号关系一览表

序　号	手轮轴选择	G18.1	G18.0
1	无	0	0
2	第 1 个进给电动机	0	1
3	第 2 个进给电动机	1	0
4	第 3 个进给电动机	1	1

2) 手轮倍率

手轮每个脉冲对应进给轴固定位移，FANUC 数控系统提供了 4 种档位，1 个脉冲可以分别对应 1μm、10μm、100μm、1000μm，一般手轮面板上的符号表示为 ×1/×10/×100/×1000。

手轮倍率与 G 地址信号关系见表 4-37。

表 4-37　手轮倍率与 G 地址信号关系一览表

序　号	手轮倍率	G19.5	G19.4	备　注
1	1μm	0	0	
2	10μm	0	1	
3	100μm	1	0	具体倍率由参数 NO.7113（1~127）确定
4	1000μm	1	1	具体倍率由参数 NO.7114（1~2000）确定

(7) 超程保护功能

1) 超程保护功能由参数设置。数控机床有软件超程保护，也有硬件超程保护，软件超程保护由参数 NO.1320、NO.1321 决定，硬件超程保护功能取决于参数 NO.3004#5（OH）：

NO. 3004#5 =0，硬件保护功能检查有效；NO. 3004#5 =1，硬件保护功能检查无效。

2）超程保护状态由G地址信号决定。当硬件保护功能检查参数NO. 3004#5（OH）为0（有效）时，CNC自动检测G114.0（正方向）/G114.1（Z轴正方向）和G116.0（X轴负方向）/G116.1（Z轴负方向）的状态，若信号为“1”，则硬件不超程保护；若信号为“0”，则相应方向的硬件超程保护。

3）超程保护功能可由参数屏蔽。可以通过设置参数NO. 3004#5 =1屏蔽报警信息，但不安全。

（8）自动运行方式

1）循环启动信号。自动运行启动信号（输入）ST（G7#2）：选择自动/MDI/DNC方式时，若将信号ST（G7#2）置为“1”后又置为“0”，数控系统就根据事先选择的程序进行自动加工，数控系统同时将自动运行启动中信号STL（F0#5）置“1”。

2）循环暂停信号。自动运行停止信号（输入）* SP（G8#5）。数控系统处于自动运行状态或手动数据输入运行时，若将信号 * SP（G8#5）置为“0”，则数控系统就处于自动运行暂停状态，停止加工程序运行；同时自动运行启动信号STL（F0#5）变为“0”，自动运行停止中信号SPL（F0#4）变为“1”。此时即使信号 * SP（G8#5）再次为“1”，也不能变为自动运行状态。只有将信号 * SP（G8#5）置为“1”，且信号ST（G7#2）再变为“1”后又变为“0”时，数控系统才会处于自动运行状态，可以再次开始运行加工程序。

3）循环启动状态信号。自动运行启动中信号（输出）STL（F0#5），表示数控系统正处于自动运行状态。

4）循环暂停状态信号。自动运行停止中信号（输出）SPL（F0#4），表示数控系统处于自动暂停状态。

5）与自动加工运行有关的信号还有：

① 机床锁住信号（输入）MLK（G44#1）：若该信号为“1”，则输出脉冲不送到伺服放大器中，显示屏坐标位置仍然显示变化。

② 单程序段信号（输入）SBK（G46#1）：在运行加工程序时，若该信号有效，正在执行的程序段一结束，就停止动作，直到再按下循环启动按钮。

③ 任选程序段跳过信号（输入）BDT（G44#0）：该信号在自动/MDI/DNC方式下有效，该信号为“1”时，以后从“/”开始读入的程序段到程序段结束（EOB代码）为止的信息，均视为无效。

④ 空运行信号（输入）DRN（G46#7）：选择空运行，此时自动运行的进给速度不是指令值，而是用参数（NO. 1410）设定的空运行速度。

⑤ 进给速度倍率信号（输入）* FV0 ~ * FV7（G12）：在自动运行切削中，实际的进给速度为指令速度乘以该信号所选择的倍率值。简单计算，G12地址的组合就是：倍率值转换成8位二进制数，再取反，得到8位二进制组合。以10%为例，十进制10转换成二进制：0000 1010，再取反：1111 0101。实际G12地址为1111 0101。

（9）辅助功能

1）与M功能有关的信号。有关的信号有辅助功能选通脉冲信号MF（F7#0）、M/S/T完成信号FIN（G4#3）、M辅助功能代码信号（输出）M00 ~ M31（F10 ~ F13）（此处M00 ~ M31不是编程指令的M00 ~ M31，而是表示占用F10 ~ F13字节的32位状态）、分配结束信号

（输出）DEN（F1#3）。

2）M 指令实现过程。在自动/MDI/DNC 方式运行状态下，加工程序中若有字母 M 后面跟随最大 8 位数字的指令，则 CNC 将此 8 位数用二进制代码送出。代码信号输出后，经过参数（NO. 3010）设定的时间后，辅助功能选通脉冲信号 MF（F7#0）变为“1”。编制 PMC 程序，读取 M 代码数据，判断定义的 M 功能，执行相应的动作。M 功能动作完成时，要将完成信号 FIN（G4#3）置“1”。FIN 信号一旦变为“1”，经过参数（NO. 3011）设定的时间后，CNC 自动把信号 MF（F7#0）变为“0”，然后将 FIN（G4#3）变为“0”，CNC 把 M 代码信号全变为“0”，进入下一个程序段。但是，当同一程序段中有移动指令时，移动指令执行完以后，进入下一个程序段。移动指令和 M 指令在同一程序段中时，CNC 将 M 指令数据和移动指令数据并行送出。如果要使移动指令执行完后再执行 M 功能，则在 PMC 程序中使用分配结束信号 DEN（F1#3）作为选通信号参与逻辑处理。时序图如图 4-54 所示。

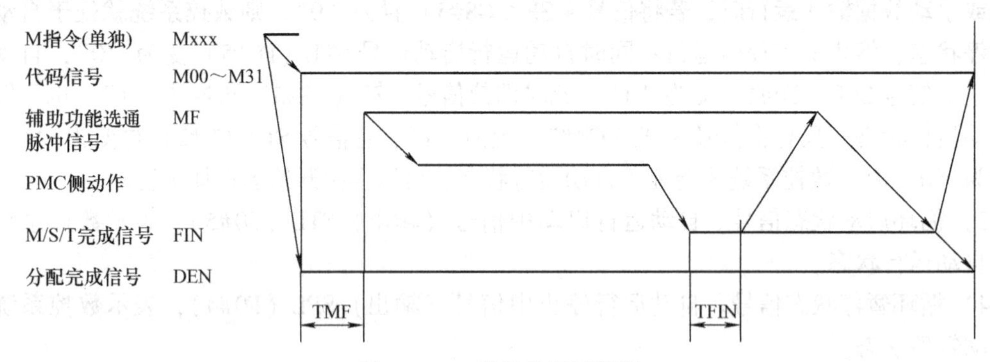

图 4-54 M 辅助执行时序图

3）特殊 M 指令。数控系统还有 4 个特殊的 M 指令，它们是 M30、M02、M01、M00，对应的 F 地址信号见表 4-38。

表 4-38 特殊 M 指令一览表

F 地址	符号	说　明	指令注释
F9. 4	DM30	特殊 M 指令解码信号 DM30	程序结束
F9. 5	DM02	特殊 M 指令解码信号 DM02	子程序结束
F9. 6	DM01	特殊 M 指令解码信号 DM01	程序有条件暂停
F9. 7	DM00	特殊 M 指令解码信号 DM00	程序无条件暂停

（10）主轴控制

1）与模拟主轴控制有关的信号有：

S 指令：从 CNC 加工程序中输入的主轴转速指令。

S 代码/SF：带主轴模拟模块时，CNC 主轴控制功能由 CNC 内部换算成 S 指令值，然后代码数据从 CNC 控制器输出。SF（F7#2）信号是主轴功能选通脉冲信号，是否输出此信号跟参数设置有关。

主轴停止信号 * SSTP（G29#6）：主轴停信号 * SSTP 为“0”时，模拟输出电压变为 0V，主轴使能信号 ENB（F1#4）为“0”。当此信号为“1”时，允许输出模拟，主轴使能信号 ENB（F1#4）为“1”。

主轴速度倍率信号（SOV0 ~ SOV7）（G30）：在主轴控制方面，实际输出转速是编程指令数值乘以主轴速度倍率，实际主轴倍率是 G30 地址信号的二进制组合，G30 地址信号数据对应的范围为 0 ~ 254% 的倍率。比如，设计主轴倍率为 50%，就是把 50 转换成二进制（00110010），编制 PMC 程序给 G30 地址的组合。

2）主轴转速控制流程图如图 4-55 所示。

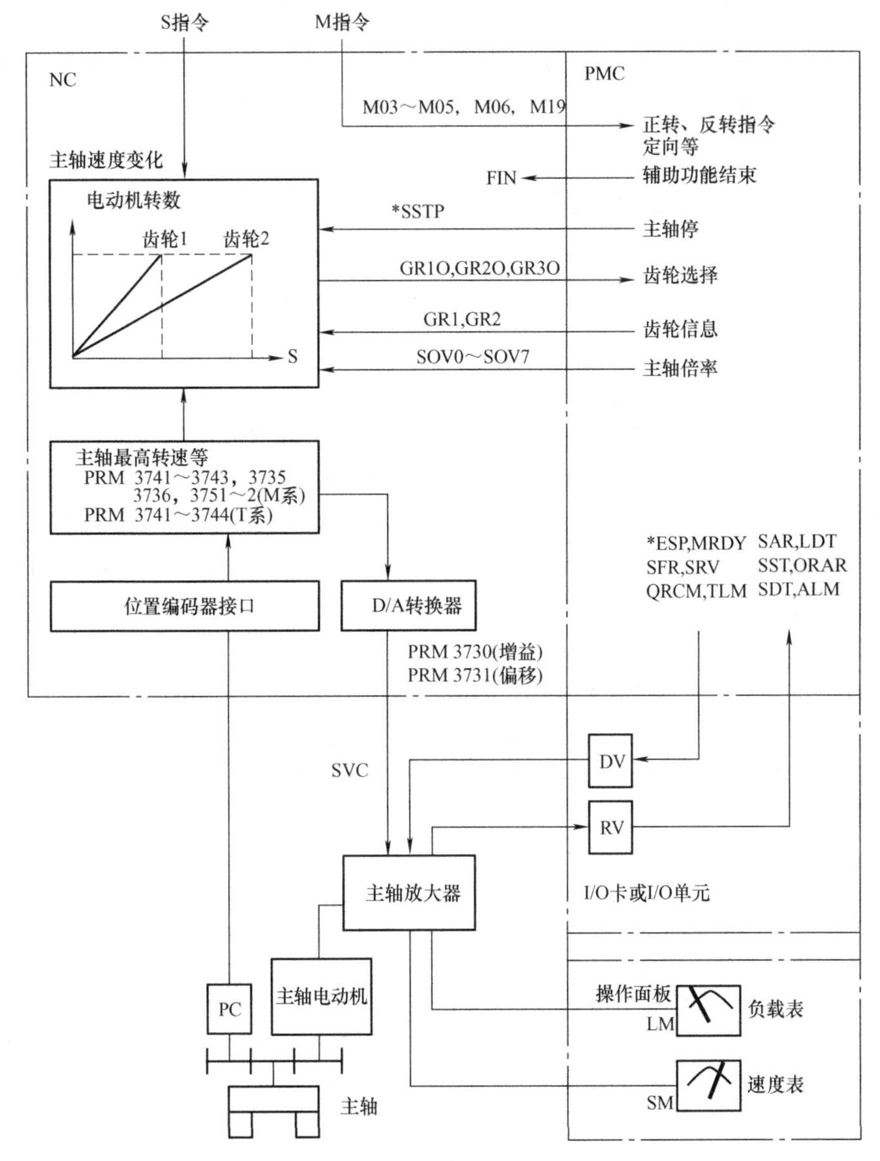

图 4-55　主轴转速控制流程图

由图 4-55 可以看出：用户编制的 S 指令在 CNC 内部根据参数（NO. 3741 等）设置和 G30 地址信号数据的倍率换算成内部数据，经 D/A 转换后，再根据相关增益（NO. 3730）和偏置调整（NO. 3731）从 CNC 控制器 JA40 接口输出模拟量，输出的模拟量使主轴调速器控制电动机无级变速。电动机正反转及停止状态一般由用户编制的加工程序 M03、M04、M05 决定，PMC 程序要对 M 功能进行处理，输出开关量给相关的主轴调速器，辅助功能完成后产生 FIN（G4#3）信号给 CNC，其中要注意 * SSTP（G29.6）信号的使用。

3）串行主轴控制。FANUC 数控系统还可以控制串行主轴伺服电动机，串行主轴 G 地址信号和 F 地址信号见表 4-39。

表 4-39 串行主轴 G 地址信号和 F 地址信号一览表

地 址	符 号	功 能	备 注
G70.4	SRVA	反向旋转指令信号（串行主轴）	PMC→CNC→SP（主轴放大器）
G70.5	SFRA	正向旋转指令信号（串行主轴）	PMC→CNC→SP（主轴放大器）
G71.0	ARSTA	报警复位信号（串行主轴）	PMC→CNC→SP（主轴放大器）
G71.1	* ESPA	紧急停止信号（串行主轴）	PMC→CNC→SP（主轴放大器）
F45.0	ALMA	报警信号（串行主轴）	SP（主轴放大器）→CNC→PMC
F45.1	SSTA	速度零信号（串行主轴）	SP（主轴放大器）→CNC→PMC

（11）刀具功能

T 指令后面最大可用 8 位数值，由参数（NO.3032）指定最大的位数。T 指令可指定刀号和偏置号（刀偏）来选择刀具和偏置量。T 代码的低 1 位或低 2 位（由参数决定）用来指定偏置号，其余位数用来指定刀号。在程序中编制 TXXXXXXXX，“X”表示刀号和偏置号，偏置号的位数由参数规定，在 0i C 系统中，参数 NO.5002#0，设置成 0 则为 2 位刀偏，设置成 1 则为 1 位刀偏，一般设置成 0；在 0i D 系统中，在参数 NO.5028 里设置 T 代码指令中偏置号的位数，若 NO.5028 设置数值为 1，则偏置号为 1 位，设置为 2，则偏置号为 2 位，剩余的数据为刀具号。

指令 T 代码后，可送出对应于刀号代码信号（F26 ~ F29）和选通脉冲信号 TF（F7#3），用于机床侧的刀具选择，此 T 代码信号可保持到换刀完成。1 个程序段只能指令 1 个 T 代码。编制 T 指令的程序数值超过指定的最大位数时会出现报警。

具体应用时，可参考 M 功能和 T 功能，并结合电气控制需要来编制 PMC 程序。

（二）PMC 基本指令和功能指令

可编程机床控制器 PMC 指令分为基本指令和功能指令两种。

1. 基本指令

FANUC 数控系统 PMC 基本指令即普通 PLC 常见的指令，主要与、与非、或、或非、输出、输出非、置位、复位等。基本指令基本能满足数控设备的基本功能，当使用基本指令难以编制实现某些机床设备动作的程序时，可使用功能指令简化编程。

2. 功能指令

数控机床用 PLC 指令必须满足数控机床信息处理和动作控制的特殊要求。例如，CNC 输出的 M、S、T 二进制代码信号的译码；机械运动状态延时设置；加工零件的计数；刀库、分度工作台沿最短路径旋转和步数的计算；换刀时数据检索和数据变址传送指令等。对于上述译码、定时、计数、最短路径选择，以及比较、检索、转移、代码转换、四则运算、信息显示等控制功能，仅用基本指令编程，实现起来将会十分困难，因此要增加一些专门控制功能的指令，这些专门指令就是功能指令。功能指令都是一些子程序，应用功能指令就是调用相应的子程序。FANUC PMC 的功能指令数目因 PMC 型号的不同而不同。本节将以 FANUC 0i 系统的常用功能指令为例，介绍 FANUC 系统常用 PMC 功能指令的功能、指令格式及指令实例。

（1）顺序程序结束指令

FANUC 0i 系统的 PMC 程序结束指令有第 1 级程序结束指令 END1、第 2 级程序结束指令 END2 和总程序结束指令 END 三种，如图 4-56 所示。

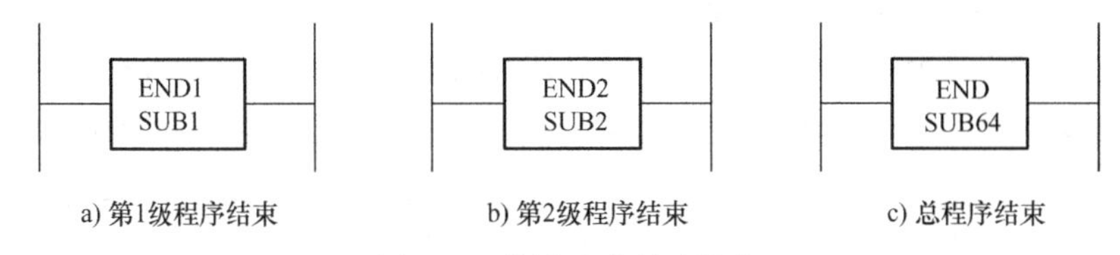

a) 第1级程序结束　b) 第2级程序结束　c) 总程序结束

图 4-56　顺序程序结束指令

1）第 1 级程序结束指令 END1。本指令每隔 8ms 读取一次程序，主要处理系统急停、超程、进给暂停等紧急动作。第 1 级程序过长将会延长 PMC 整个扫描周期，因此第 1 级程序不宜过长，必须在 PMC 程序开头指定 END1，否则 PMC 无法正常运行。

2）第 2 级程序结束指令 END2。第 2 级程序用来编写普通的顺序程序，如系统就绪、运行方式切换、手动进给、手轮进给、自动运行、辅助功能（M、S、T 功能）控制、调用子程序及信息显示控制等顺序程序。通常第 2 级程序的步数较多，在一个 8ms 内不能全部处理完（每个 8ms 内都包括第 1 级程序），所以在每个 8ms 中顺序执行第 2 级程序的一部分，直至执行到第 2 级程序的终了——END2。

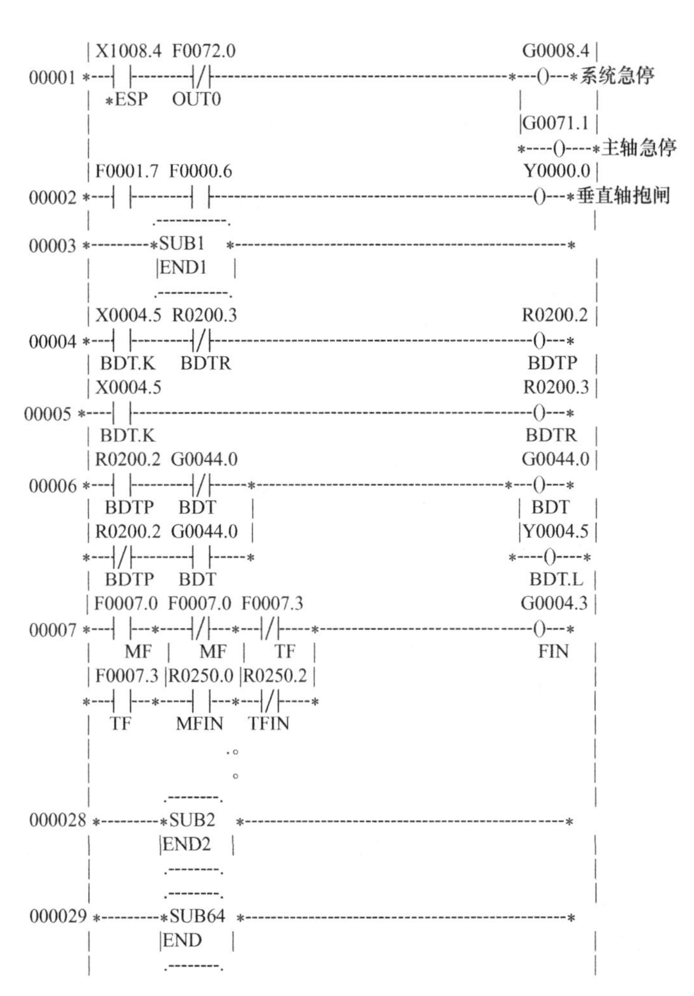

图 4-57　PMC 程序结束指令应用

3）程序结束指令 END。在 PMC 程序编制子程序时，CALL 或 CALLU 命令由第 2 级程序调用。PMC 的梯形图的最后必须用 END 指令结束。

图 4-57 所示为某数控机床应用 PMC 程序结束指令的具体例子。从图中可以看出，编制 FANUC 系统梯形图时，必须遵循编程格式，END1 和 END2 以及若有子程序的顺序程序，最后必须是 END 指令。

(2) 定时器指令

在数控机床梯形图编制中，定时器是不可缺少的指令，其相当于一种通常的定时继电器（延时继电器）。FANUC 系统 PMC 的定时器按时间设定形式不同，可分为可变定时器（TMR）和固定定时器（TMRB）两种。

1) 可变定时器（TMR）。可变定时器的定时时间可通过 PMC 参数进行更改，指令格式和时序图如图 4-58 所示。指令格式包括三部分：控制条件、定时器号和定时继电器。

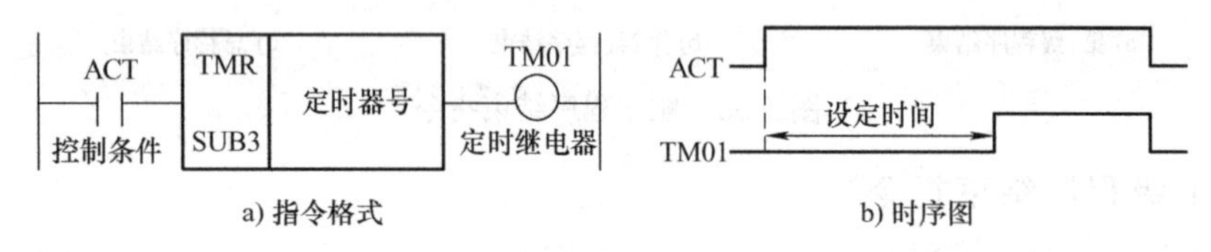

图 4-58 可变定时器的指令格式和时序图

控制条件：当 ACT=0 时，输出定时继电器 TM01=0；当 ACT=1 时，经过设定延时后，输出定时继电器 TM01=1。

数控系统软件版本的不同，定时器的数量是不同的。定时器号：PMC-SA1 和 0i D 系统的 PMC/L 定时器为 40 个，其中，1~8 号最小单位为 48ms（最大为 1572.8s），其他最小单位为 8ms（最大为 262.1s）。

定时继电器：作为可变定时器的输出控制，定时继电器的地址由机床厂家设计者决定，一般采用中间继电器。

定时器时序图：当 ACT=1 时，定时器开始计时，到达预定的时间后，定时继电器 TM01 接通；当 ACT=0 时，定时继电器 TM01 断开。

2) 固定定时器（TMRB）。TMR 指令的定时时间已写入非易失性型存储器中，而固定定时器设置时间与 PMC 程序一起写入 ROM 中。因此，一旦 PMC 程序写入，就不能修改。指令格式和时序图如图 4-59 所示。

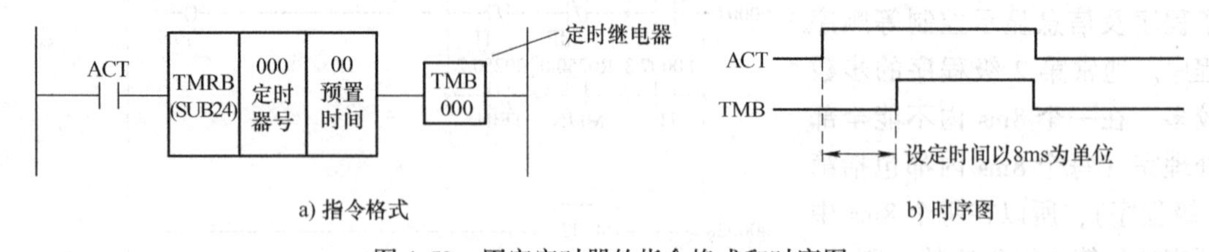

图 4-59 固定定时器的指令格式和时序图

控制条件：当 ACT=0 时，输出定时继电器 TMB=0；当 ACT=1 时，经过设定延时后，输出定时继电器 TMS=1。

定时器号：100 个，最小单位为 8ms。

定时继电器：作为固定定时器的输出控制，定时继电器的地址由机床厂家设计者决定，一般采用中间继电器。

定时器时序图当 ACT = 1 时，定时器开始计时，到达预定的时间后，定时继电器 TMB 接通；当 ACT = 0 时，定时继电器 TMB 断开。

(3) 计数器指令

计数器主要功能是进行计数，可以是加计数，也可以是减计数。计数器的预置形式（是 BCD 代码，还是二进制代码）由 PMC 的参数设定，一般为二进制代码。

计数器的指令格式和应用举例如图 4-60 所示。

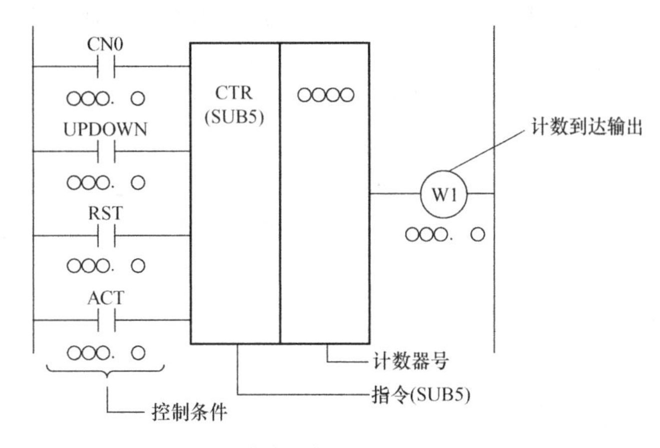

a) 指令格式

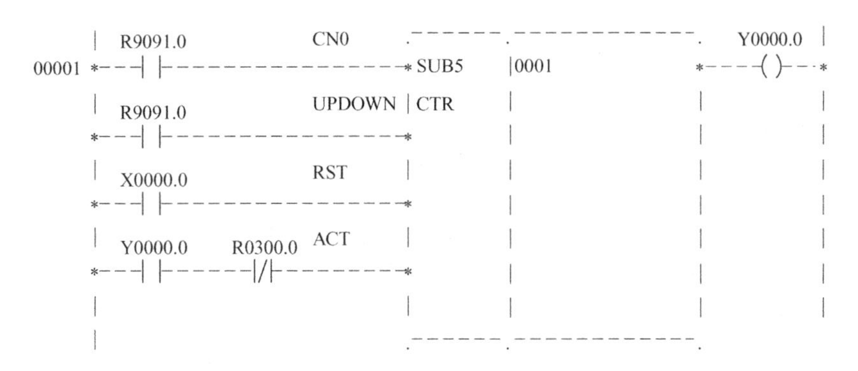

b) 计数器用于计算加工工件应用

图 4-60 计数器的指令格式和应用举例

计数器指令包括如下各项：

指定初始值（CN0）：当 CN0 = 0 时，计数器的计数从 0 开始；当 CN0 = 1 时，计数器的计数从 1 开始。

指定加或减计数（UPDOWN）：当 UPDOWN = 0 时，指定为加计数器；当 UPDOWN = 1 时，指定为减计数器。

复位（RST）：当 RST = 0 时，计数器解除复位；当 RST = 1 时，计数器复位到初始值。

控制条件（ACT）：当 ACT = 0 时，计数器不执行；当 ACT = 1 时，在上升沿（0→1）计数。

计数器号：FANUC 系统 PMC－SA1 和 0i D 系统 PMC/L 的计数器有 20 个（1～20），PMC－SB7 的计数器有 100 个（1～100）。每个计数器占用系统内部断电保持寄存器 4B（计数器的预置值占 2B，当前计数值占 2B）。

计数器输出（W1）：当计数器为加计数器时，计数器计数到预置值，输出 W1＝1；当计数器为减计数器时，计数器计数到初始值，输出 W1＝1。计数器的输出地址由厂家设定。

（4）译码指令

数控机床在执行加工程序中规定的 M、S、T 功能时，FANUC 系统 CNC 装置以 BCD 码或二进制代码形式输出 M、S、T 代码信号。这些信号需要经过译码才能从 BCD 或二进制状态转换成具有特定功能含义的一位逻辑状态。根据译码形式不同，PMC 译码指令分为 BCD 译码指令（DEC）和二进制译码指令（DECB）两种。

1）DEC 指令。DEC 指令的功能是，当两位 BCD 代码与给定值一致时，输出为“1”；不一致时，输出为“0”。DEC 指令主要用于数控机床 M 代码、T 代码的译码。一条 DEC 指令只能译一个 M 代码。

DEC 的指令格式和应用举例如图 4-61 所示。

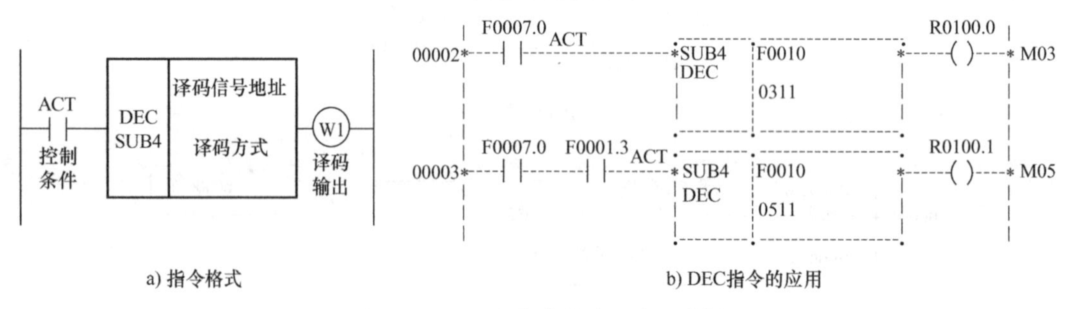

a) 指令格式　　b) DEC指令的应用

图 4-61　DEC 的指令格式和应用举例

控制条件：当 ACT＝0 时，不执行译码指令；当 ACT＝1 时，执行译码指令。

译码信号地址：指定包含 2 位 BCD 代码信号的地址。

译码方式：译码方式包括译码数值和译码位数两部分。译码数值为需进行译码的 2 位 BCD 代码；译码位数为 01，表示只译低 4 位数，为 10 表示只译高 4 位数，为 11 表示高低位均译。

译码输出：当指定地址的译码数与要求的译码值相等时，译码输出为 1，否则为 0。

当加工程序分别执行 M03 和 M05 指令时，PMC 运行图 4-61b 程序，R100.0 和 R100.1 状态分别为 1，从而实现主轴正转和主轴停止自动控制。其中，F7.0 为 M 代码选通信号，F1.3 为移动指令分配结束信号，F10 地址为 FANUC 16i/18i//21i/0i 系统的 M 代码输出信号地址。

2）DECB 指令。DECB 指令的功能：可对 1B、2B 或 4B 的二进制代码数据译码，所指定的 8 位连续数据中，有一位与代码数据相同时，对应的输出数据位为 1。DECB 指令主要用于 M 代码、T 代码译码，一条 DECB 指令可译 8 个连续 M 代码或 8 个连续 T 代码。

DECB 的指令格式和应用举例如图 4-62 所示。

译码格式指定：0001 表示 1B 二进制代码数据，0002 表示 2B 二进制代码数据，0004 表

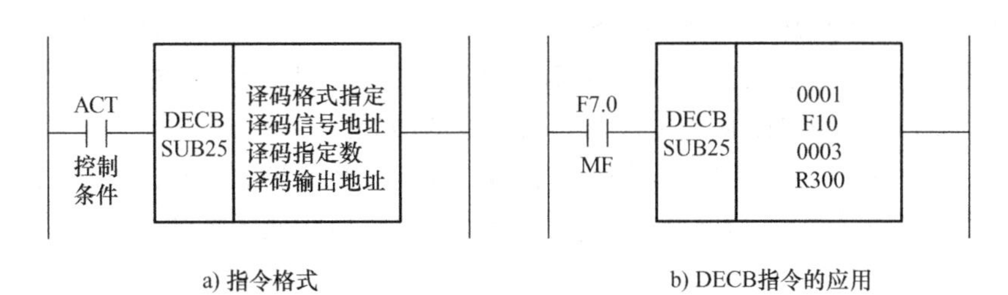

a) 指令格式　　b) DECB指令的应用

图 4-62　DECB 的指令格式的应用举例

示 4B 二进制代码数据。

译码信号地址：给定一个存储代码数据的地址。

译码指定数：给定要译码的 8 个连续数字的第 1 位。

译码输出地址：给定一个输出译码结果的地址。

若加工程序中先后有 M03、M08 指令执行时，则经过图 4-62b 所示的 PMC 程序处理后，先后有相应的 R300.0、R300.5 状态分别为 1。其他没有执行的 M04、M05、M06、M07、M09、M10 指令相应的 R300.1、R300.2、R300.3、R300.4、R300.6、R300.7 状态为 0。

（5）比较指令

比较指令用于比较基准值与比较值的大小，主要用于数控机床编程的 T 代码与实际刀号的比较。PMC 比较指令分为 BCD 比较指令（COMP）和二进制比较指令（COMPB）两种。

1）COMP 指令。COMP 指令的输入值和比较值为 2 位或 4 位 BCD 代码，其指令格式与应用举例如图 4-63 所示。

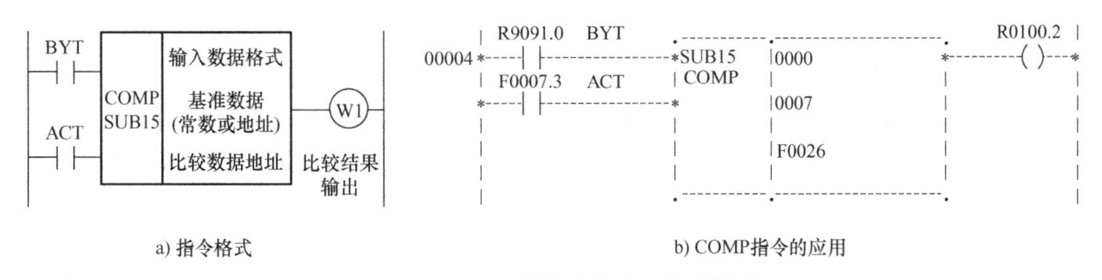

a) 指令格式　　b) COMP指令的应用

图 4-63　COMP 的指令格式和应用举例

COMP 指令格式包括以下几项：

指定数据大小：当 BYT=0 时，处理数据（输入值和比较值）为 2 位 BCD 代码；当 BYT=1 时，处理数据为 4 位 BCD 代码。

控制条件：当 ACT=0 时，不执行比较指令；当 ACT=1 时，执行比较指令。

输入数据格式：0 表示用常数指定输入基准数据，1 表示用地址指定输入基准数据。

基准数据：输入的数据（常数或常数存放的地址）。

比较数据地址：指定存放比较数据的地址。

比较结果输出：当基准数据 > 比较数据时，W1 为 0；当基准数据 ≤ 比较数据时，W1 为 1。

图4-63b为某数控机床自动换刀（6工位）的T代码检测PMC控制梯形图。当加工程序中的T代码大于或等于7时，R100.2状态为1并发出T代码错误报警。其中F7.3为T代码选通信号，F26地址为数控系统T代码输出信号的地址。

2）COMPB指令。COMPB指令用于比较1B、2B或4B二进制数据之间的大小，比较的结果存放在运算结果寄存器（R9000）中，其指令格式和应用例子如图4-64所示。

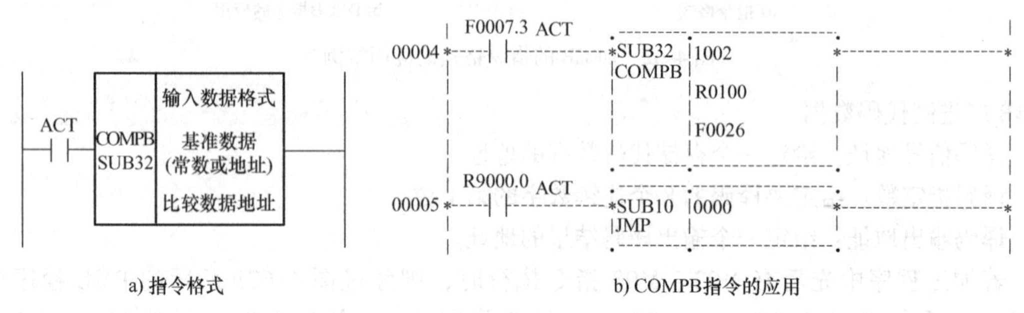

a) 指令格式 b) COMPB指令的应用

图4-64 COMPB的指令格式和应用举例

COMPB指令格式主要包括以下几项：

控制条件：当ACT=0时，不执行比较指令；当ACT=1时，执行比较指令。

输入数据格式（＊00＊）：首位表示基准数据是常数还是常数所在的地址（0表示用常数指定输入数据，1表示用地址指定输入数据）；末位表示基准数据的长度（1表示1B，2表示2B，4表示4B）。

基准数据：输入的数据（常数或常数存放的地址）。

比较数据地址：指定存放比较数据的地址。

比较寄存器R9000.0：当基准数据=比较数据时，R9000.0=1；当基准数据<比较数据时，R9000.0=1。

图4-64所示程序中，若R100地址用来存放加工中心的当前主轴刀号，F26地址为加工程序的T代码输出信号地址，JMP为PMC的跳转功能指令，当加工程序读到T程序指令时，PMC程序自动执行COMPB指令，如果PMC程序的T代码与主轴刀号相同，则R9000.0=1，PMC程序自动跳转到JMP指令标签位置。

（6）常数定义指令

使用功能指令时，有时需要常数，此时，要用常数定义指令来定义常数。数控机床中，常数定义指令常用来实现自动换刀的实际刀号定义及换刀装置附加伺服轴（PMC轴）控制的数据、信息的定义等。

1）NUME指令。NUME指令是2位或4位BCD代码常数定义指令，其指令格式和应用举例如图4-65所示。

NUME指令格式主要包括以下几项：

常数的位数指定：当BYT=0时，常数为2位BCD代码；当BYT=1时，常数为4位BCD代码。

控制条件：当ACT=0时，不执行常数定义指令；当ACT=1时，执行常数定义指令。

常数输出地址：设定所定义常数的输出地址。

图4-65b为某数控机床的电动刀盘实际刀号定义，R9091.0常为“0”，X0.0、X0.1、

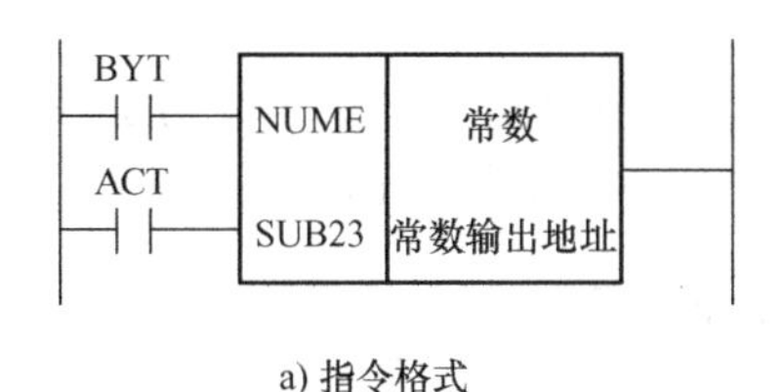

a) 指令格式

R9091.0
00007
X0000.0　X0000.1　X0000.2　X0000.3　X0000.4
BYT
ACT
SUB23
NUME
0001
D0100

b) NUME指令的应用

图 4-65　NUME 指令

X0.2、X0.3 为电动刀盘实际刀号输出信号，X0.4 为电动刀盘的码盘选通信号，D100 为存放实际刀号的数据表。当电动刀盘转到 1 号刀时，刀盘选通信号 X0.4 接通，同时刀号输出信号 X0.3、X0.2、X0.1、X0.0 发出 1 号代码（0001），通过 NUME 指令把常数 01（2 位 BCD 代码）输出到实际刀号存放的地址 D100 中，此时，D100 存储的数据为 00000001。

2）NUMEB 指令。NUMEB 指令是 1B、2B 或 4B 二进制数的常数定义指令，其指令格式和应用举例如图 4-66 所示。

NUMEB 指令格式主要包括以下几项：

控制条件：当 ACT =0 时，不执行常数定义指令；当 ACT =1 时，执行常数定义指令。

常数长度指定：0001 表示 1B 二进制数；0002 表示 2B 二进制数；0004 表示 4B 二进制数。

常数：以十进制形式指定的常数。

常数输出地址：定义二进制数据的输出区域的首地址。

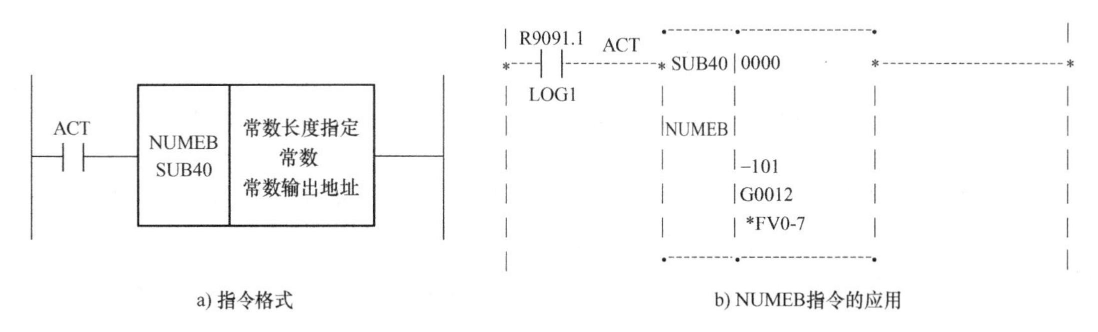

a) 指令格式　　b) NUMEB指令的应用

图 4-66　NUMEB 指令

图 4-66b 为某数控加工中心的固定进给速度倍率 PMC 程序，R9091.1 常为“1”，G12（＊FV0～＊FV7）为进给速度 G 信号地址，倍率设定值为 100，经过 NUMEB 指令后，G12 地址中数值为 10011011，因为 G12（＊FV0～＊FV7）地址中数值组合状态 0 有效，所以十进制倍率 100 的二进制组合为 01100100，反码组合为 10011011，再把反码转换成十进制，因此数值应填 -101。

（7）判别一致指令

COIN 指令用来检查参考值与比较值是否一致，可用于检查刀库、转台等旋转体是否到达目标位置等。其指令格式和应用举例如图 4-67 所示。

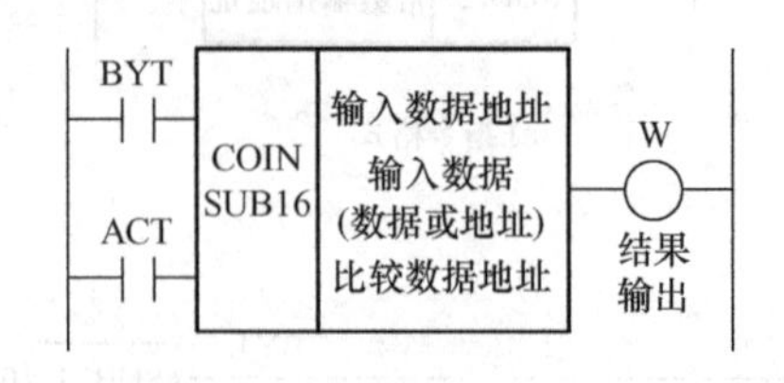

a) 指令格式

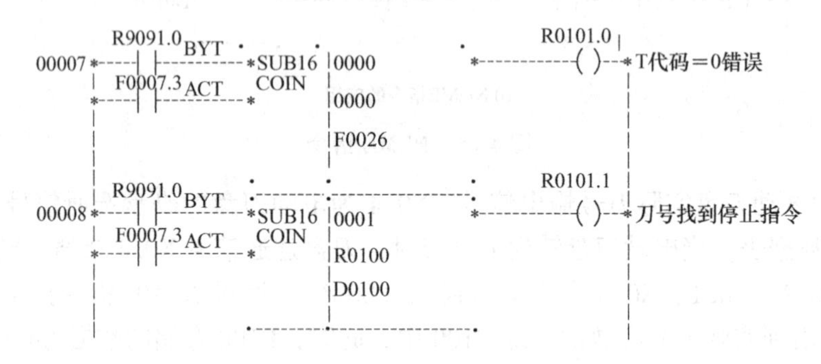

b) COIN指令的应用

图 4-67 COIN 指令

COIN 指令格式如图 4-67a 所示，主要包括以下几项：

指定数据的大小：当 BYT = 0 时，数据大小为 2 位 BCD 代码；当 BYT = 1 时，数据大小为 4 位 BCD 代码。

控制条件：当 ACT = 0 时，不执行 COIN 指令；当 ACT = 1 时，执行 COIN 指令。

输入数据格式：0 表示常数指定输入数据，1 表示地址指定输入数据。

输入数据：基准数据的常数或基准数据常数所在的地址（常数或常数所在地址由输入数据格式决定）。

比较数据地址：比较数据所在的地址。

结果输出：当基准数据不等于比较数据时，W = 0；当基准数据等于比较数据时，W = 1。

图 4-67b 中，F26 为系统 T 代码输出地址，R100 为所选刀具的地址，D100 为刀库换刀点的地址。当 R101. 0 为 1 时，说明程序中输入了 T00 的错误指令（因为换刀号是从 1 开始的）。当 R101. 1 为 1 时，说明刀库中选择的刀具转到了换刀位置，停止刀库的旋转且可以执行换刀。

（8）代码转换指令

1）COD 指令。该指令是把 2 位 BCD 代码（0 ~ 99）数据转换成 2 位或 4 位 BCD 代码数据的指令。具体功能是把 2 位 BCD 代码指定的数据表内号数据（2 位或 4 位 BCD 代码）输出到转换数据的输出地址中。一般用于数控机床面板倍率开关的控制，如进给倍率、主轴倍率等的 PMC 控制。其指令格式和应用举例如图 4-68 所示。

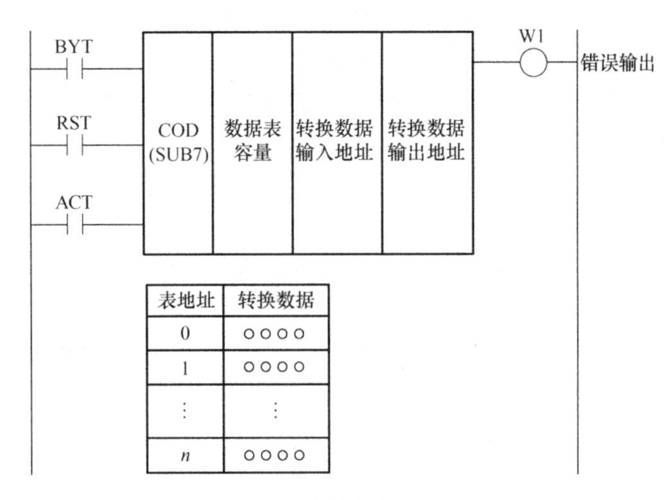

a) 指令格式

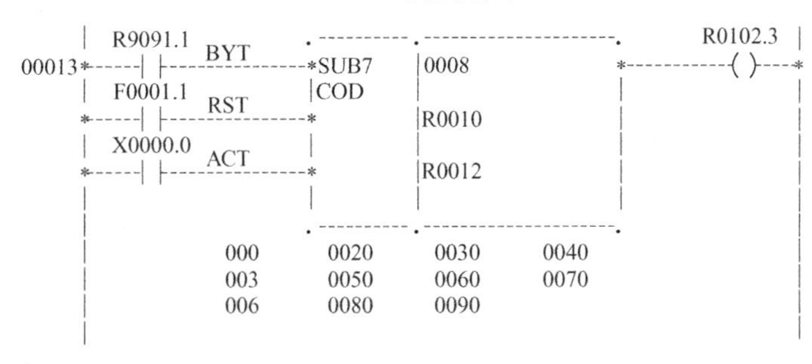

b) COD指令的应用

图 4-68 COD 指令格式及应用举例

转换数据表的数据形式指定（BYT）：当 BYT = 0 时，将数据表的数据转换为 2 位 BCD 代码；当 BYT = 1 时，将数据表的数据转换为 4 位 BCD 代码。

错误输出复位（RST）：当 RST = 0 时，取消复位（输出 W1 不变）；当 RST = 1 时，转换数据错误，输出 W1 为 0（复位）。

执行条件（ACT）：当 ACT = 0 时，不执行 COD 指令；当 ACT = 1 时，执行 COD 指令。

数据表容量：指定转换数据表的范围（0～99），数据表的开头为 0 号，数据表的最后单元为 n 号，数据表的大小为 $n+1$。

转换数据输入地址：指定转换数据所在数据表的表内号地址，一般可通过机床面板的开关转换数据输出地址的内容。

转换数据输出地址：将数据表内指定的 2 位或 4 位 BCD 代码转换成数据输出的地址。

错误输出（W1）：在执行 COD 指令时，如果转换数据输入地址出错（如转换地址数据超过了数据表的容量），则 W1 为 1。

图 4-68b 中，把指定数据表的 2 位 BCD 代码数据输出到地址 R12 中，当 X0.0 为 1 时，执行代码转换，如果 R10 = 0，则 R12 = 20；如果 R10 = 1，则 R12 = 30；如果 R10 = 2，则 R12 = 40，依此类推。

2）CODB 指令。该指令是把 2B 二进制代码（0～255）数据转换成 1B、2B 或 4B 二进制数据指令。具体功能是把 2B 二进制数指定的数据表内数据（1B、2B 或 4B 二进制数据）

输出到转换数据的输出地址中。一般用于数控机床面板倍率开关的控制，如进给倍率、主轴倍率等的 PMC 控制。指令格式如图 4-69 所示。

错误输出复位（RST）：当 RST = 0 时，取消复位（输出 W1 不变）；当 RST = 1 时，转换数据错误，输出 W1 为 0（复位）。

执行条件（ACT）：当 ACT = 0 时，不执行 CODB 指令；当 ACT = 1 时，执行 CODB 指令。

数据格式指定：指定转换数据表中二进制数据的字节数，0001 表示 1B 二进制数；0002 表示 2B 二进制数；0004 表示 4B 二进制数。

数据表的容量：指定转换数据表的范围（0 ~ 255），数据表的开头为 0 号，数据表的最后单元为 n 号，则数据表的大小为 $n+1$。

转换数据输入地址：指定转换数据所在数据表的表内地址，一般可通过机床面板的开关来设定该地址的内容。

转换数据输出地址：指定数据表内的 1B、2B 或 4B 二进制数据转换后的输出地址。

错误输出（W1）：在执行 CODB 指令时，如果转换数据输入地址出错（如转换地址数据超过了数据表的容量），则 W1 为 1。

CODB 指令转换数据的过程如图 4-70 所示。

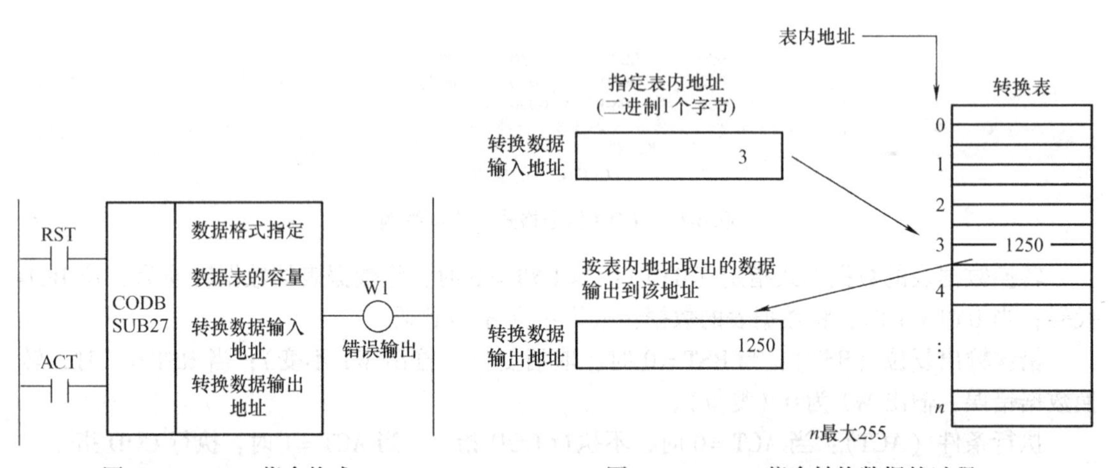

图 4-69　CODB 指令格式　　图 4-70　CODB 指令转换数据的过程

图 4-71 所示为某数控机床主轴倍率（50% ~ 120%）PMC 控制梯形图。其中，X0.6 ~ X1.1 是标准机床面板主轴倍率开关的输入信号（4 位二进制代码格式输入控制），G30 地址组合为 FANUC 0i 系统的主轴倍率信号（二进制形式指定）。F1.1 为复位信号，R9091.1 一直为 1，CODB 指令执行。当 R213 地址中数值为 0 时，G30 地址的数值为 50 的二进制；当 R213 地址中数值为 3 时，G30 地址的数值为 80 的二进制，依次类推。而 R213 地址的数值来至操作面板主轴倍率开关的变化。

（三）PMC 编程示例

（1）操作方式功能程序

1）操作方式工作状态。在 PMC 数控编程中，机床操作方式编程是必不可少的，下面介绍操作方式功能。FANUC 公司为其数控系统设计了以下几种常用工作方式（通常在机床操

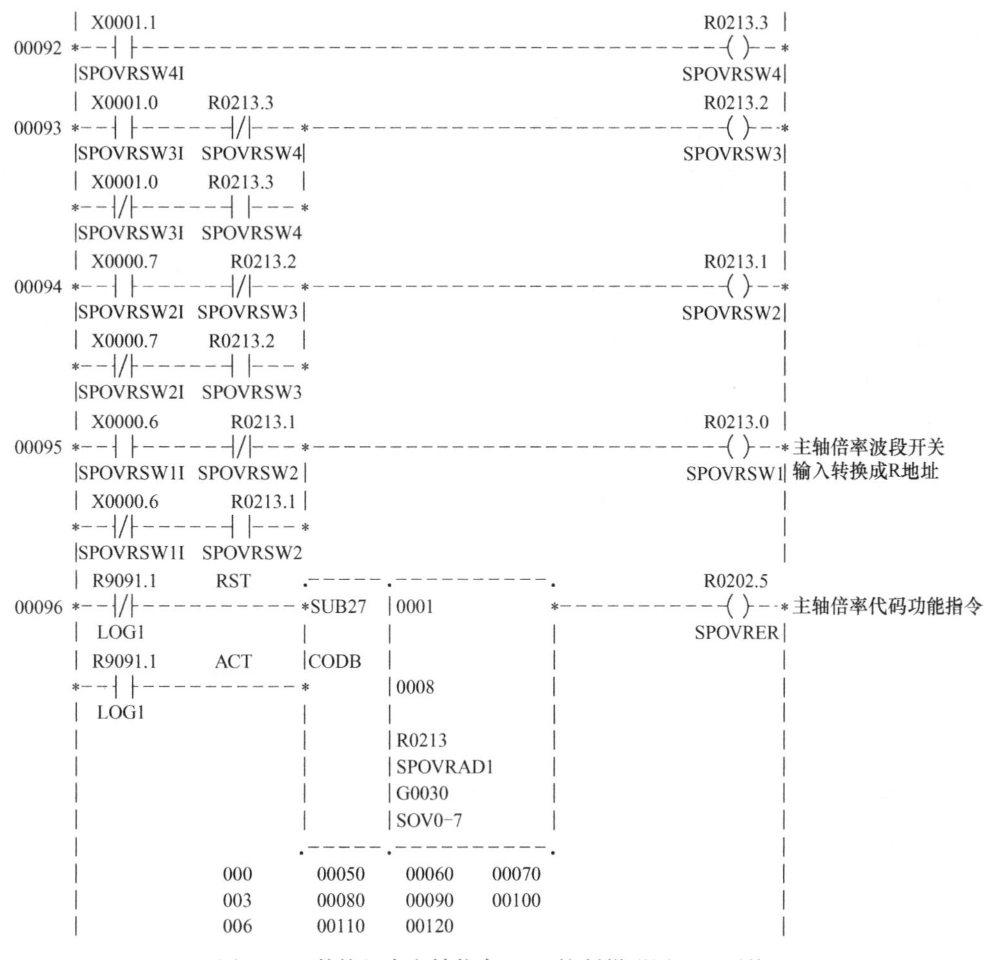

图 4-71　数控机床主轴倍率 PMC 控制梯形图（0i 系统）

作面板上用图 4-31 所示回旋式波段开关或图 4-30 所示的按键操作方式切换）：

① 编辑状态（EDIT）。在此状态下，编辑存储到 CNC 内存中的加工程序文件。

② 存储运行状态（MEM）。又称自动运行状态（AUTO），在此状态下，系统运行的加工程序为系统存储器内的程序。当按下机床操作面板上的循环启动按钮后，启动自动运行，并且循环启动灯点亮。当按下机床操作面板上的进给暂停按钮后，自动运行被临时中止。当再次按下循环启动按钮后，自动运行又重新进行。

③ 手动数据输入状态（MDI）。该状态下可以编制至多 10 行自动加工程序，也可以用于数据（如参数、刀偏量、坐标系等）的输入。

④ 手轮进给状态（HND）。在此状态下，刀具可以通过旋转机床操作面板上的手轮进行微量移动。使用手轮进给轴选择开关选择要移动的轴。通过手轮倍率开关选择手轮旋转一个刻度时刀具的移动距离。手轮倍率开关功能一般有 1μm、10μm、100μm、1000μm 四种。

⑤ 手动连续进给状态（JOG）。在此状态下，持续按下操作面板上的进给轴及其方向选择开关，会使刀具沿着轴的所选方向连续移动，进给速度可以通过手动倍率开关进

行调整。

⑥ 机床返回参考点（REF）。机床返回参考点，即确定机床零点状态（ZRN）。在此状态下，可以实现手动返回机床参考点的操作。按相应回参考点轴按钮，机床向设定参考点方向回参考点。通过返回机床参考点操作，CNC系统确定机床零点的位置。

⑦ DNC运行状态（RMT）。在此状态下，可以通过RS232C等通信口与计算机进行通信，实现数控机床的在线加工。DNC加工时，系统运行的程序是系统缓冲区的程序，不占系统的内存空间。

2）操作方式电气硬件连接。操作方式PMC编程因操作方式的物理硬件连接不同而不同。图4-72所示为FANUC标准面板操作方式硬件连接图。

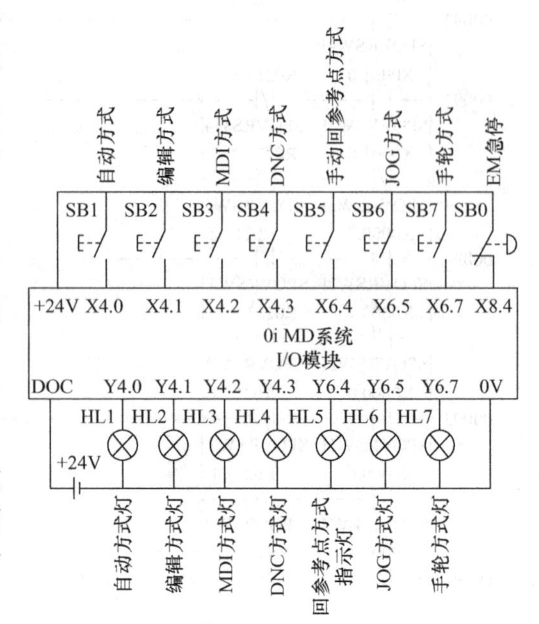

图4-72 FANUC标准面板操作方式硬件连接图

此面板操作方式地址确定以FANUC标准面板I/O模块起始地址确认，本章节中涉及FANUC标准面板I/O模块起始地址以m=0，n=4为例，FANUC操作面板具体按键定义和地址参考FANUC数控系统硬件连接手册（B－64113）。

FANUC标准面板操作方式对应输入X地址信号与G地址信号、F地址信号及Y地址信号的关系见表4-40。

表4-40 输入X地址信号与G地址信号、F地址信号及Y地址信号的关系

序号	操作方式	输入X地址信号	输入G地址信号					F地址信号（CNC输出）	Y地址信号（PMC输出）
			ZRN G43.7	DNC1 G43.5	MD4 G43.2	MD2 G43.1	MD1 G43.0		
1	自动运行（MEM）	X4.0	0	0	0	0	1	MAUT（F3#5）	Y4.0
2	存储器编辑（EDIT）	X4.1	0	0	0	1	1	MEDT（F3#6）	Y4.1
3	手动数据输入（MDI）	X4.2	0	0	0	0	0	MMDI（F3#3）	Y4.2
4	远程加工（DNC）	X4.3	0	1	0	0	1	MRMT（F3#4）	Y4.3
5	手动返回参考点	X6.4	1	0	1	0	1	MREF（F4#5）	Y6.4
6	手动连续进给（JOG）	X6.5	0	0	1	0	1	MJ（F3#2）	Y6.5
7	手轮/步进进给（HANDLE/STEP）	X6.7	0	0	1	0	0	MH（F3#1）	Y6.7

3）操作方式程序。根据操作面板功能、硬件连接图以及X地址信号、G地址信号、F地址信号和Y地址信号之间关系，结合编程指令编制出PMC程序，如图4-73所示。

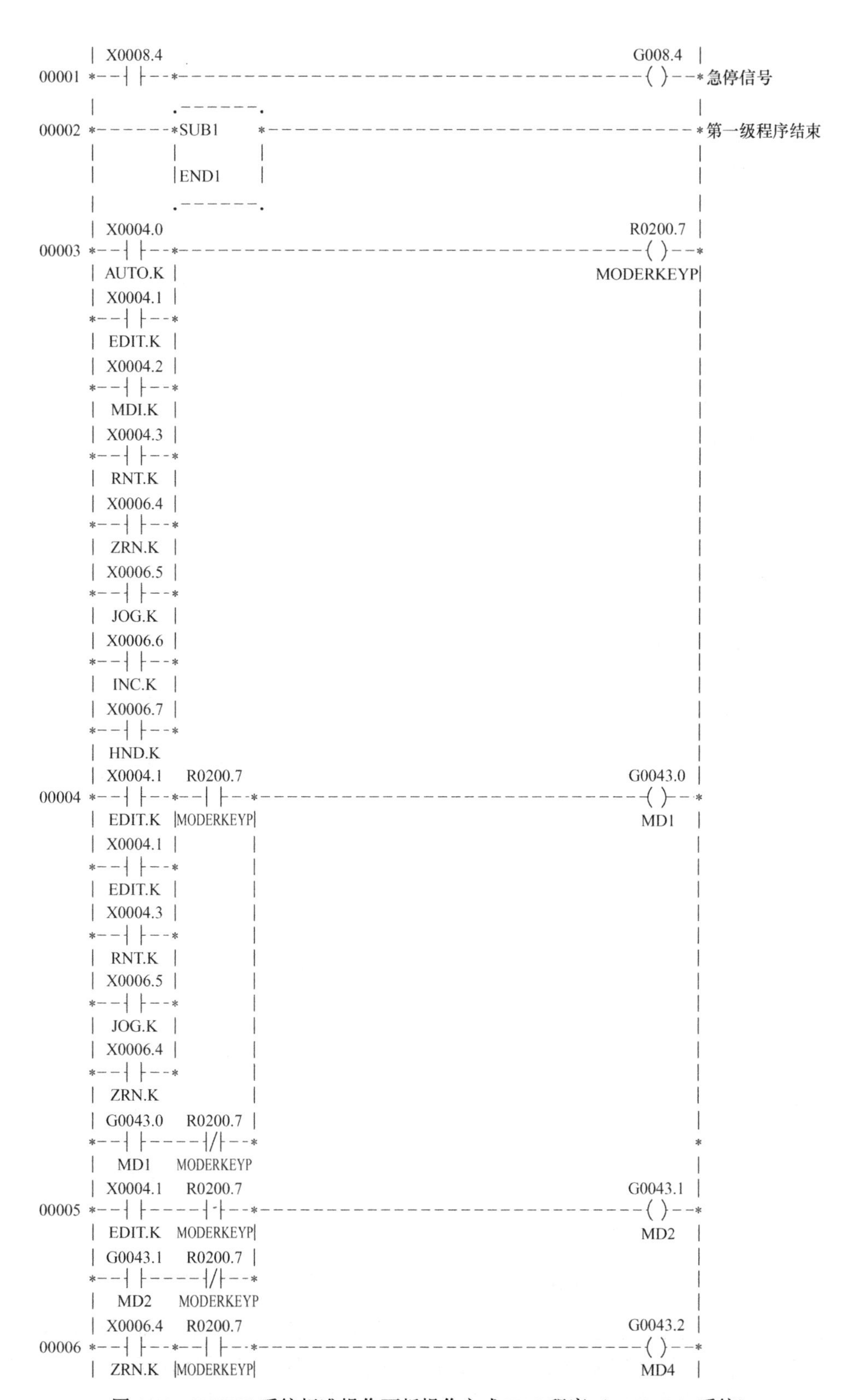

图 4-73　FANUC 系统标准操作面板操作方式 PMC 程序（FANUC 0i 系统）

```
      | X0006.5 |              |                                               |
      *--| |--*                |                                               |
      | JOG.K  |               |                                               |
      | X0006.6 |              |                                               |
      *--| |--*                |                                               |
      | INC.K  |               |                                               |
      | X0006.7 |              |                                               |
      *--| |--*                |                                               |
      | HND.K                  |                                               |
      | G0043.2    R0200.7     |                                               |
      *--| |-----|/|--*                                                        |
      | MD4      MODERKEYP                                                     |
      | X0004.3    R0200.7                                        G0043.5     |
00007 *--| |-----| |--*-----------------------------------------( )--*
      | RNT.K    MODERKEYP|                                       DNC1        |
      | G0043.5    R0200.7  |                                                  |
      *--| |-----|/|--*                                                        |
      | DNC1     MODERKEYP                                                     |
      | X0006.4    R0200.7                                        G0043.7     |
00008 *--| |-----| |--*-----------------------------------------( )--*
      | ZRN.K    MODERKEYP|                                       ZRN         |
      | G0043.7    R0200.7  |                                                  |
      *--| |-----|/|--*                                                        |
      | ZRN      MODERKEYP                                                     |
      | F0003.5    G0043.5                                        Y0004.0     |
00009 *--| |-----|/|--------------------------------------------( )--*自动方式指示灯
      | MMEM      DNC1                                            AUTO.L      |
      | F0003.6                                                   Y0004.1     |
00010 *--| |----------------------------------------------------------*编辑方式指示灯
      | MEDT                                                      EDIT.L      |
      | F0003.3                                                   Y0004.2     |
00011 *--| |--------------------------------------------------( )--*MDI方式指示灯
      | MMDI                                                      MDI.L       |
      | F0003.4    G0043.5                                        Y0004.3     |
00012 *--| |-----| |--------------------------------------------( )--*DNC方式指示灯
      | MRMT      DNC1                                            RMT.L       |
      | F0004.5    G0043.7                                        Y0006.4     |
00013 *--| |-----| |--------------------------------------------( )--*回零方式指示灯
      | MREF      ZRN                                             ZRN.L       |
      | F0003.2    G0043.7                                        Y0006.5     |
00014 *--| |-----|/|--------------------------------------------( )--*JOG方式指示灯
      | MJ        ZRN                                             JOG.L       |
      | F0003.0                                                   Y0006.6     |
00015 *--| |--------------------------------------------------( )--*增量方式指示灯
      | MINC                                                      INC.L       |
      | F0003.1                                                   Y0006.7     |
00016 *--| |--------------------------------------------------( )--*手轮方式指示灯
      | MH                                                        HND.L       |
      |          .-------.                                                     |
00017 *------*SUB2     *-----------------------------------------------*第二级程序结束
      |          |       |                                                     |
      |          |END2   |                                                     |
      |          .-------.                                                     |
```

图4-73　FANUC 系统标准操作面板操作方式 PMC 程序（FANUC 0i 系统）（续）

由图4-73 可以看出，由于操作方式是按钮，而操作方式 G 地址信号需状态保持，所以在编制 PMC 程序时按键状态需自锁。同时，机床操作方式不可能同时有两种方式，所以在编制 PMC 程序时，要注意状态互锁。再根据 G 地址信号组合进行编程。F 地址信号为操作方式确认信号，由 CNC 提供给 PMC 程序使用，编制时根据 F 地址信号的操作方式确认信号与按键状态灯对应编制即可。以 X4.1（编辑方式按键）为例，当按下编辑方式按键时，X4.1 为“1”，R200.7 为“1”，则 G43.0 和 G43.1 为“1”，PMC 程序循环扫描，当编辑按键松开（即 X4.1 为“0”）时，R200.7 为“0”，由于前一个扫描周期中 G43.0 和 G43.1 为“1”，当 X4.1 和 R200.7 为 0 时，G43.0 和 G43.1 自锁为“1”。当 CNC 得到 G43.0 和 G43.1 为“1”时，就控制 CNC 处于编辑状态，同时，CNC 输出 F3.6 为“1”，经过 PMC 程序处理，Y4.1 为“1”，按键对应的指示灯点亮。

4）急停功能。图 4-72 中，数控系统以 FANUC 0i 系统为例，急停按钮接线 PMC 输入地址为 X8.4，若有内置 I/O 模块，急停按钮接线 PMC 输入地址为 X1008.4，CNC 装置接收信号都为 G8.4，急停等信号程序应编制在第一级，其他程序输入第二级。

5）从上述程序我们可以看出，PMC 程序也是普通 PLC 程序，编制时要了解机床特点、PMC 与 CNC 的 G 地址信号和 F 地址信号关系、PMC 与机床信号关系。将上述程序输入 PMC 后，运行 PMC 程序，只要选择合适操作方式，CNC 显示屏上将显示对应操作状态，同时状态显示灯点亮。

（2）JOG 方式功能程序

JOG 方式功能主要是指在 JOG 方式下，实现手动进给轴以及机床设计的手动操作其他功能，如手动主轴运转、手动冷却、手动换刀等。JOG 方式下，具体实现的功能取决于机床制造商的 PMC 程序开发。以 FANUC 标准面板为例，在 JOG 方式下，主要实现手动进给轴控制、手动主轴正反转和停止功能，不同的面板设计，PMC 编程逻辑处理不同，JOG 方式下实现手动进给轴操作方式不同，例如，FANUC 标准面板上，与手动操作进给轴有关的按键如图 4-74 所示，该标准面板 +X 轴操作方法为：首先按 X 字符按键，再按 + 字符按键，就能实现 +X 轴运动，同时 JOG 进给轴倍率不能为 0，且机床不能处于锁住状态。再如图 3-2所示操作面板，若运行 +X 轴进给电动机，直接按 +X 按键即可，其他运行条件与标准面板相同。

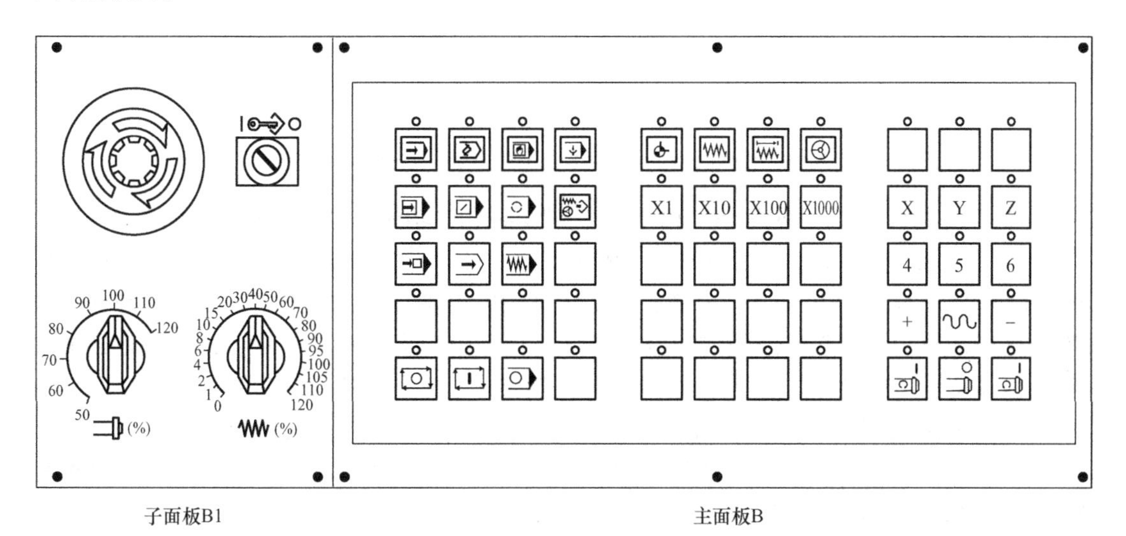

图 4-74　FANUC 标准面板上与手动操作进给轴有关的按键

FANUC系统要实现手动进给轴运动，必须在操作面板上设计手动运动方向按键，同时再编制PMC程序以产生G地址信号，FANUC系统手动各轴轴选择G地址信号见表4-41。手动进给轴要实现快速运动，G地址信号为G19.7。

表4-41 手动各轴轴选择G地址信号一览表

序　号	进 给 轴	正方向G信号（符号）	负方向G信号（符号）
1	第1轴	G100.0（+J1）	G102.0（-J1）
2	第2轴	G100.1（+J2）	G102.1（-J2）
3	第3轴	G100.2（+J3）	G102.2（-J3）
4	第4轴	G100.3（+J4）	G102.3（-J4）
5	第5轴	G100.4（+J5）	G102.4（-J5）

以FANUC标准操作面板为例，手动X轴运动功能硬件连接如图4-75所示，图4-76所示为X轴手动运动PMC程序。

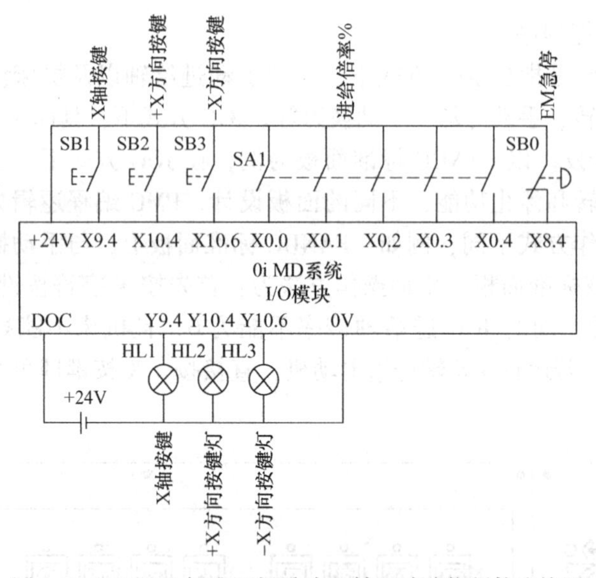

图4-75 FANUC标准面板手动X轴运动功能硬件连接图

由图4-76可以看出，网络45~49为X按键交替自锁功能，当X按键按下（即X9.4为“1”）后，R203.3为“1”；网络50为当R203.3为“1”且按下+方向键（X10.4=1）时，G100.0为“1”，X轴正方向运行有效，在网络50中，X轴正方向运行有效的前提是JOG方式有效（F3.2=1）或增量方式有效（F3.0=1）。在PMC程序网络50中，PMC程序还能实现手动回零功能，当操作方式为回零方式时，F4.5=1，只要按下X字符键（X9.4=1），G100.0=1并自锁，当X轴回到零位后，G100.0=0，X轴正方向自动断开。

网络52为X字符按键响应的指示灯，在JOG方式（F3.2=1）且按下X字符按键（X9.4=1，R203.3=1），Y9.4=1。

在回零方式（F4.5=1），当X轴方向有效（G100.0=1或G102.0=1）时，Y9.4以200ms周期闪烁；当回零功能结束后，Y9.4常亮。

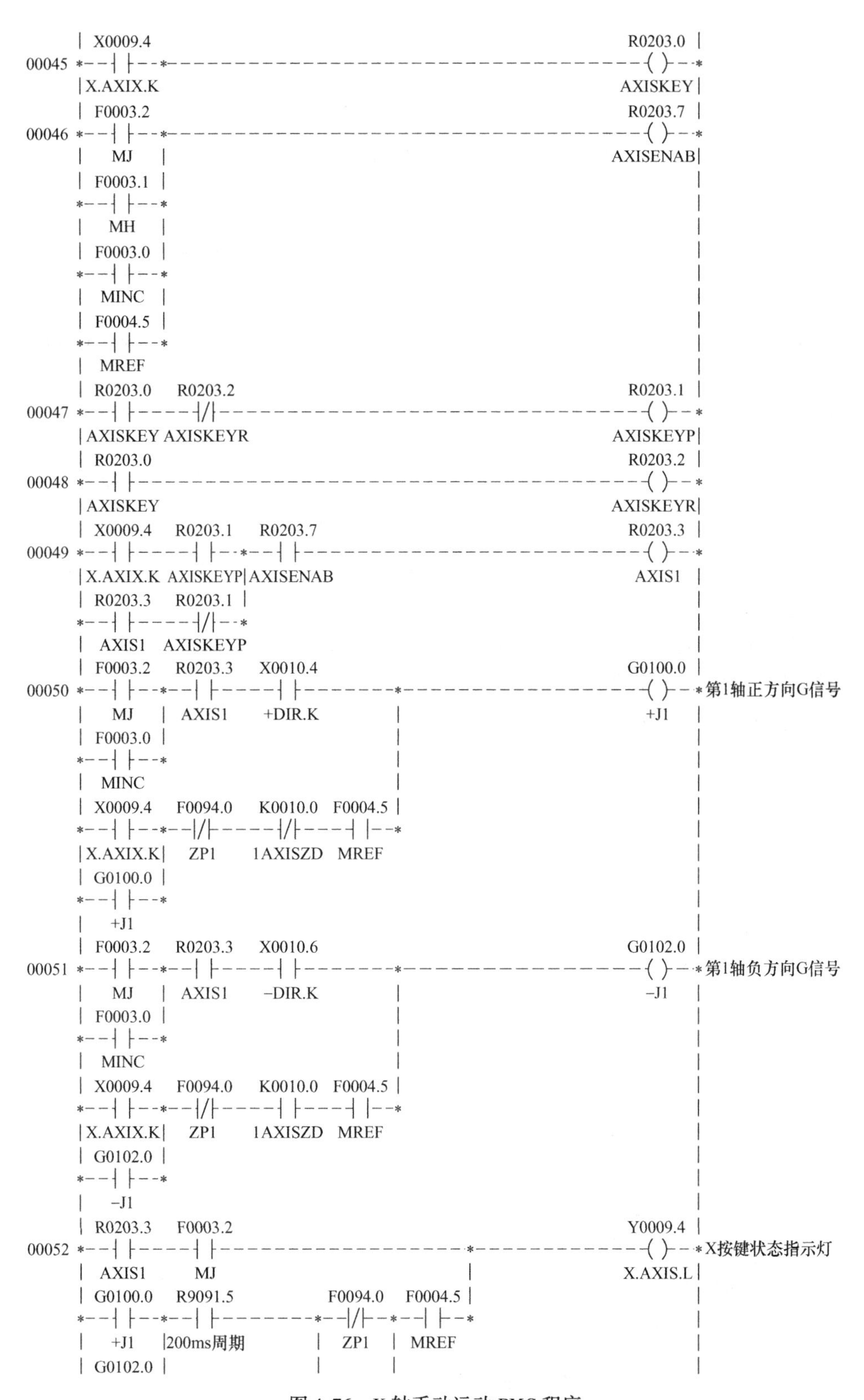

图 4-76 X 轴手动运动 PMC 程序

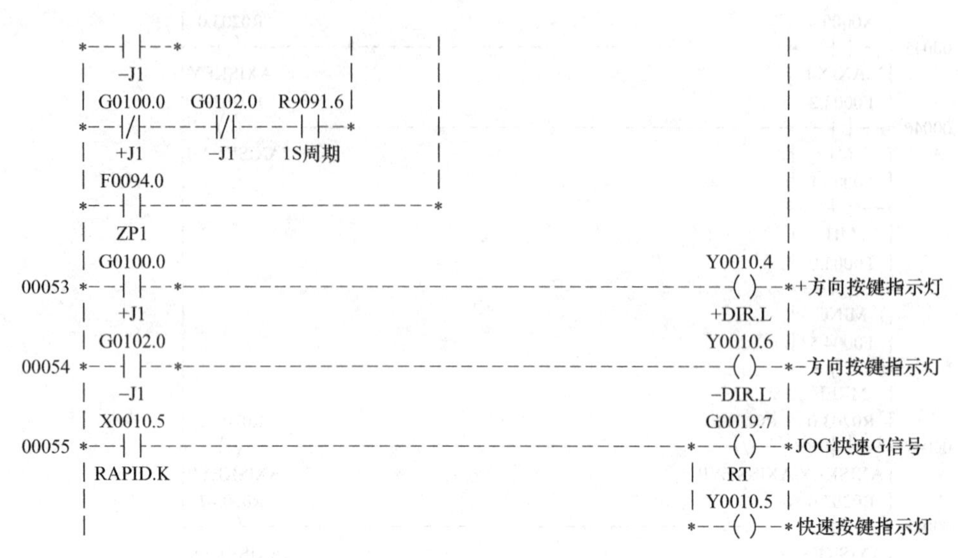

图 4-76 X 轴手动运动 PMC 程序（续）

网络 53 和网络 54 为 X 轴方向指示灯，G100.0 或 G102.0 为“1”，则 Y10.4 或 Y10.6 为“1”，且相应指示灯点亮。

网络 55 为进给轴快进 PMC 程序，X10.5 为快进按键，G19.7 为 PMC 程序送给 CNC 的手动快进信号，Y10.5 为快进按键响应的指示灯。

若想进给轴运动，进给倍率是必不可少的，图 4-77 所示为进给轴倍率功能 PMC 程序。

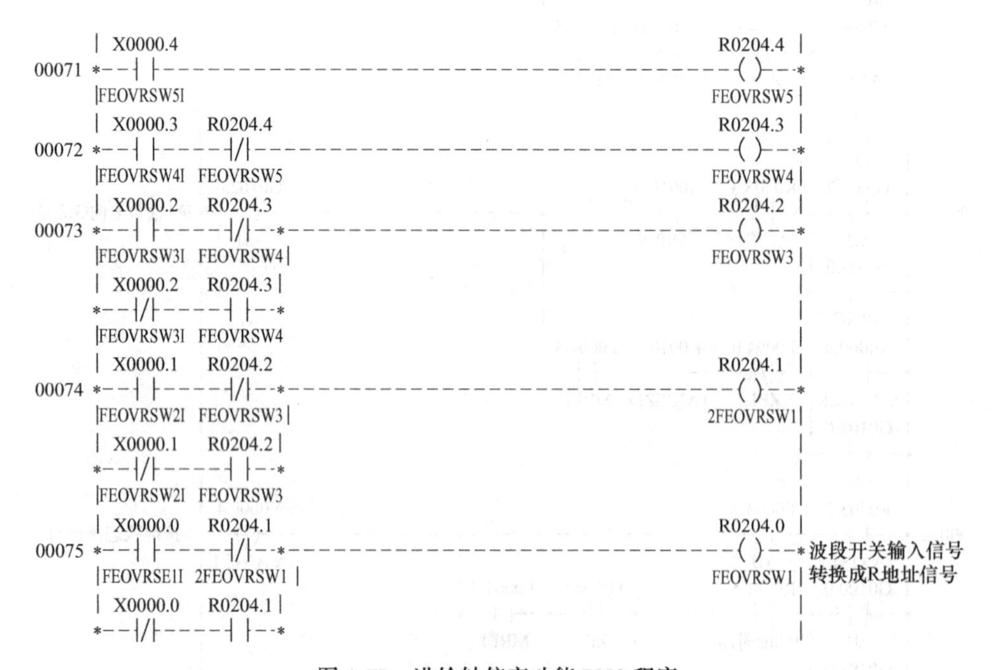

图 4-77 进给轴倍率功能 PMC 程序

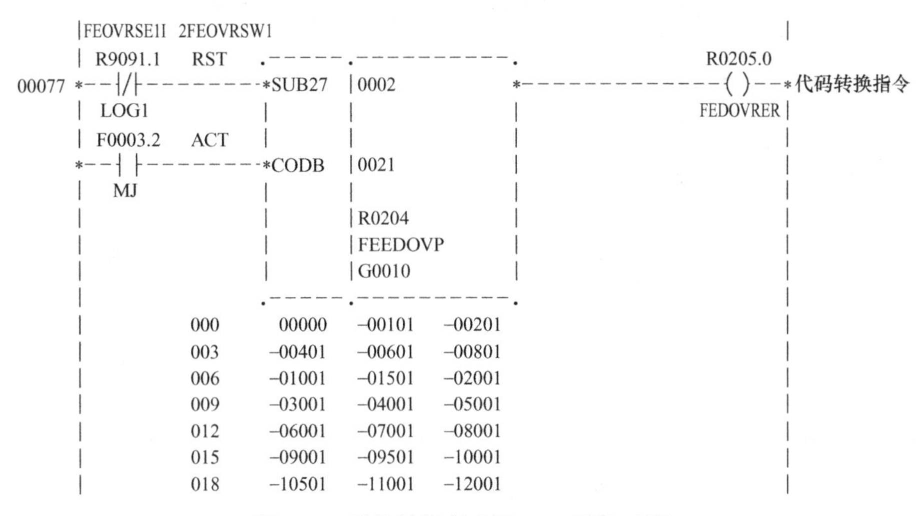

图 4-77 进给轴倍率功能 PMC 程序（续）

图 4-77 中，网络 71 ~ 75 为波段开关输入信号转换成 R204 地址信号，程序转换的依据是 X0.0 ~ X0.4 组合关系为格雷码进制，而 CODB 指令为二进制代码转换指令。R204 中的值和表格序号是对应关系。CODB 指令中，表中的内容就是 JOG 方式下 G10 和 G11 中存放的内容，而在 JOG 方式下，CNC 系统不断地读取 G10 和 G11 中的内容，再结合 JOG 方式下参数 NO.1423，最终控制进给运动速度。

（3）手轮方式功能程序

手轮功能是典型数控设备必不可少的基本功能，因为数控设备在手动加工、对刀以及其他需要微小移动进给轴的情况下，都需要使用到手轮功能。实现手轮功能，必须在手轮方式下，CNC 系统的手轮功能取决于 MD1、MD2、MD4 信号的组合，具体关系见表 4-40，一般手轮选用一转产生 100 个脉冲，主要信号为 +5V、0V、A 相信号、B 相信号。而 1 个脉冲对应的进给位移取决于 G19.4 和 G19.5 的信号组合，具体关系见表 4-42。虽然数控系统允许物理硬件连接最多 5 个手轮（视系统差异），而一般数控设备只配置 1 个电子手轮，电子手轮在使用中具体控制哪一个进给轴，CNC 系统取决于 G18.0 ~ G18.3 的组合，具体见表 4-43。

表 4-42 MP1、MP2 信号的组合与手轮脉冲倍率对应关系

手控手轮进给移动量选择信号		移动量/μm	
MP2（G19.5）	MP1（G19.4）	手控手轮进给	增量进给
0	0	最小设定单位 ×1	最小设定单位 ×1
0	1	最小设定单位 ×10	最小设定单位 ×10
1	0	最小设定单位 ×*m*	最小设定单位 ×100
1	1	最小设定单位 ×*n*	最小设定单位 ×1000

表4-43　手轮进给轴选择信号和所选的进给轴对应关系

手控手轮进给轴选择信号				进　给　轴
HSnD（G18.3）	HSnC（G18.2）	HSnB（G18.1）	HSnA（G18.0）	
0	0	0	0	无选择（哪个轴都不进给）
0	0	0	1	第1轴
0	0	1	0	第2轴
0	0	1	1	第3轴
0	1	0	0	第4轴
0	1	0	1	第5轴

不同的机床操作面板设计，手轮的操作方法是不同的，PMC编程逻辑处理也不同，但最终的CNC读取的手轮轴选择G地址信号和手轮倍率G地址信号是一样的。例如，在FANUC标准面板上，手轮功能操作如下：首先选择手轮方式，再按X字符按键，再根据需要选择手轮进给倍率（×1/×10/×100/×1000），与手轮有关的按键如图4-74所示操作面板。若运行X轴手轮进给，则直接按X手轮按键，再选择手轮进给倍率（×1/×10/×100/×1000）。其他运行条件与标准面板相同。FANUC标准面板手轮功能硬件连接如图4-78所示。

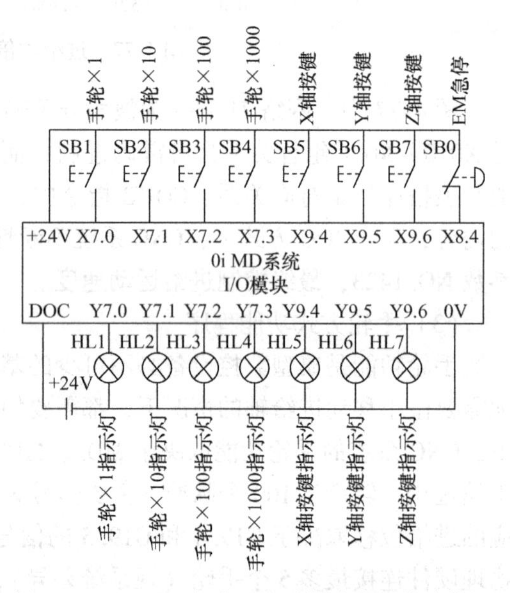

图4-78　FANUC标准面板手轮功能硬件连接图

以X轴手轮功能为例，根据图4-78标准面板手轮功能硬件连接图，编制的X轴手轮功能PMC程序如图4-79和图4-80所示。

1）手轮轴选择PMC程序。手轮轴选择PMC程序如图4-79所示。

图4-79　手轮轴选择PMC程序

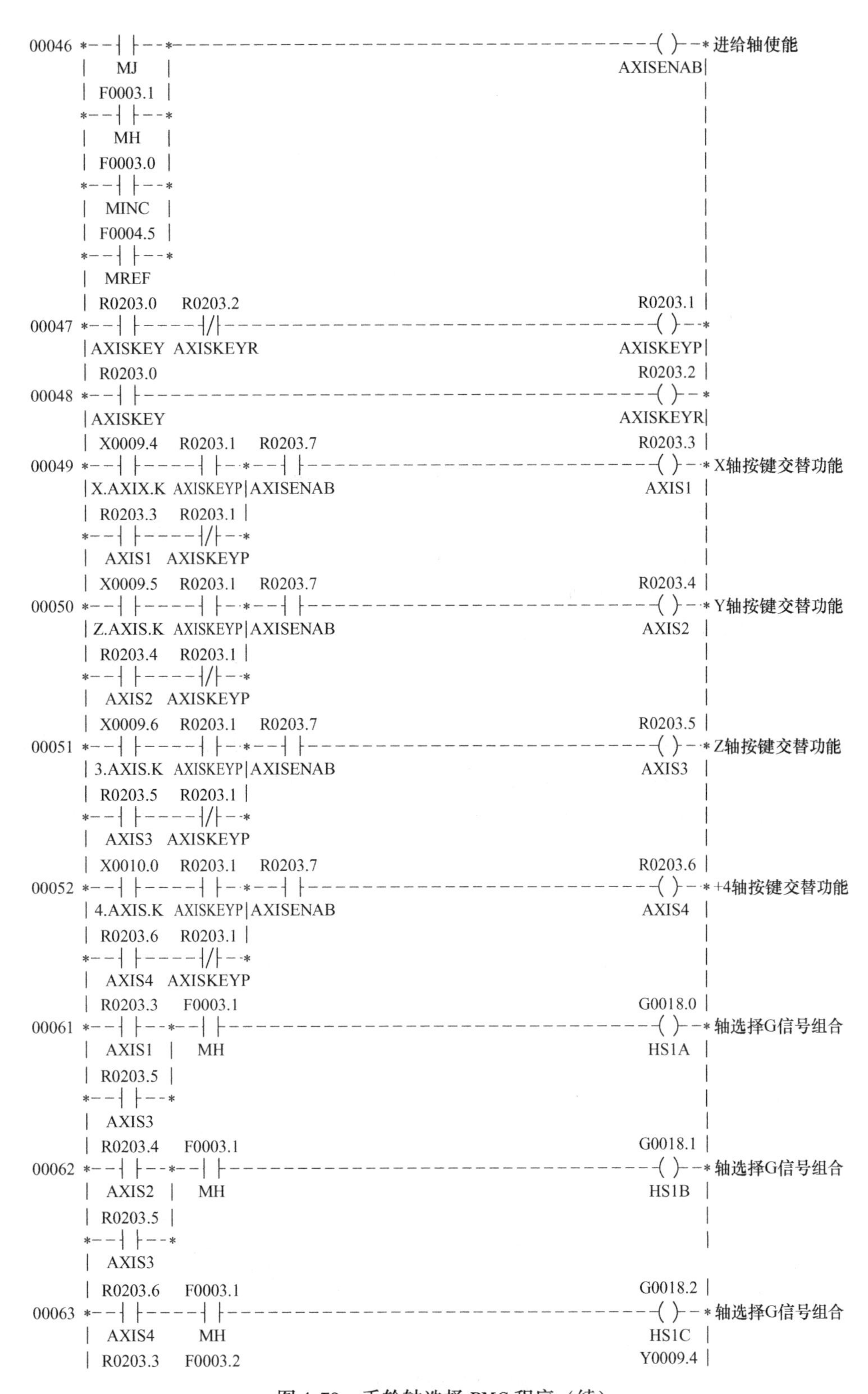

图 4-79　手轮轴选择 PMC 程序（续）

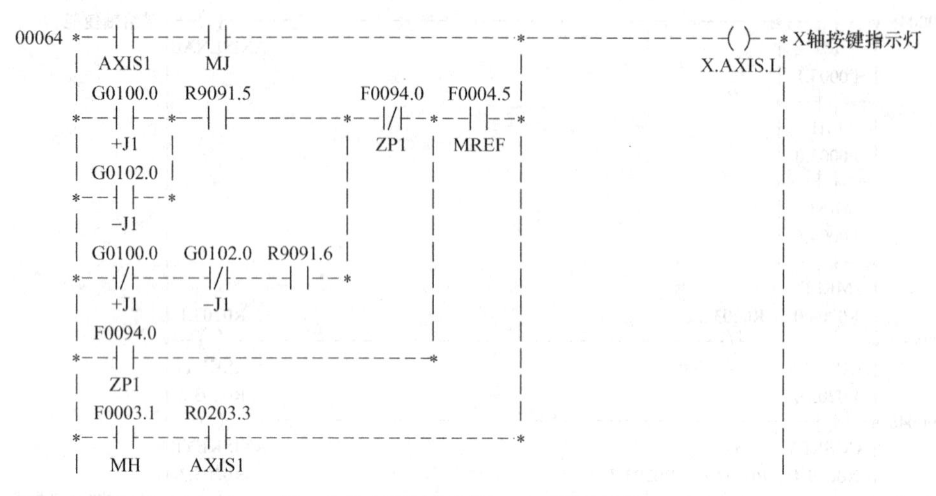

图 4-79 手轮轴选择 PMC 程序（续）

由图 4-79 可以看出，R203.3 为当按 X 字符按键后的交替标志位，即按一次 X 字符按键，R203.3 为 1，再按一次 X 字符按键，R203.3 为 0。其他位 R203.4 ~ R203.6 分别为按 Y 字符按键、Z 字符按键以及第 4 轴字符按键相应的标志位。

R203.3、R203.4、R203.5、R203.6 标志位分别对应进给轴选择，逻辑处理后分别送给 G18.0 ~ G18.2 的组合。在手轮方式下，CNC 根据 G18.0 ~ G18.2 的组合情况决定手轮运动轴。

2）手轮倍率 PMC 程序。手轮功能 PMC 程序中，除了编制手轮轴选择 PMC 程序外，还需要编制手轮倍率 PMC 程序，即手轮旋转产生 1 个脉冲，进给轴对应多少进给位移，这取决于 G19.4 和 G19.5 的组合。机床操作面板上必须设计手轮倍率开关，相应的 PMC 程序如图 4-80 所示。

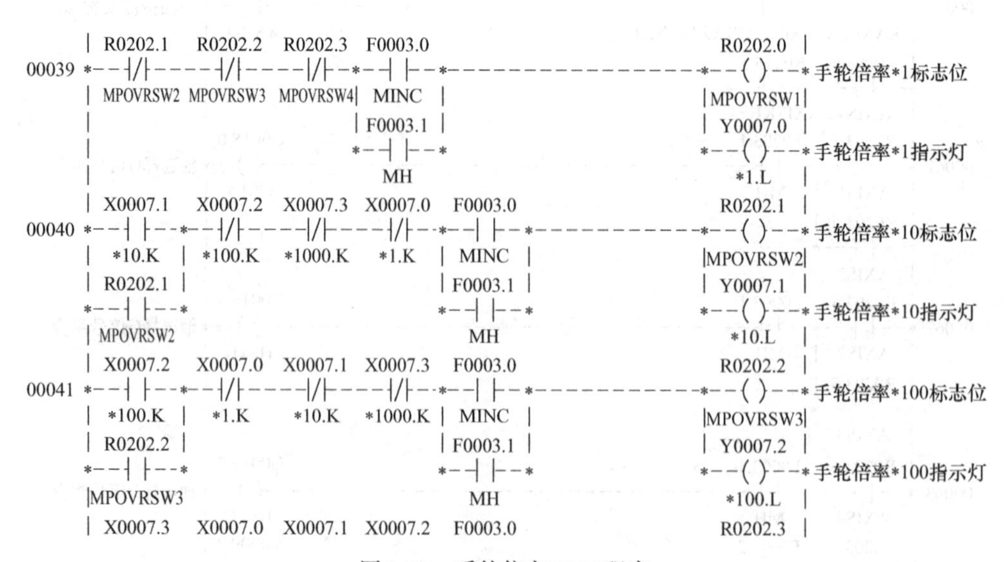

图 4-80 手轮倍率 PMC 程序

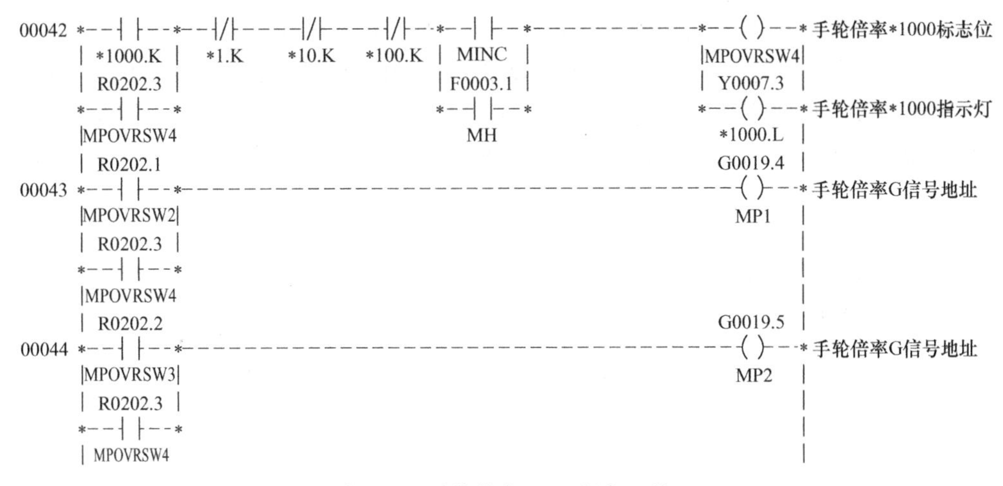

图4-80　手轮倍率PMC程序（续）

由图4-80可以看出，网络40～42分别为手轮倍率×10～×1000时的标志位，以手轮倍率×10为例，在手轮方式或增量方式下（F3.0=1或F3.1=1），当按下×10倍率按键（X7.1=1）时且其他倍率按键没有按下，则R202.1=1并自锁，同时X10按键相应的指示灯Y7.0=1（点亮）。进而G19.4=1、G19.5=0，CNC读取G19.4和G19.5的组合，确定手轮脉冲倍率。

（4）自动方式功能程序

1）循环启动和循环停止PMC程序。数控系统自动加工零件程序时，无论是MDI方式、DNC方式，还是自动加工方式，CNC系统开始执行程序都取决于G7.2地址信号的从“1”至“0”变化。若需要暂停当前加工程序，只需G8.5地址信号为“0”。故相应的操作面板设计必须有循环启动按键和循环暂停按键。操作面板按键硬件连接不同，PMC程序编制也不同，图4-81所示循环启动和循环暂停硬件连接相应的PMC程序如图4-82所示。

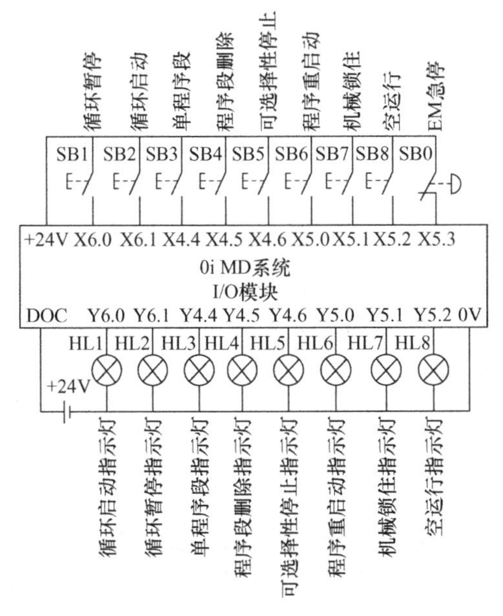

图4-81　循环启动和循环暂停硬件连接

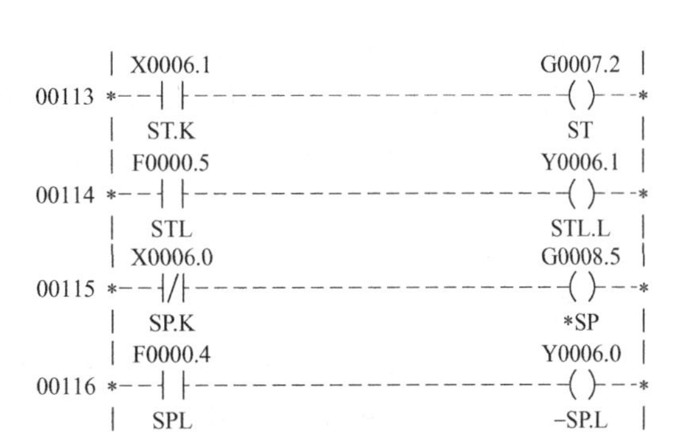

图4-82　循环启动和循环暂停的PMC程序

由图4-82所示PMC程序可以看出，当没有按循环暂停按键时，X6.0=0，G8.5=1；当按循环启动按键时，按键闭合，X6.1=1，G7.2=1；当手松开按键时，X6.1=0，G7.2=0。数控系统若没有检测到急停、复位等信号时，就根据选择的加工程序进行零件加工。

2）单程序段PMC程序。与图4-81硬件连接相对应的单程序段PMC程序如图4-83所示。

图4-83 单程序段PMC程序

图4-83中，X4.4为单程序段按键，当按下X4.4时，G46.1=1，同时Y4.4指示灯点亮，并自锁，当X4.4松开时，状态也保持不变；当再按下X4.4时，R200.0断开，G46.1也断开，同时Y4.4指示灯熄灭。若再按下X4.4，G46.1和Y4.4又点亮，输出交替产生。当系统在运行程序时，若检测到G46.1=1，加工程序每执行一段程序就进入暂停状态，操作人员再按循环启动，再继续执行下一条加工程序。

3）程序段删除功能PMC程序。与图4-81硬件连接相对应的程序段删除功能PMC程序如图4-84所示。

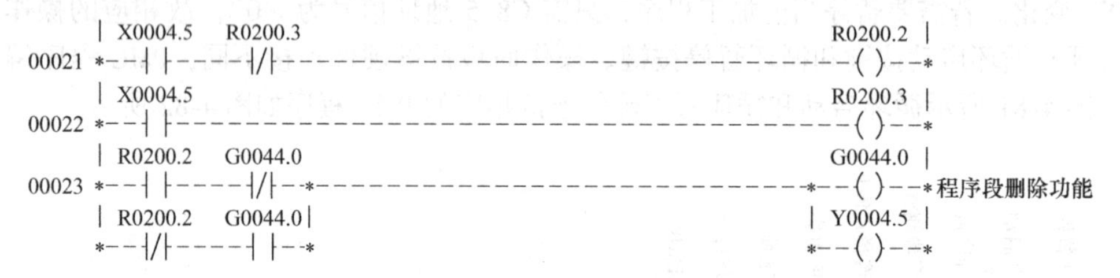

图4-84 程序段删除功能PMC程序

图4-84中，X4.5为程序段删除按键，当按下X4.5时，G44.0=1，同时Y4.5指示灯点亮，并自锁，当X4.5松开时，状态也保持不变；当再按下X4.5时，R200.2断开，G44.0也断开，同时Y4.5指示灯熄灭。若再按下X4.5，G44.0和Y4.5又点亮，输出交替产生。当系统在执行加工程序时，若程序前中遇到“/”且检测到G44.0=1，则系统自动跳过该加工程序，直接执行下一段加工程序；若程序前遇到“/”但没有检测到G44.0=1，则系统仍然执行该程序。

4）机械锁住功能PMC程序。与图4-81硬件连接相对应的机械锁住功能PMC程序如图4-85所示。

图4-85中，按键X5.1与G44.1的逻辑关系与前面几个按键相同，按下X5.1按键，G44.1和Y5.1输出，再按一下X5.1按键，G44.1和Y5.1断开，依次交替。在手动或自动方式下，当CNC系统检测到G44.1=1时，CNC系统不输出脉冲信号到伺服放大器，仅显示屏坐标数字变化，但机床进给轴不运动。

```
      | X0005.1    R0201.3                                          R0201.2  |
00030 *--┤ ├----┤/├--------------------------------------------------( )--*
      | X0005.1                                                     R0201.3  |
00031 *--┤ ├---------------------------------------------------------( )--*
      | R0201.2    G0044.1                                          G0044.1  |
00032 *--┤ ├----┤/├--*-------------------------------------------*--( )--* 机械锁住功能
      | R0201.2    G0044.1|                                       | Y0005.1  |
      *--┤/├----┤ ├--*                                            *--( )--*
```

图4-85　机械锁住功能PMC程序

5）空运行功能PMC程序。与图4-81硬件连接相对应的空运行功能PMC程序如图4-86所示。

```
      | X0005.2    R0201.5                                          R0201.4  |
00033 *--┤ ├----┤/├--------------------------------------------------( )--*
      | X0005.2                                                     R0201.5  |
00034 *--┤ ├---------------------------------------------------------( )--*
      | R0201.4    G0046.7                                          G0046.7  |
00035 *--┤ ├----┤/├--*-------------------------------------------*--( )--* 空运行功能
      | R0201.4    G0046.7|                                       | Y0005.2  |
      *--┤/├----┤ ├--*                                            *--( )--*
```

图4-86　空运行功能PMC程序

图4-86中，按键X5.2与G46.7的逻辑关系与前面几个按键相同，按下X5.2按键，G46.7和Y5.2输出，再按一下X5.2按键，G46.7和Y5.2断开，依次交替。在自动方式下，当CNC系统检测到G46.7=1时，CNC系统执行坐标轴移动指令的速度不是程序编制的速度，而是参数NO.1410的设定值。

6）选择性程序停止功能PMC程序。与图4-81硬件连接相对应的选择性程序停止功能PMC程序如图4-87所示。

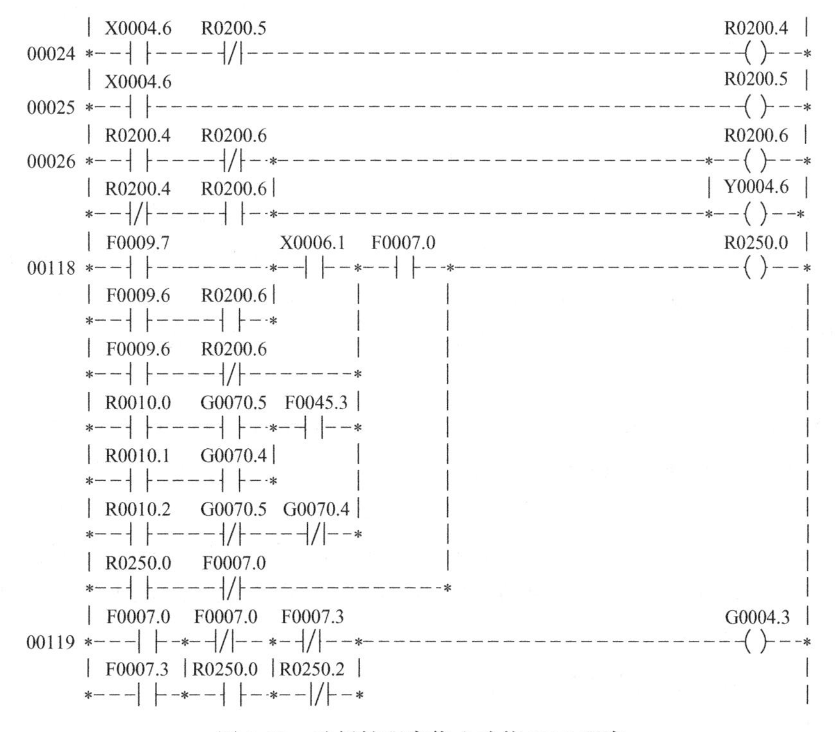

图4-87　选择性程序停止功能PMC程序

图4-87中，按键X4.6与R200.6的逻辑关系与前面几个按键相同，按下X4.6按键，R200.6和Y4.6输出，再按一下X4.6按键，R200.6和Y4.6断开，依次交替。当程序中编制M01指令时，则F9.6=1，若按下X4.6按键且Y4.6=1，则指示灯点亮。程序执行处于暂停状态，只有再按下X6.1按键（即再按下循环暂停按键），M01指令才执行完。若程序中编制了M01，又没有按下X4.6按键且R200.6和Y4.6不为1，则M01指令直接执行，不实现选择性程序停止功能，程序自动执行下一段加工程序。

（5）M指令开发

以某机床中一个气缸夹紧和松开动作为例，执行M10信号，气缸夹紧，执行M11信号，气缸松开，在气缸推杆两端分别有夹紧和松开到位传感器。

涉及气缸动作的电气原理图如图4-88所示，手动气缸夹紧按钮地址为X2.0，手动气缸松开按钮地址X2.1，夹紧到位检测X2.2，松开到位检测X2.3，气压检测信号X2.4，夹紧电磁阀PMC输出为Y1.0，松开电磁阀PMC为Y1.1。

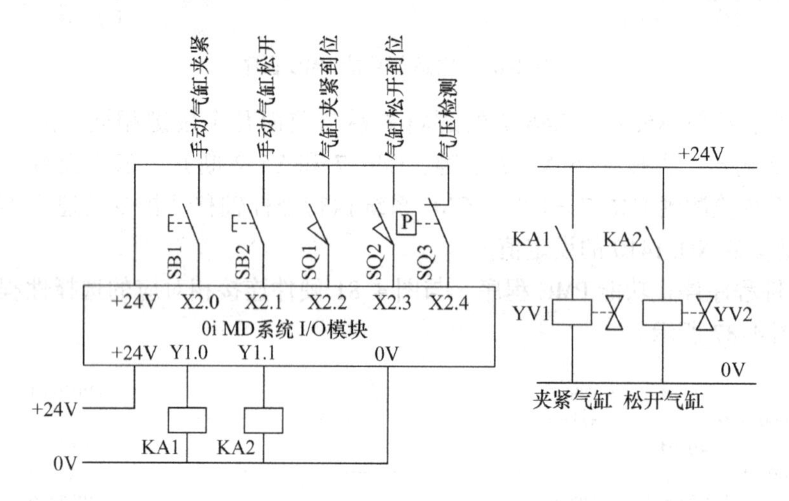

图4-88 M10和M11气缸动作电气原理图

涉及气缸动作的PMC程序如图4-89所示。正常情况下，编制M10指令，以自动方式运行加工程序，PMC逻辑程序经过DECB译码比较指令将M10指令译码产生对应R10.0地址信号，即产生气缸夹紧信号并自锁，线圈R20.0=1，结果线圈Y1.0输出，夹紧电磁阀YV1得电。同理编制M11指令，以自动方式产生气缸松开信号，线圈R20.1=1，结果线圈Y1.1输出，松开电磁阀YV2得电。

由图4-89可以看出，当编制加工程序M10时，M后面的10由CNC系统自动转换成二进制并存放在F10~F13地址（4B）中。网络30就是利用译码功能指令DECB，把F10地址字节中的内容进行译码处理，把处理结果存放在地址R10中，由于译码功能指令中译码指定最低数为10，所以利用网络30的PMC程序，能实现M10~M17八个辅助功能指令连续译码，相对应的M辅助指令比较结果与R10.0~R10.7相对应，如M10指令与R10.0相对应，M11指令与R10.1相对应。

（四）PMC操作菜单及与CNC通信

详见附录C。

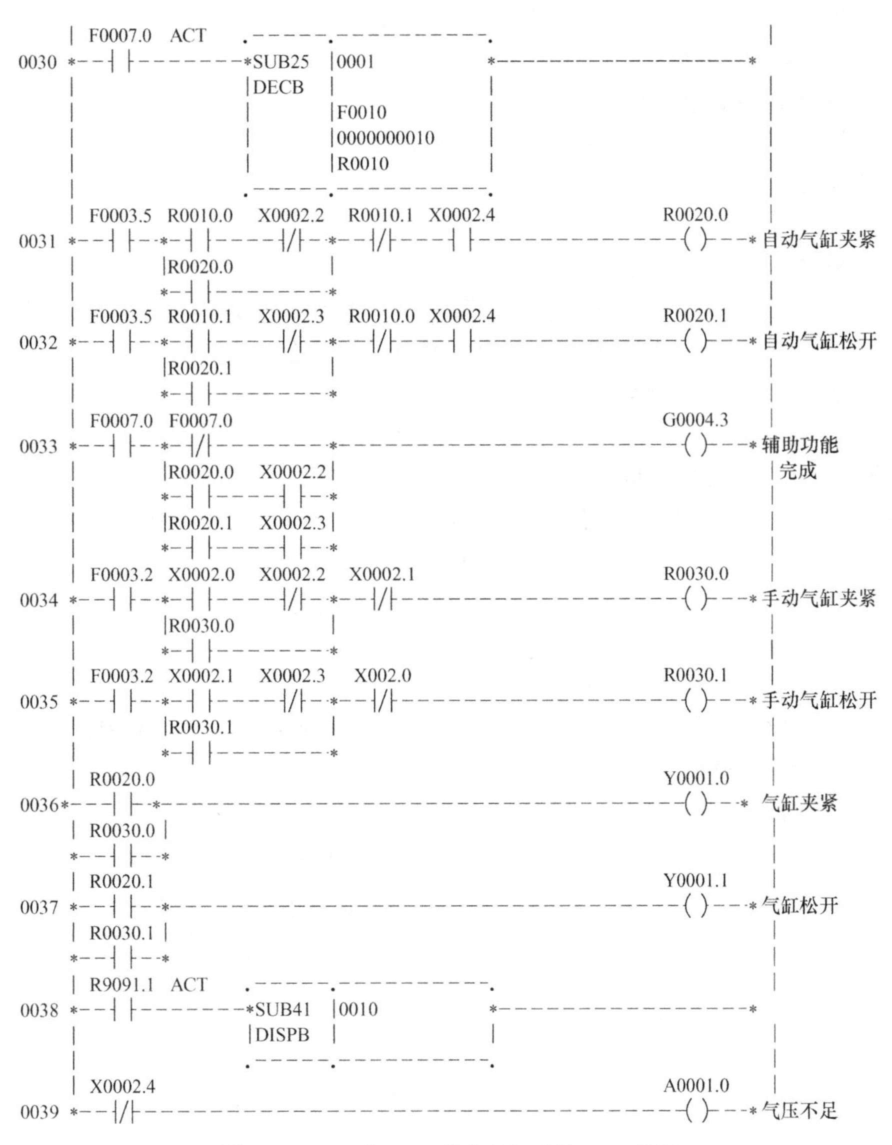

图4-89　M10和M11指令气缸动作PMC程序

【实践步骤】

1. 设计要求

（1）编制机床操作方式PMC程序

MDI、编辑、JOG、回零、手轮、自动加工六种操作方式以及急停，相应的操作方式确认信号指示灯。

（2）编制与手动有关PMC程序

在JOG方式下实现+X、-X、+Z、-Z、快进、JOG倍率。JOG倍率：实现0~120%区间8~12个档位。

（3）编制与回零有关的PMC程序

在回零方式下，按 +X 按键和 +Z 按键分别实现正方向回参考点，回零后 X 轴和 Z 轴回零完成指示灯点亮。

（4）编制与编辑有关的 PMC 程序

在编辑方式下输入 O100：G98 G01 U100 W100 F100；M02。

（5）编制与手轮有关的 PMC 程序

在手轮方式下实现 X 轴和 Z 轴手轮轴选择；实现手轮倍率 ×1/×10/×100/×1000。

（6）编制与自动加工有关的 PMC 程序

在自动方式下运行 O100 程序，按“循环启动”按钮，运行程序，相应伺服电动机运行；按“循环暂停”按钮，程序暂停，相应伺服电动机停止。

（7）编制与主轴有关的 PMC 程序

1）实现手动主轴功能。在手动方式下实现主轴正转/主轴反转/主轴停止功能，主轴调速以及主轴在 50%～120% 区间内 5～8 个档位功能。

在 MDI 方式下编制：S500；按循环启动按钮，实现主轴速度由 CNC 传送给变频器，调整主轴倍率组合档位，速度值应发生相应变化。

在 JOG 方式下按主轴正转按钮，主轴电动机应正转；按主轴反转按钮，主轴电动机应反转；按主轴停止按钮，主轴电动机应停止。

2）实现自动主轴功能。在自动/MDI 方式下，运行加工程序：M03 S500；G04 X20；M04；G04 X20；M02；同时实现主轴在 50%～120% 区间内 5～8 个档位功能。

2. 罗列 G 地址信号和 F 地址信号

根据 4.2 项目二的机床操作面板设计、I/O 地址分配、PMC 程序设计任务要求，罗列 X 地址信号、Y 地址信号、G 地址信号和 F 地址信号见表 4-44。

表 4-44　设计题目中涉及的各地址信号一览表

序　号	功　能		输入 X 地址信号	输出 Y 地址信号	G 地址信号	F 地址信号	备　注
1	急停			/		/	
2	六种操作方式						
3	JOG 方式	+X		/		/	
		-X		/		/	
		+Z		/		/	
		-Z		/		/	
		快进		/		/	
		倍率		/		/	
4	编程方式：程序保护			/		/	
5	手轮功能	手轮轴选（X 轴）		/		/	
		手轮轴选（Z 轴）		/		/	
		手轮倍率		/		/	
6	回零方式						

（续）

序　号	功　能		输入X地址信号	输出Y地址信号	G地址信号	F地址信号	备　注
7	自动运行	循环启动					
		循环暂停					
		单段					
		空运行					
		机床锁住					
		进给倍率					
8	主轴功能	主轴倍率		/		/	
		主轴正转			/	/	
		主轴反转			/	/	
		主轴停止			/	/	

3. 编制PMC程序

根据罗列的机床操作面板输入输出地址以及G地址信号和F地址信号关系，编制PMC程序。

4. 熟悉PMC菜单

参考附录A和附录B，熟悉PMC菜单。

5. 地址分配

根据设计的机床操作面板，进行地址分配。按照附录A和附录B的PMC菜单“PMC-DGN”的“STATUS”，检测信号输入和信号灯是否有效。

6. LADDERⅢ软件应用

根据附录C的知识点，熟悉LADDERⅢ的软件应用。

7. 输入PMC程序

利用计算机软件输入PMC程序，注意PMC程序的保存。传输PMC程序至数控系统的步骤：

1）多按几次“SYSTEM”键，再按“PMC”软键→“→”按键→“MONIT”软键→“ONLINE”软键，出现CNC通信设置画面确认：RS232（USE）、波特率（9600）、奇偶校验（无）、停止位（2）。

2）在LADDERⅢ软件中，选择“TOOL”→“STORE TO PMC”命令，根据提示“下一步”完成PMC程序下载。

3）单击“BACKUP”按钮，把输入PMC的梯形图备份到CNC的FROM中。

4）断开CNC电源，再上电。

8. 调试PMC程序

（1）急停功能调试

按“急停”按钮，显示画面有“EMG”显示，松开“急停”按钮，“EMG”显示消失。

（2）机床操作方式 PMC 程序功能调试

1）调试 MDI、编辑、JOG、回零、手轮、自动加工六种操作方式。

2）相应的操作方式确认信号指示灯点亮。

（3）手动功能调试

在 JOG 方式下调试 X 轴正方向、X 轴负方向、Z 轴正方向、Z 轴负方向、快进速度、JOG 倍率等功能，JOG 倍率能实现 0～120% 区间内 8～12 个档位功能，相应的进给电动机有速度变化。

（4）回零功能调试

在回零方式下，按 +X 按键和 +Z 按键能分别实现正方向回参考点，回零后 X 轴和 Z 轴回零完成指示灯点亮。

（5）编辑方式功能调试

在编辑方式下输入 O100：G98 G01 U100 W100 F100；M02。

（6）手轮功能调试

在手轮方式下能实现 X 轴和 Z 轴手轮轴选择，手轮倍率 ×1/×10/×100/×1000 四个档位变化，相应伺服电机运行位移脉冲当量变化。

（7）自动方式功能调试

在自动方式下运行 O100 程序，按“循环启动”按钮，运行加工程序，相应伺服电动机运行，循环启动指示灯点亮；按“循环暂停”按钮，加工程序暂停，相应伺服电动机停止且循环暂停指示灯点亮。

（8）主轴功能调试

1）手动主轴功能。MDI 方式下编制：S500；按“循环启动”按钮，实现主轴速度由 CNC 传送给变频器，调整主轴倍率组合档位，速度值应发生相应变化。

在 JOG 方式下按“主轴正转”按钮，主轴电动机应正转；按“主轴反转”按钮，主轴电动机反转；按“主轴停止”按钮，主轴电动机停止。

2）自动方式程序指令主轴功能。在自动/MDI 方式下，验证运行加工程序，应能实现主轴正转/反转/停止以及速度档位变化。

9. 任务验收和答辩

（1）机床操作面板布局图

提供完整的机床操作面板布局图。

（2）机床操作面板输入输出电气图

提供机床操作面板输入输出电气图。

（3）PMC 程序清单

提供编制的 PMC 程序清单。

（4）PMC 功能演示和答辩

能完成 PMC 功能演示以及答辩考核。

10. 考核要点

（1）操作方式功能

当按下设计的机床操作面板按键时，应出现相应的操作方式，同时有相应的状态指示；能理解相应 PMC 程序的逻辑关系。

（2）手动功能

能实现在 JOG 方式下运行各轴电动机，能理解相应 PMC 程序的逻辑关系。

（3）回零功能

能实现两个进给电动机回零功能，能理解相应 PMC 程序的逻辑关系。

（4）编辑功能

能在编辑方式下编制加工程序，能理解相应 PMC 程序的逻辑关系。

（5）手轮功能

能实现手轮轴选择功能和手轮倍率功能，能理解相应 PMC 程序的逻辑关系。

（6）自动功能

能在自动方式下运行 O100 程序，能理解相应 PMC 程序的逻辑关系。

（7）主轴功能

1）能实现手动主轴正反转和停止功能，以及主轴调速功能。

2）能在自动和 MDI 方式下编制指令，实现主轴调速和主轴运行功能。

实践笔记

4.5　项目 5　FANUC 数控系统控制进给电动机调试实践

【实践预习】

预习本节相关知识，初步了解 FANUC 数控系统控制伺服参数调试方法。

【实践目的】

掌握 FANUC 数控系统控制伺服电动机参数调试过程和主要参数的含义。

【实践平台】

1）FANUC 数控系统综合实验装置，1 台。

2）工具及仪表（一字螺钉旋具、十字螺钉旋具、万用表等），1 套。

【相关知识】

1. 伺服系统类型

（1）伺服系统半闭环结构

伺服系统半闭环结构如图 4-90 所示。

由图 4-90 可以看出，伺服系统半闭环的速度和位置反馈都来自伺服电动机尾部 PC（Pulse Code）编码器，也就是说，电动机尾部编码器既作为速度反馈又作为位置反馈。

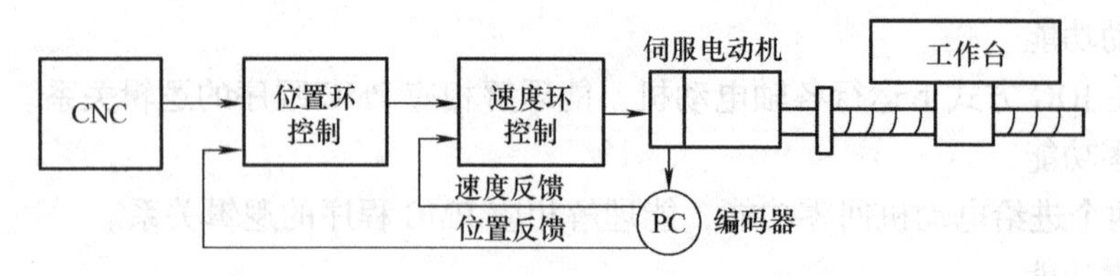

图 4-90　伺服系统半闭环结构

(2) 伺服系统全闭环结构

伺服系统全闭环结构如图 4-91 所示。

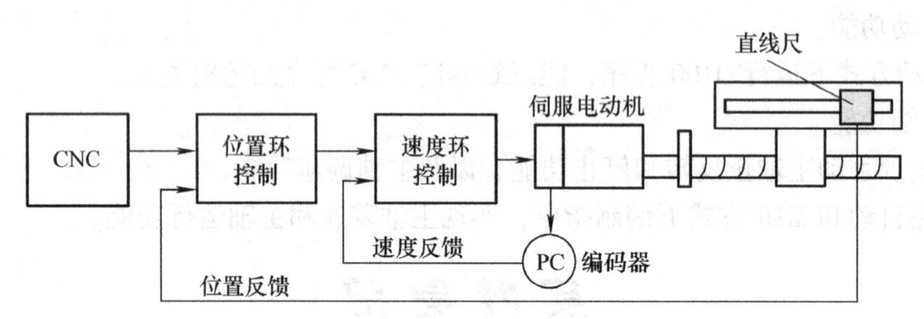

图 4-91　伺服系统全闭环结构

由图 4-91 可以看出，伺服系统全闭环的速度反馈来自伺服电动机尾部编码器，而位置反馈来自滑台上的直线尺。

(3) FANUC 数控系统伺服系统的结构

FANUC 数控系统伺服系统的结构如图 4-92 所示。

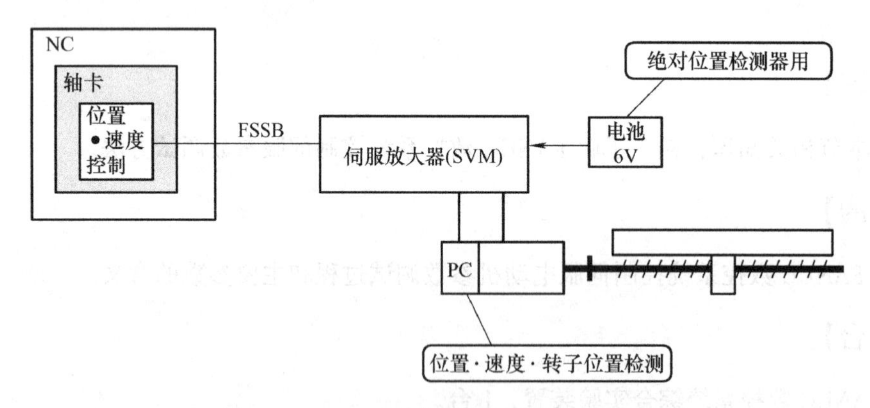

图 4-92　FANUC 数控系统伺服系统的结构

由图 4-92 可以看出，FANUC 数控系统中，轴卡进行速度和位置计算，由光缆（FSSB）与伺服放大器双向通信，再由伺服放大器控制伺服电动机。

2. FANUC 数控系统控制伺服电动机的工作原理

FANUC 数控系统控制伺服电动机的工作原理如图 4-93 所示。

由图 4-93 可以看出，位置和速度计算都在 CNC 轴卡当中完成，计算当中涉及的参数有 NO. 1826、NO. 1827、NO. 1828、NO. 1829、NO. 1825、NO. 2084、NO. 2085 等。

3. FANUC 数控系统伺服电动机控制参数含义

FANUC 数控系统伺服电动机控制参数见表 4-45。

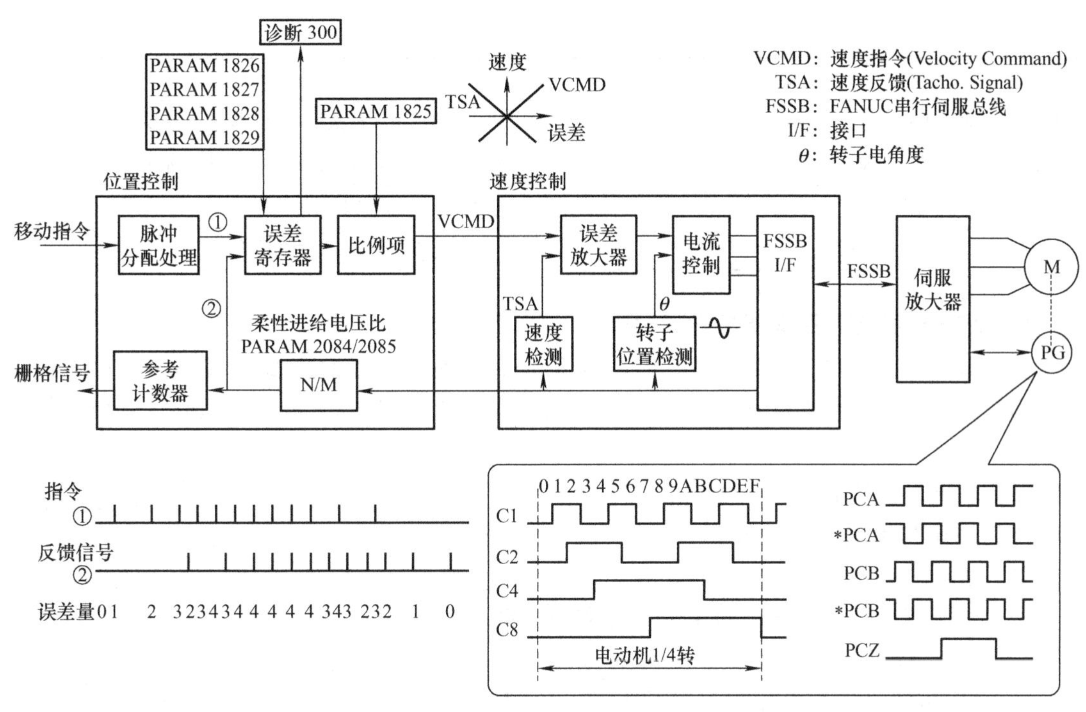

图 4-93　FANUC 数控系统控制伺服电动机的工作原理

表 4-45　FANUC 数控系统伺服电动机控制参数

参数号	参 数 含 义	备　注
1820	各轴指令倍乘比（CMR）	机床系统一般 X 设为 2，Z 设为 2；铣床系统一般为 2
1821	各轴参考计数器容量，一般为电动机一转机械移动的位移数（脉冲数），单位一般为 μm	举例：若滚珠丝杠螺距为 5mm，则设置参数为 5000
1825	各轴伺服环增益，一般为 3000，数据单位为 0.01/sec	
1826	各轴到位宽度，单位为脉冲数	设置为 20 ~ 50，实验台效果不是很明显
1827	设定各轴切削到位宽度，单位为脉冲数	设置为 20 ~ 50，实验台效果不是很明显
1828	各轴移动中最大允许位置偏差值，单位为脉冲数	1. 设置跟随数值 = 进给速度/［60 × 位置环增益（1825）］ 2. 以 JOG 方式为例，NO. 1823 = 1500，NO. 1825 = 3000（单位为 $0.01s^{-1}$），计算后数值为 8333，若设置值小于此值，则运行伺服电动机后就会有 SV411 报警
1829	各轴停止时的最大允许位置偏差值，单位为脉冲数	1. 设定值为 20 ~ 50 2. 本数据不好验证 3. 只有当负载大于伺服电动机输出负载时才能验证
1850	各轴栅格偏移量或参考点偏移量，单位为脉冲数	1. 确认原数据为 0 2. Z 轴回参考点，记下滑台位置或旋转电动机指针位置 3. 修改参数数值：1000 4. Z 轴再回参考点，观察滑台位置或旋转电动机指针位置

（续）

参数号	参数含义	备　注
2084	柔性齿轮比 N	N＝电动机一转机械移动所反馈的脉冲数
2085	柔性齿轮比 M	M＝编码器一转反馈的脉冲数，半闭环 M＝100 万
2020	电动机代码	FANUC 公司提供电动机代码
2022	电动机运行方向	111 为正方向，－111 为负方向

4. FANUC 数控系统伺服参数调试过程

设备素材：假定 X 轴滚珠丝杠螺距为 5mm，Z 轴滚珠丝杠螺距为 10mm，X 轴和 Z 轴滚珠丝杠与伺服电动机直连，X 轴和 Z 轴伺服电动机规格为 βi4/4000，设计精度为 1μm。

参数设置过程如下：

（1）系统初始状态和画面

1）系统通电并处于紧急停止状态。

2）按下功能键“SYSTEM”，再按软键“→”，选择“SV 设定”界面，如图 4-94 所示。

3）显示伺服设定画面如图 4-94 所示。

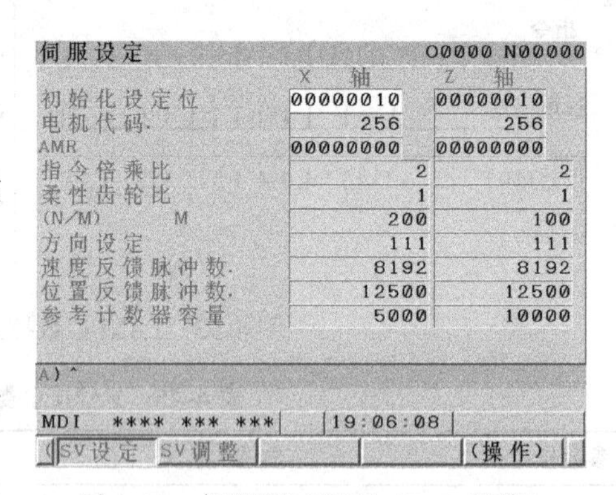

图 4-94　伺服调试画面（0i D 系统）

（2）伺服参数集成设置

1）设置初始化位。把初始化设定位全部设为 0。初始化设定完成再断电重启后，显示 00000010。

2）设置电动机代码。X 轴电动机规格为 βi4/4000，代码为 256；Z 轴电动机规格为 βi4/4000，代码为 256。

3）设置指令倍乘比。指令倍乘比 X 轴设为 2，Z 轴设为 2。

4）设置柔性齿轮比 N/M。计算柔性齿轮比 N/M：X 轴设置，N 设为 1，M 设为 200；Z 轴设置，N 设为 1，M 设为 100。

5）设置电动机方向。电动机方向可以设为 111 或－111（若实验装置带机床滑台以 ISO 坐标系方向为准）；

6）设置速度反馈脉冲数。X 轴设为 8192，Z 轴设为 8192；

7）设置位置反馈脉冲数。X 轴设为 12500，Z 轴设为 12500；

8）设置参考计数器。X 轴设为 5000，Z 轴设为 10000；

（3）设置位置环增益

X 轴 NO. 1825 设为 3000；Z 轴 NO. 1825 设为 3000；

（4）系统重启

数控系统断电后再上电。

【实践步骤】

以实验台或数控机床 PMC 程序正确为前提，掌握进给伺服电动机参数设置方法。若设备运行正常，也可以根据图 4-94，核对和理解数控系统参数设置情况。

1. 设备素材

假定X轴丝杠螺距为5mm，Z轴丝杠螺距为10mm，X轴和Z轴丝杠与伺服电动机直连，X轴和Z轴伺服电动机规格为βi4/4000，设计精度为1μm。X轴和Z轴进给速度为3000mm/min，手动快进速度为4000mm/min，回零速度为4000mm/min，回零减速速度为300mm/min，手轮倍率第3档为100μm，第4档为1000μm。

2. 设备运行

PMC调试完成，设备运行正常，JOG进给轴伺服电动机能正常运行。

3. 调试过程

系统通电并处在紧急停止状态下，伺服参数调试过程如下：

1）按下功能键“SYSTEM”，按下软键“→”，选择“SV设定”界面，如图4-94所示。

2）“初始化设定位”全部设为0。

3）X轴/Z轴伺服电动机代码都设为256。

4）指令倍乘比：X轴设为102，Z轴设为2。

5）柔性齿轮比N/M：X轴设为1/200，Z轴设为1/100。

6）方向设定：X轴/Z轴可以设为111或－111，或根据数控机床ISO坐标系定义。

7）速度反馈脉冲数：X轴/Z轴都设为8192。

8）位置反馈脉冲数：X轴/Z轴都设为12500。

9）参考计数器：X轴设为5000，Z轴设为10000。

10）伺服环增益：X轴/Z轴NO.1825设为3000或5000。

11）设置运行参数。设置进给伺服放大器轴号NO.1023，X轴设为1，Z轴设为2；X轴/Z轴JOG进给速度NO.1423设为3000；X轴/Z轴手动快进速度NO.1424设为4000；X轴/Z轴回零减速速度NO.1425设为300；X轴/Z轴回零速度NO.1428设为4000；X轴/Z轴到位宽度NO.1826设为20；X轴/Z轴跟随误差NO.1828设为3000；X轴/Z轴停止中偏差NO.1829设为20。

12）设置手轮参数。手轮是否使用NO.8131#0设为1（使用手轮）；手轮进给倍率第3档NO.7113设为100；手轮进给倍率第4档NO.7114设为1000。

13）重新上电。

4. 验证X轴进给伺服参数设置情况

在手轮方式下，手轮轴选择X轴，旋转手轮，手轮倍率根据位置接近变化情况选择相应档位，观察：当显示屏上X轴显示变化10mm时，伺服电动机旋转了________圈。

5. 验证Z轴进给伺服参数设置情况

在手轮方式下，手轮轴选择Z轴，旋转手轮，手轮倍率根据位置接近变化情况选择相应档位，观察：当显示屏上Z轴显示变化10mm时，伺服电动机旋转了________圈。

6. 验证Z轴伺服电动机旋转方向

在手轮方式下，手轮轴选择Z轴，顺时针旋转手轮，观察电动机旋转方向；修改Z轴伺服电动机旋转方向参数NO.2022为－111，再顺时针旋转手轮，观察电动机旋转方向。

7. 验证伺服轴号与伺服电动机关系

修改NO.1023参数：原来X轴参数为1，Z轴参数为2；将X轴参数修改为2，Z轴参数修改为1。在操作面板上按+X轴按键，观察运行的是哪个伺服电动机，再按+Z轴按键，观察运行的是哪个伺服电动机。结果：X轴和Z轴伺服电动机应交换了运行位置。

8. 实践结束

按急停按钮，断开实验装置电源，整理实验装置周围卫生。

实践笔记

4.6 项目6 FANUC数控系统控制主轴电动机调试实践

【实践预习】

预习本节相关知识，初步了解FANUC数控系统控制主轴电动机的工作原理与硬件连接。

【实践目的】

1）掌握FANUC数控系统控制主轴电动机的硬件连接。
2）掌握FANUC数控系统控制主轴电动机的PMC程序开发过程。
3）掌握FANUC数控系统控制主轴电动机的参数含义及调试过程。

【实践平台】

1）FANUC数控系统综合实验装置，1台。
2）工具及仪表（一字螺钉旋具、十字螺钉旋具、万用表等），1套。

【相关知识】

1. 实验装置用变频器

（1）变频器配置

FANUC数控系统实验装置用变频器选用东元变频器7200MA和三菱变频器D740系列的产品。控制原理与前面实习项目涉及的变频器原理相同。

（2）变频器运行状态

变频器正面有FWD（正转）/REV（反转）状态指示。当变频器接收到输入正转或反转信号时，相应的指示灯点亮。

（3）变频器接收速度值

变频器可以接收模拟电压信号0～10V/0～±10V，当有信号时，变频器显示屏会显示XX. XXHz，可接收数值类型由变频器参数决定。

2. FANUC数控系统控制主轴电机的典型硬件连接

（1）硬件电路分析

1）FANUC数控系统控制主轴变频器，再由变频器控制主轴电动机。

2）0i C/D 数控系统从 JA40（7 脚 VS 和 5 脚 OV）输出模拟电压给变频器，输出电压为 0～10V，该电压由参数最终决定。

3）FANUC 数控系统控制主轴电动机的硬件连接如图 4-95 所示。

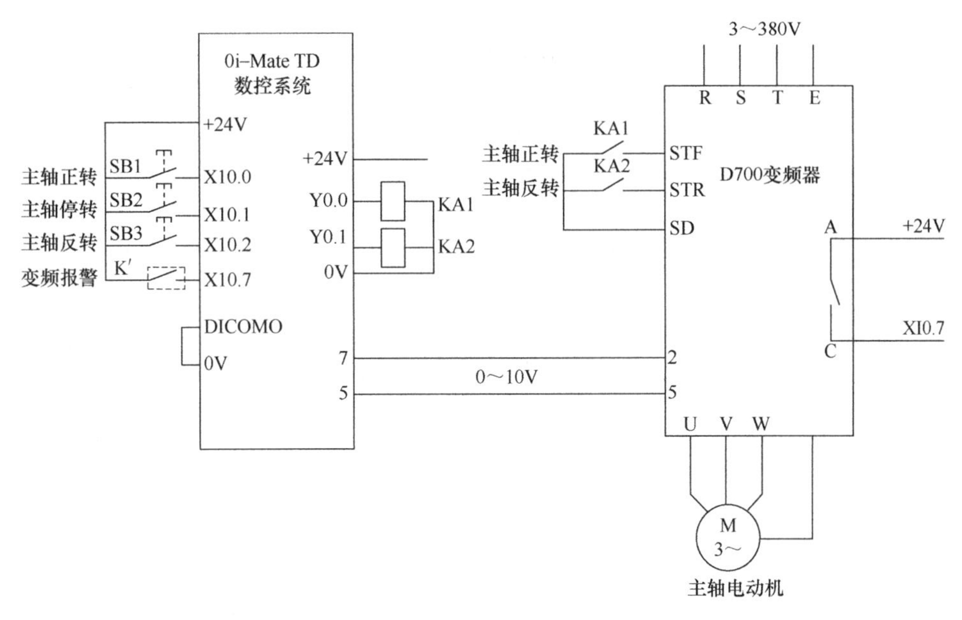

图 4-95　FANUC 数控系统控制主轴电动机的硬件连接图

（2）测试变频器运行信号

图 4-95 中，PMC 输出地址为 Y0. 0（主轴正转）和 Y0. 1（主轴反转），不同实验设备数控系统输出的主轴正反转信号有差异，具体以实验设备电气图为准。实验装置具体输出地址信号需在 PMC 停止状态下利用 PMC 的强制功能进行测试。

具体操作步骤如下：

0i C 系统：在 MDI 面板上多按几次“SYSTEM”键，LCD 显示屏下方出现“PMC”菜单；按“PMC”键后再按 LCD 显示屏下方的“＜”和“＞”左右翻页键，再按“RUN/STOP”键，确保显示右上角为 STOP 状态；然后，按“＜”和“＞”左右翻页键，再按“PMC-DGN”→“STATUS”→根据地址分配，输入“Y0”（示例）后再按“搜索”键，再按“＞”右翻页键，LCD 显示屏下方有“FORCE”，移到显示光标到相应的输出 Y 地址，按“ON”键，观察相应输出指示灯是否点亮，再按“OFF”键，观察相应指示灯熄灭。

0i D 系统：在 MDI 面板上多按几次“SYSTEM”按键，LCD 显示屏下方出现“PMCM-CF”菜单；按 LCD 显示屏下方“＜”和“＞”左右翻页键，再按“PMC 状态”键，确保显示右上角为 STOP 状态；然后按“＜”和“＞”左右翻页键，再按“PMCMNT”→“信号”→根据地址分配，输入“Y0”（示例），再按“搜索”键，再按“＞”右翻页键，LCD 显示屏下方有“操作”，移到显示光标到相应的输出 Y 地址，再按“开”键，观察相应输出指示灯是否点亮，再按“关”键，观察相应指示灯熄灭。

测试 Y0. 0 和 Y0. 1，观察变频器上 FWD/REV 状态指示灯是否点亮。

3. FANUC 数控系统与模拟主轴有关的参数

FANUC 数控系统与模拟主轴有关的参数见表 4-46。

表 4-46 FANUC 数控系统与模拟主轴有关的参数

<table>
<tr><th>序号</th><th>参数号</th><th>符号表示</th><th>含义</th><th>简要说明</th></tr>
<tr><td>1</td><td>3701#1</td><td>ISI</td><td>是否使用第 1、第 2 主轴串行接口
0：使用
1：不使用</td><td>0i C 系统</td></tr>
<tr><td>2</td><td>3716#0</td><td>A/S</td><td>主轴电动机的种类：
0：模拟主轴
1：串行主轴</td><td>0i D 系统</td></tr>
<tr><td>3</td><td>3717</td><td>SPDL INDEX NO</td><td>主轴放大器号
0：不使用
1：使用 1 号主轴放大器
2. 使用 2 号主轴放大器</td><td>0i D 系统</td></tr>
<tr><td>4</td><td>3706#7，#6</td><td>TCW、CWM</td><td>主轴速度输出时电压的极性
<table><tr><th>TCW</th><th>CWM</th><th>电压的极性</th></tr><tr><td>0</td><td>0</td><td>M03、M04 同时为正</td></tr><tr><td>0</td><td>1</td><td>M03、M04 同时为负</td></tr><tr><td>1</td><td>0</td><td>M03 为正，M04 为负</td></tr><tr><td>1</td><td>1</td><td>M03 为负，M04 为正</td></tr></table></td><td>0i C/D 系统</td></tr>
<tr><td>5</td><td>3730</td><td></td><td>主轴速度模拟输出的增益调整数据
单位为 0.01%，范围为 700～1250</td><td>0i C/D 系统</td></tr>
<tr><td>6</td><td>3731</td><td></td><td>主轴速度模拟输出偏置电压的补偿值范围为 -1024～+1024</td><td>0i C/D 系统</td></tr>
<tr><td>7</td><td>3741</td><td></td><td>齿轮档 1 的主轴最高转速，单位为 r/min</td><td>0i C/D 系统</td></tr>
<tr><td>8</td><td>3742</td><td></td><td>齿轮档 2 的主轴最高转速，单位为 r/min</td><td>0i C/D 系统</td></tr>
<tr><td>9</td><td>3772</td><td></td><td>主轴上限转速，单位为 r/min</td><td>0i C/D 系统</td></tr>
<tr><td>10</td><td>8133#5</td><td>SSN</td><td>SSN=0：不使用模拟主轴（使用串行主轴）
SSN=1：使用模拟主轴</td><td>0i C/D 系统</td></tr>
</table>

由表 4-46 可以看出，调试主轴功能必须在数控系统上设置相关参数，主要参数功能有：

1）区分串行主轴还是模拟主轴。

2）主轴放大器数量。

3）主轴最高转速和换档速度。

4）输出主轴速度数据极性及增益。

4. FANUC 数控系统与模拟主轴有关的 G 地址信号和 F 地址信号

FANUC 数控系统与模拟主轴有关的 G 地址和 F 地址信号见表 4-47。

表 4-47　FANUC 数控系统与模拟主轴有关的 G 地址和 F 地址信号一览表

地　址	PMC→CNC	CNC→PMC	代　号	意　义	备　注
G29.6	○		* SSTP	主轴停止信号： 0：停止 1：不停止	适用于模拟主轴和串行主轴
G30.0 ~ G30.7	○		SOV0 ~ SOV7	主轴倍率信号： 倍率是二进制组合，所需倍率转换成二进制	适用于模拟主轴和串行主轴
G70.4	○		SRVA	反向旋转指令信号： 0：主轴不反转 1：主轴反转	适用于串行主轴
G70.5	○		SFRA	正向旋转指令信号： 0：主轴不正转 1：主轴正转	适用于串行主轴
G71.0	○		ARSTA	报警复位信号： 0：主轴报警不复位 1：主轴报警复位	适用于串行主轴
G71.1	○		* ESPA	紧急停止信号： 0：主轴急停 1：主轴不急停	适用于串行主轴
F1.4		○	ENB	主轴使能信号 0：主轴不允许输出 1：主轴允许输出	适用于模拟主轴和串行主轴
F7.2		○	SF	主轴功能选通脉冲信号	适用于模拟主轴和串行主轴
F36.0 ~ F37.3		○	R10 ~ R120	12 位代码信号： 编程 S 值由 CNC 转换成 12 位代码输出值	适用于模拟主轴和串行主轴
F45.0		○	ALMA	报警信号： CNC 主轴报警	适用于串行主轴

由表 4-47 可以看出，与模拟主轴有关的 G 地址信号有 G29.6、G30.0 ~ G30.7，与模拟主轴有关的 F 地址信号有 F1.4、F7.2、F36.0 ~ F37.3。

5. 模拟主轴 M 指令实现

（1）数控系统 I/O 模块硬件输出

数控系统 I/O 模块硬件输出 Y 地址信号控制变频器正转和反转（以 Y0.0 和 Y0.1 为例）。

（2）开发主轴功能运行指令

根据 ISO 代码规则，开发主轴正转（M03）/主轴反转（M04）/主轴停止（M05）功能，M03、M04、M05 指令 PMC 示例如图 4-96 所示。

1）由图4-96可以看出：F10地址为CNC对M指令译码输出存放区，如M03，自动运行执行到M03时，“03”转换成二进制（00000011）存放在F10地址字节中，自动延时一段时间（由参数No.3010确定），M选通信号F7.0为“1”。

2）SUB25（DECB）功能指令处理后，R20.3状态为“1”，线圈Y0.0得电输出为1并自锁，主轴正转。

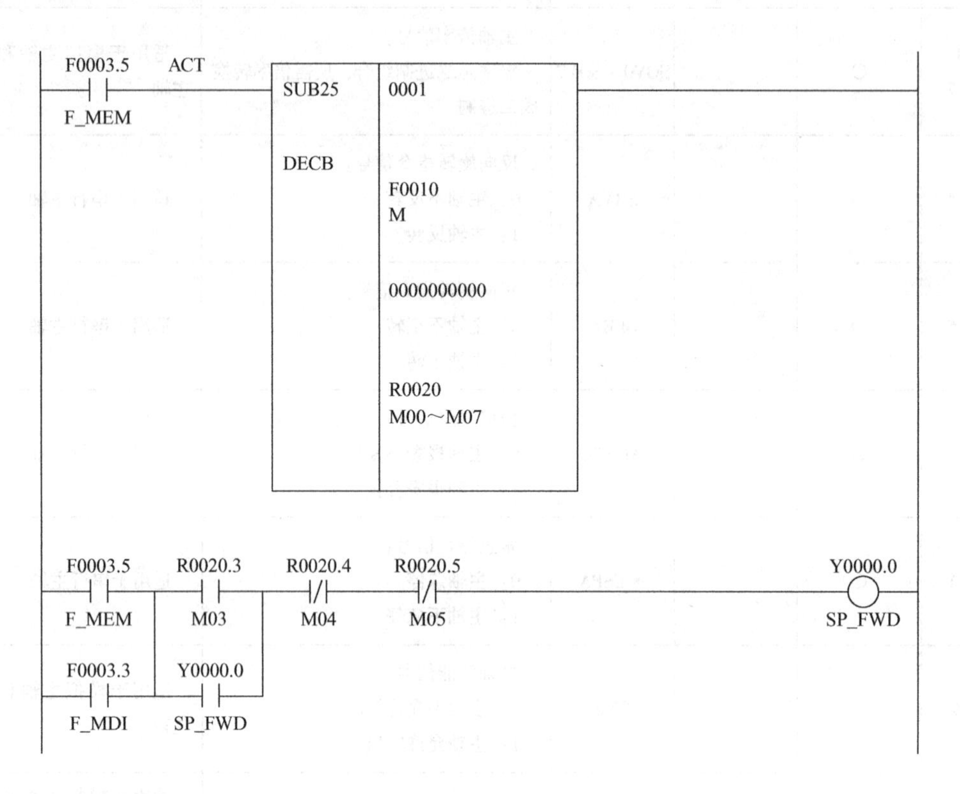

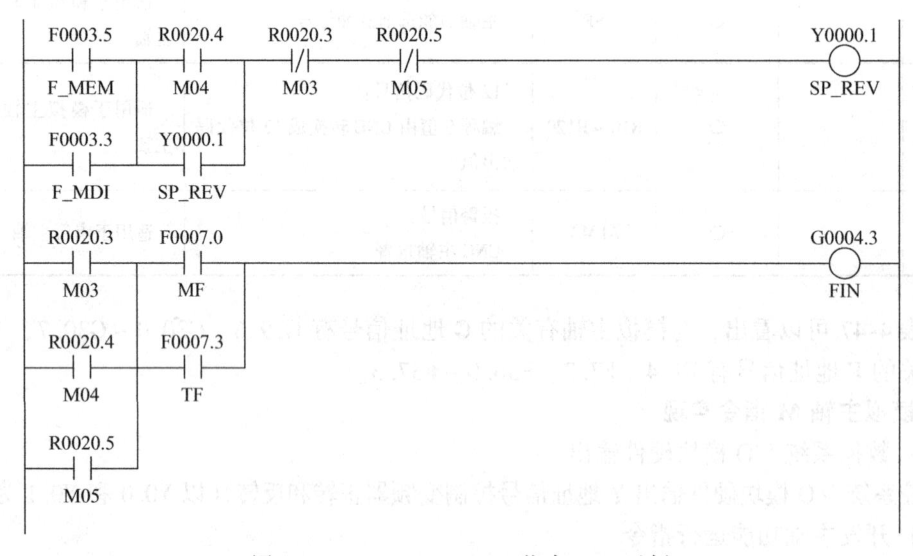

图4-96 M03、M04、M05指令PMC示例

3）若编制 M04，PMC 程序执行后，线圈 Y0.1 得电输出为 1 并自锁，控制主轴反转。

4）若编制 M05，PMC 程序执行后，主轴正转线圈 Y0.0 或主轴反转线圈 Y0.1 都断开。

5）M03、M04、M05 加工指令由 DECB（SUB5）指令译码后的状态为 R20.3、R20.4、R20.5，结果送给辅助功能完成信号（FIN）G4.3。

6）当 CNC 接收到辅助功能完成信号 G4.3 时，CNC 把辅助选通信号 F7.0 清除为 0，F10 中的数据也清为 0，辅助功能完成信号 G4.3 逻辑也为 0，完成 M 指令译码。

6. 单独开发手动运行 PMC 程序

以图 4-95 电气图为例，手动主轴正转按钮地址为 X10.0，主轴停止按钮为 X10.1，主轴反转按钮为 X10.2，I/O 模块输出主轴正转地址信号为 Y0.0，主轴反转地址信号为 Y0.1，相应 PMC 程序如图 4-97 所示，可实现在手动方式或手轮方式下手动主轴电动机正反转及停止功能。

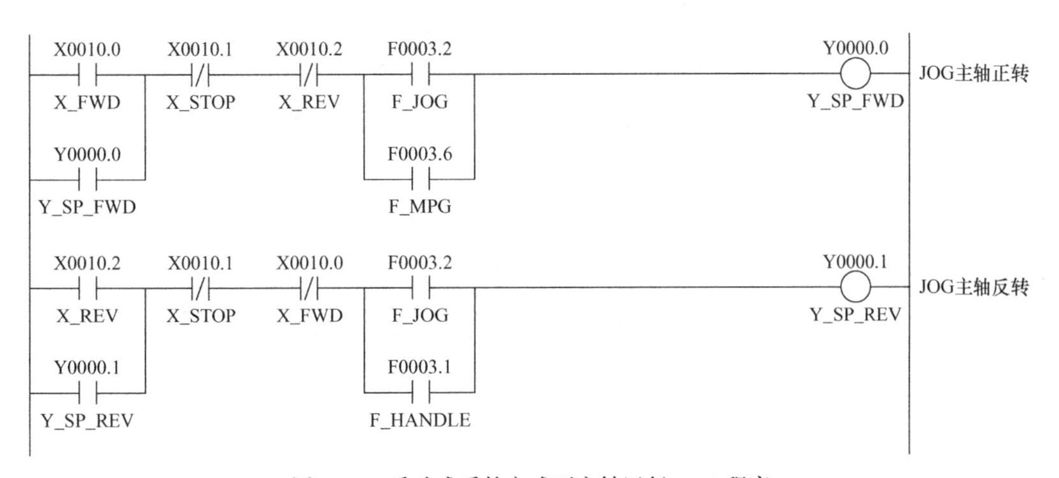

图 4-97　手动或手轮方式下主轴运行 PMC 程序

【实践步骤】

1. 熟悉 FANUC 数控系统与变频器的硬件连接

1）消化本项目相关知识，熟悉 FANUC 数控系统与变频器的硬件连接。

2）根据电气图样测试 I/O 模块主轴正转和反转功能输出地址。

3）了解实验装置数控系统输出模拟电压的接口代号：__________。

2. 掌握 FANUC 数控系统与主轴有关的参数含义

根据表 4-46，填写表 4-48 实验装置模拟主轴参数。

表 4-48　模拟主轴参数一览表

序　号	参数号	符号表示	含　义	简要说明	现有数据
1	3701#1	ISI	是否使用第 1、第 2 主轴串行接口 0：使用 1：不使用	0i C 系统	

（续）

<table>
<tr><th>序　　号</th><th>参数号</th><th>符号表示</th><th>含　　义</th><th>简要说明</th><th>现有数据</th></tr>
<tr><td>2</td><td>3716#0</td><td>A/S</td><td>主轴电动机的种类为：
0：模拟主轴
1：串行主轴</td><td>0i D 系统</td><td></td></tr>
<tr><td>3</td><td>3717</td><td>SPDL INDEX NO</td><td>主轴放大器
0：不使用；
1－2：为 1－2 个主轴</td><td>0i D 系统</td><td></td></tr>
<tr><td>4</td><td>3706#7，#6</td><td>TCW、CWM</td><td>主轴速度输出时电压的极性
<table>
<tr><th>TCW</th><th>CWM</th><th>电压的极性</th></tr>
<tr><td>0</td><td>0</td><td>M03，M04 同时为正</td></tr>
<tr><td>0</td><td>1</td><td>M03，M04 同时为负</td></tr>
<tr><td>1</td><td>0</td><td>M03 为正，M04 为负</td></tr>
<tr><td>1</td><td>1</td><td>M03 为负，M04 为正</td></tr>
</table></td><td>0i C/D 系统</td><td></td></tr>
<tr><td>5</td><td>3730</td><td></td><td>主轴速度模拟输出的增益调整数据
单位：0.01%，范围：700～1250</td><td>0i C/D 系统</td><td></td></tr>
<tr><td>6</td><td>3731</td><td></td><td>主轴速度模拟输出偏置电压的补偿值
范围：－1024～＋1024</td><td>0i C/D 系统</td><td></td></tr>
<tr><td>7</td><td>3741</td><td></td><td>齿轮挡 1 的主轴最高转速，单位：r/min</td><td>0i C/D 系统</td><td></td></tr>
<tr><td>8</td><td>3742</td><td></td><td>齿轮挡 2 的主轴最高转速，单位：r/min</td><td>0i C/D 系统</td><td></td></tr>
<tr><td>9</td><td>3772</td><td></td><td>主轴上限转速，单位：r/min</td><td>0i C/D 系统</td><td></td></tr>
<tr><td>10</td><td>8133#5</td><td>SSN</td><td>SSN＝0：不使用模拟主轴，即使用串行主轴
SSN＝1：使用模拟主轴。</td><td>0i C/D 系统</td><td></td></tr>
</table>

3. I/O 模块输入输出地址分配

1）分配手动主轴正转按钮、反转按钮、停止按钮以及主轴倍率的输入地址。

2）分配手动主轴正转运行灯、反转运行灯、停止运行灯。

3）分配主轴正转和反转输出地址。

参考 4.4 项目 4 进行 PMC 程序开发。

4. 罗列 FANUC 数控系统与主轴有关的 G 地址信号和 F 地址信号

本步骤主要罗列与模拟主轴有关的 G 地址信号和 F 地址信号，理解表 4-49 表中信号含义。

表 4-49　FANUC 数控系统与模拟主轴有关的 G 地址信号和 F 地址信号一览表

地　址	PMC→CNC	CNC→PMC	代　号	意　义	备　注
G29.6	○		*SSTP		适用于模拟主轴和串行主轴
G30.0～G30.7	○		SOV0～SOV7		适用于模拟主轴和串行主轴

（续）

地　址	PMC→CNC	CNC→PMC	代　号	意　义	备　注
F1.4		○	ENB		适用于模拟主轴和串行主轴
F7.2		○	SF		适用于模拟主轴和串行主轴
F36.0～F37.3		○	R010～R120		适用于模拟主轴和串行主轴

5. 模拟主轴调试步骤

（1）理解模拟主轴的控制原理

1）模拟主轴的控制过程。

2）模拟主轴的硬件连接情况。

3）模拟主轴涉及的 G 地址信号和 F 地址信号。

4）模拟主轴涉及的参数。

（2）开发 PMC 程序

参考 4.4 项目 4 有关主轴 PMC 程序开发情况。

（3）速度数据调试

在 MDI 方式且没有急停情况下，输入 S500，不按“循环暂停”按键，按“循环启动”按键，运行主轴速度指令；只要满足以下条件应该有模拟电压输出到变频器，若变频器未显示 XX. XXHz，需分析 PMC 程序是否正确。

1）主轴停止信号。主轴停止信号（G29.6）状态为 1，数控系统才有可能输出模拟电压。

主轴停止信号 PMC 程序处理有以下两种方式：

① 主轴停止信号常为 1。主轴停止信号（G29.6）常为 1 程序如图 4-98 所示。

```
      | R0100.0                                       G0029.6    |
00003 *--┤/├-------------------------------------------(       )--*
```

图 4-98 主轴停止信号常为 1 程序

找某个一直未使用的 R 地址（R100.0 在原 PMC 程序中未使用过），用 R100.0 位地址常闭触点控制 G29.6 状态一直为“1”。

② 利用主轴运行状态控制主轴停止信号。利用主轴运行状态（主轴正转或主轴反转）输出地址 Y0.0 或 Y0.1 控制 G29.6。

主轴正转或反转控制主轴停止信号 PMC 程序如图 4-99 所示。

```
      | Y0000.0                                   G0029.6    |
00003 *--┤├--*----------------------------------------( )---*
      | Y0000.1 |                                            |
      *--┤├--*
```

图 4-99 主轴正转或反转控制主轴停止信号 PMC 程序

本示例中，PMC 程序输出线圈 Y0.0 为主轴正转，线圈 Y0.1 为主轴反转。当主轴正转/反转时，主轴停止信号 G29.6 = 1，数控系统允许输出模拟电压。

2）主轴倍率数值不为 0。数控系统主轴倍率取决于 G30 地址信号组合。实际主轴倍率为 G30 地址信号的二进制组合，最高为 254%。主轴倍率不能太低，一般主轴倍率不低于50%，由变频器控制普通三相异步电动机的转速不能太低，一般主轴转速不低于100r/min。

开发PMC程序时，若G29.6信号需要主轴正转和反转逻辑控制，只有再按主轴正转或反转按键才能看到转速显示数据。

（4）主轴正转和反转

在JOG方式下，按主轴正转按键，主轴电动机正转；按主轴反转按键，主轴电动机反转；相应主轴运行状态指示灯点亮。按主轴停止按键，主轴电动机停止。

可以开发M03、M04和M05程序指令分别控制主轴正转、主轴反转和主轴停止。

实践笔记

4.7 项目7 FANUC数控系统控制电动刀架调试实践

【实践预习】

预习本节相关知识，初步了解电动刀架控制原理。

【实践目的】

1）掌握FANUC数控系统控制电动刀架的电气硬件连接关系。

2）理解FANUC数控系统控制电动刀架的PMC程序开发过程。

【实践平台】

1）FANUC数控系统综合实验装置，1台。

2）工具及仪表（一字螺钉旋具、十字螺钉旋具、万用表等），1套。

【相关知识】

1. FANUC数控系统控制电动刀架的电气硬件连接关系

以四工位刀架用三相异步电动机为例，电气控制原理图如图4-100所示。

一般每个换刀工位都有一个相应的传感器，图4-100中，X8.0～X8.3为四工位刀架刀位传感器，X8.7为手动换刀启动按钮。I/O模块输出Y2.0和Y2.2为刀架电动机正转和反转控制信号，经过相应控制回路实现刀架电动机的正转和反转动作。

2. 常见电动刀架的工作过程

常见电动刀架工作过程：根据CNC编制T指令或手动换刀启动按钮，再编制PMC程序输出控制信号，经过机床硬件电气控制回路（见图4-100），控制刀架电动机正转实现刀架抬刀，刀架旋转寻找所需换刀位置信号，当寻找到所需刀架位置时，正转信号断开，延时后，控制刀架电动机反转，刀架开始落下定位，当反转时间到后，刀架锁紧，完成整个换刀动作。

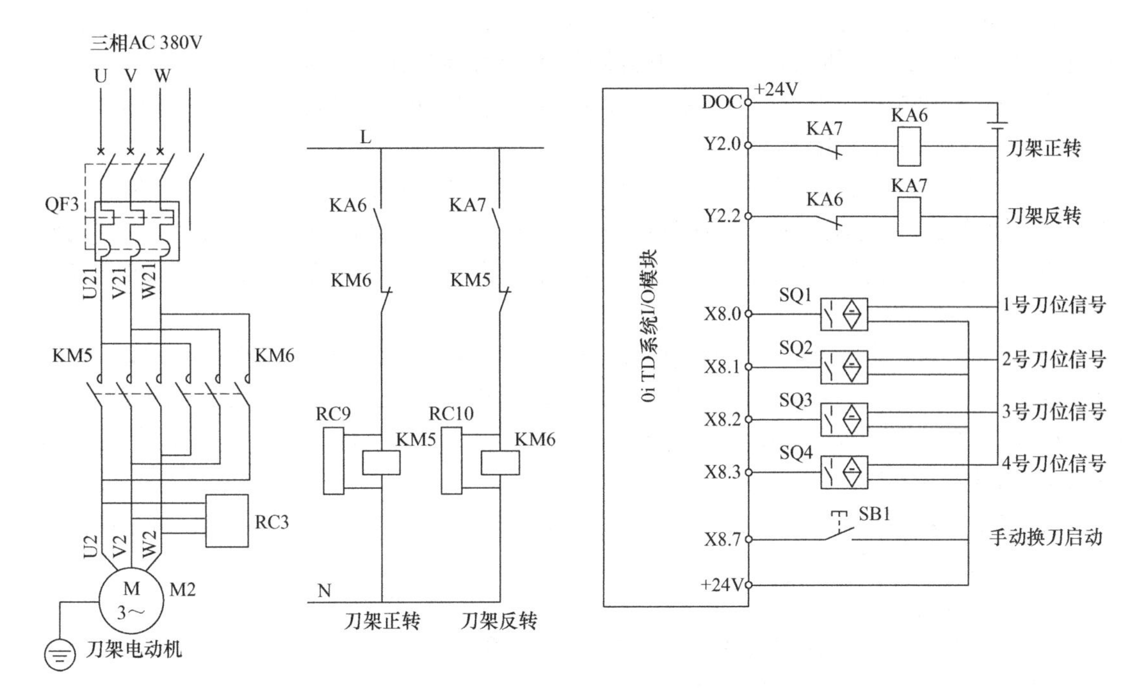

图 4-100　电动刀架电气控制原理

可在网络上搜索电动换刀的结构和工作原理，了解其他常规换刀产品类型。

3. FANUC 数控系统 T 代码的工作原理

FANUC 数控系统 T 功能单独指令时序图如图 4-101 所示。

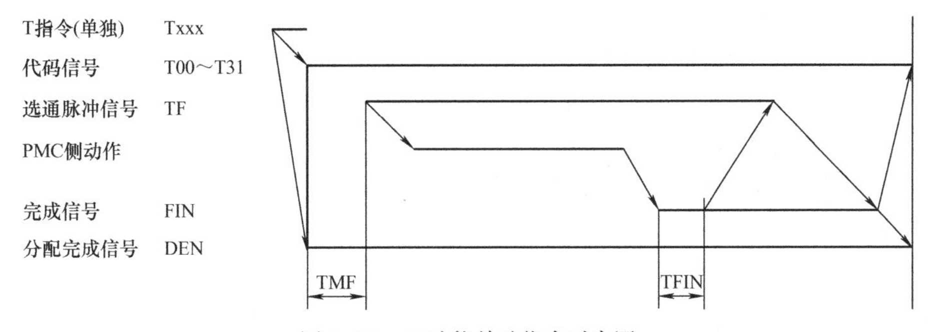

图 4-101　T 功能单独指令时序图

CNC 编制 T 指令，由 PMC 程序实现换刀逻辑，涉及换刀控制过程与 M 功能实现过程相似，具体换刀功能控制过程如下：

1）假设在加工指令程序中指令了 Txxxx。xxxx 可以通过参数（No. 3032）为 T 功能指定最大位数，指令超过该最大位数时，会有报警发出。

2）数控系统根据系统是 T 系列还是 M 系列以及参数设定情况，自动计算 T 后面的数字实际指令刀具号是几位数字，把计算出的刀具号转换成二进制送到 PMC 的 F 存储区 F26 ~ F29 地址，经过由参数（No. 3010）设定的时间 TMF（标准设定：16msec）后，选通脉冲信号 TF（F7. 3）成为“1”。与 T 功能一起指令了其他功能（移动指令、暂停、主轴功能等）的情况下，同时进行代码信号的输出与其他功能执行的开始。

3）在PMC侧，请在TF（F7.3）选通脉冲信号成为“1”的时刻读取代码信号，执行对应的动作。PMC执行机床制造商编制的换刀具体动作流程梯形图程序。

4）如果希望在相同程序段中指令的移动指令、暂停等的完成后执行对应的动作，请等待分配完成信号DEN（F1.3）成为“1”。

5）在PMC侧完成对应的动作时，请将完成信号FIN（G4.3）设定为“1”。但是，完成信号在辅助功能、主轴功能、刀具功能、第2辅助功能以及其他外部动作功能等中共同使用。如果这些其他功能同时动作，则需要在所有功能都已经完成的条件下，将完成信号FIN（G4.3）设定为“1”。

6）完成信号在由参数（No.3011）设定的时间TFIN（标准设定：16msec）以上保持“1”时，CNC将选通脉冲信号TF（F7.3）设定为“0”，通知已经接收完成信号的事实。

7）PMC侧，请在选通脉冲信号TF（F7.3）成为“0”的时刻，将完成信号FIN（G4.3）设定为“0”。

8）完成信号FIN（G4.3）成为“0”时，CNC将F26～F29地址中的代码信号全都清位为“0”，T功能的顺序全部完成。

9）CNC等待相同程序段其他指令的完成，进入下一个程序段。

4. 电动刀架PMC程序涉及的常用PMC功能指令

常用指令有DECB（SUB25）指令、COMP（SUB15）指令、NUME（SUB23）指令、TMR（SUB3）指令，相关指令在4.4项目4有介绍。

【实践步骤】

1. 消化FANUC数控系统控制电动刀架的电气硬件连接关系

理解以下几个知识点：

1）电动刀架刀位输入信号含义。

2）电动刀架的刀架电动机正转和反转电路控制过程以及输出地址。

2. 消化FANUC T代码工作过程

理解电动刀架FANUC数控系统T代码的工作过程。

以T0202为例：

1）CNC输出F地址信号含义：

F26～F29：____。

F7.3：____。

2）CNC接收G地址信号含义：

G4.3：____。

3. 消化FANUC数控系统涉及的常用逻辑开发功能指令

DECB（SUB25）指令

COMP（SUB15）指令

NUME（SUB23）指令

TMR（SUB3）指令

4. 开发PMC程序

根据本项目涉及的换刀相关知识，开发换刀PMC程序。

5. 调试 PMC 程序

1）调试 PMC 程序时，可以借助实验装置多余的输入输出地址进行模拟调试换刀。

2）若将实际刀架用于 PMC 程序开发，注意刀架输入信号的高低电平，以及输出正反转控制信号与实际刀架三相异步电动机正反转相序的一致性，不然会导致刀架电动机长时间处于堵转状态，烧坏电动机。

实践笔记

附　　录

附录 A　PMC SA1/SB7 版本操作菜单

1. PMC 的 SA1 版本

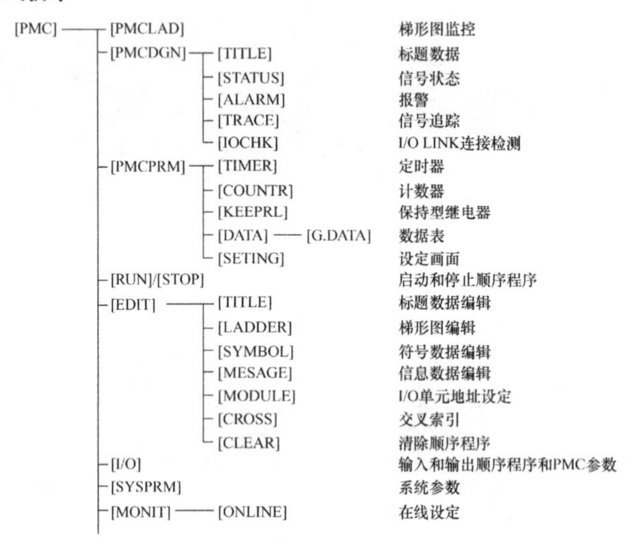

图 A-1　PMC 的 SA1 版本操作菜单

2. PMC 的 SB7 版本

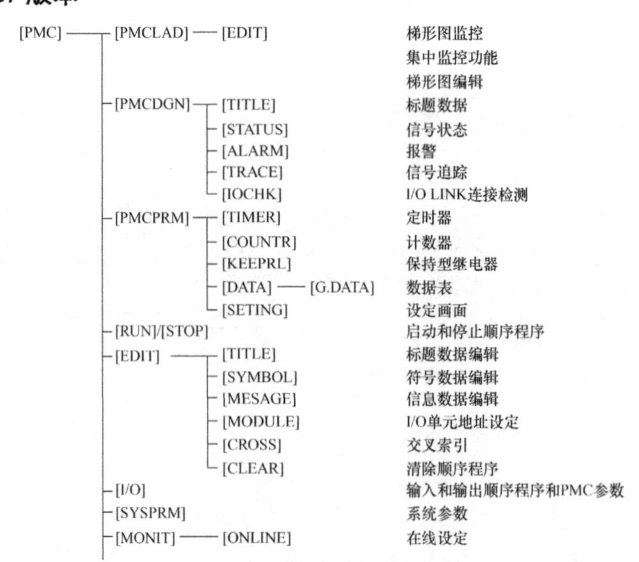

图 A-2　PMC 的 SB7 版本操作菜单

附录 B　PMC 的 0i D PMC/L 版本操作菜单及界面

1. PMC 的 0i D PMC/L 版本操作菜单

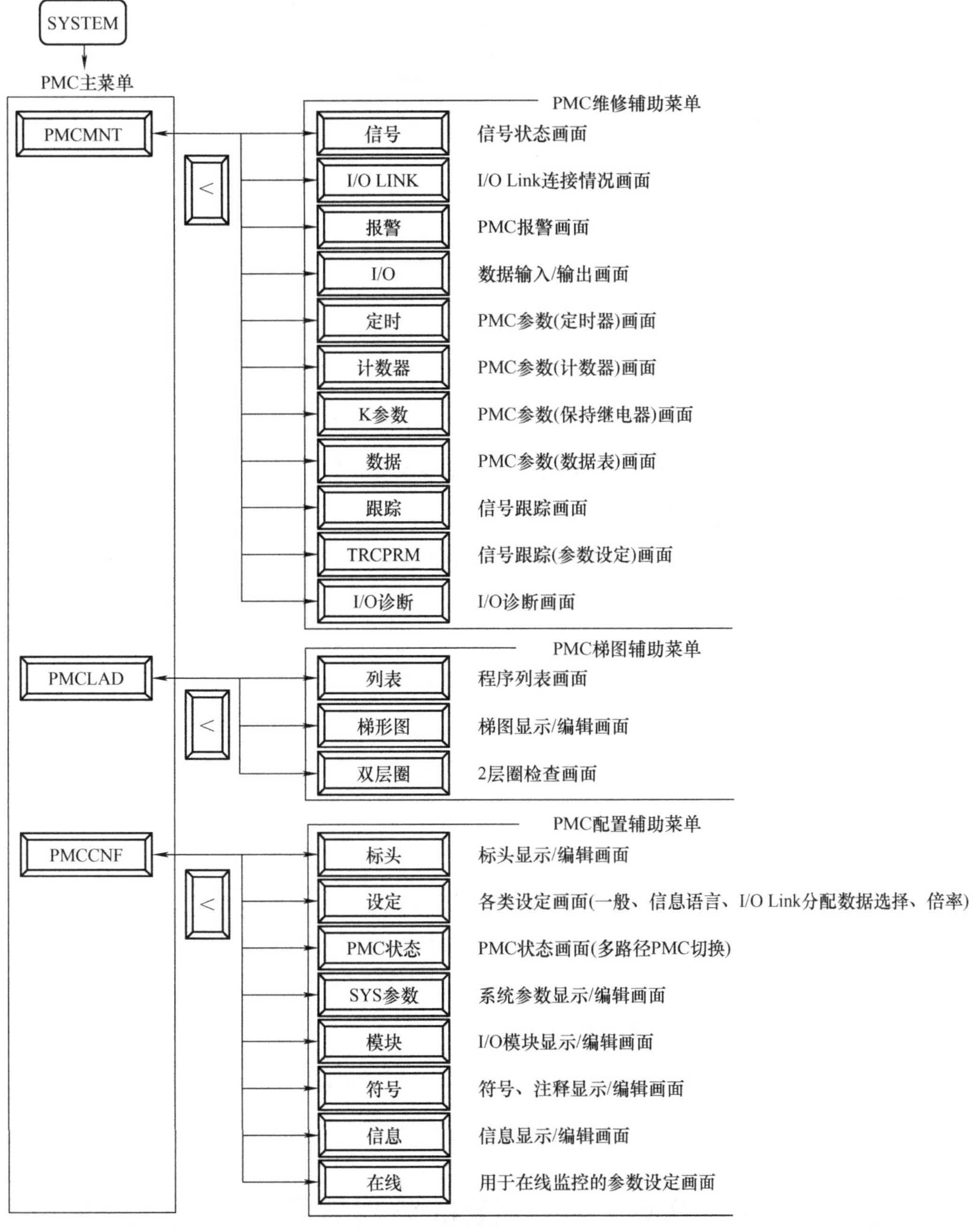

图 B-1　PMC 的 0i D PMC/L 版本操作菜单

2. PMC 有关常用画面

（1）PMC 程序和参数输入输出画面

步骤：多按几次“SYSTEM”按键，进入“PMCMNT”菜单，按“I/O”软键，进入图 B-2所示界面。

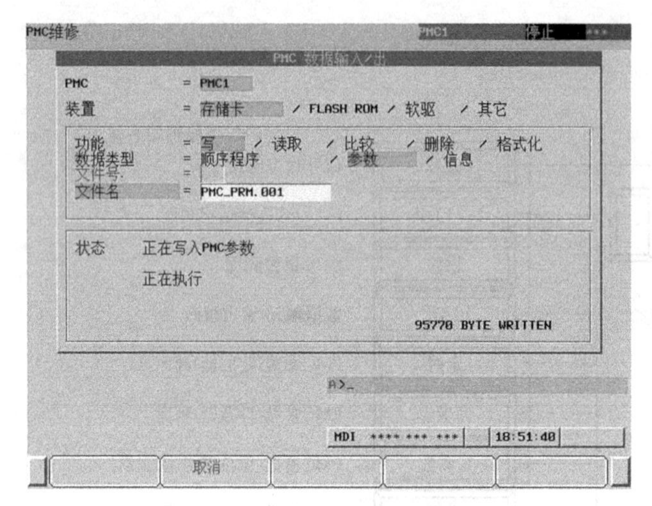

图 B-2 PMC 程序和参数输入输出界面

（2）PMC 常用信号诊断画面

步骤：多按几次“SYSTEM”按键，进入“PMCMNT”菜单，按“信号”软键，进入图 B-3 所示界面。

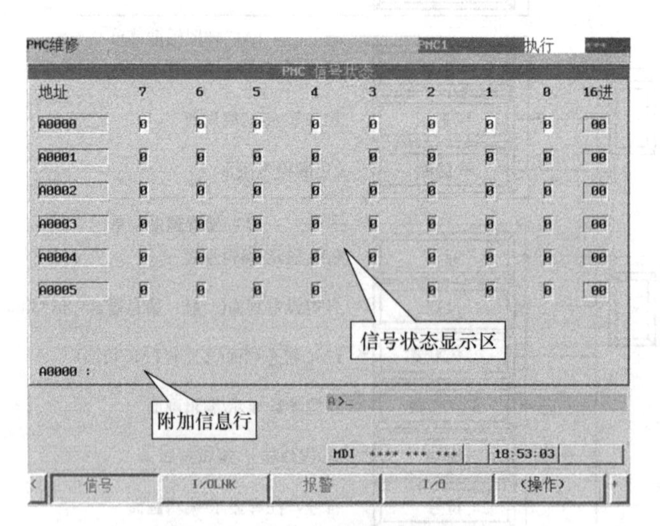

图 B-3 PMC 常用信号诊断界面

附录 C FANUC LADDERⅢ编程软件的操作步骤

1. 启动 LADDERⅢ

双击图标，进入图 C-1 所示界面。

图 C-1　进入主界面

2. 单击“FILE”菜单

建立文件名（选择保存路径，建立文件名），选择 PMC；常用类型有 PMC－SB7 版本、SA1 版本、0i D PMC－L 版本等，如图 C-2 所示。

3. 进入程序清单画面

单击图 C-2 中“OK”按钮，出现图 C-3 所示画面。

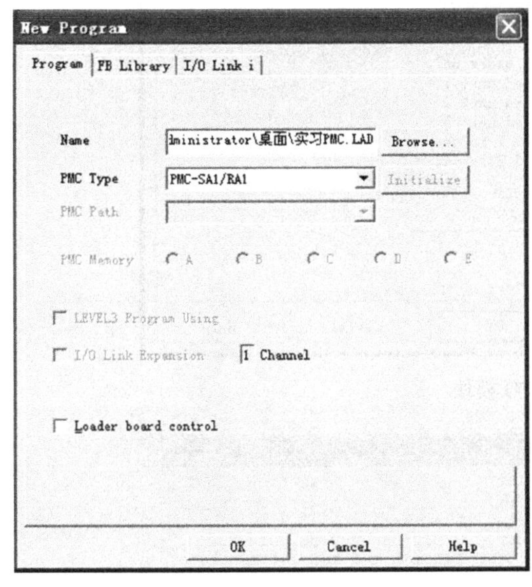

图 C-2　建立新程序

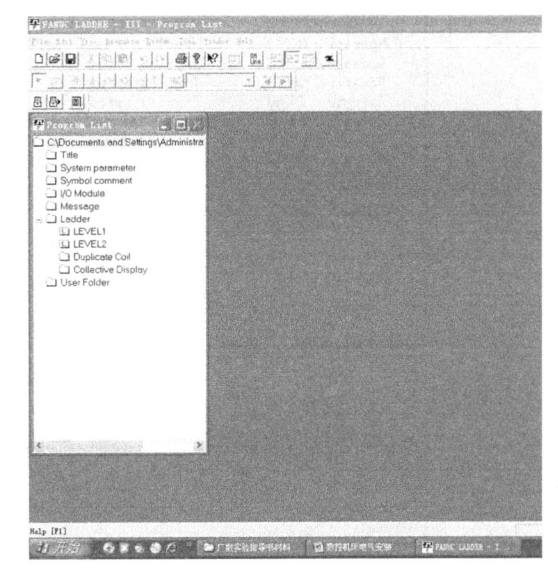

图 C-3　程序清单界面

4. 输入输出地址分配

单击“I/O Module”文件夹选项，出现图 C-4 所示界面。

5. 定义输入地址

光标移到 X8 位置，单击 X8 地址，出现图 C-5 所示界面。

6. 定义输入模块参数

定义输入地址（输入 0. 0. 1. OC02I 参数）后单击“OK”按钮，出现图 C-6 所示界面。

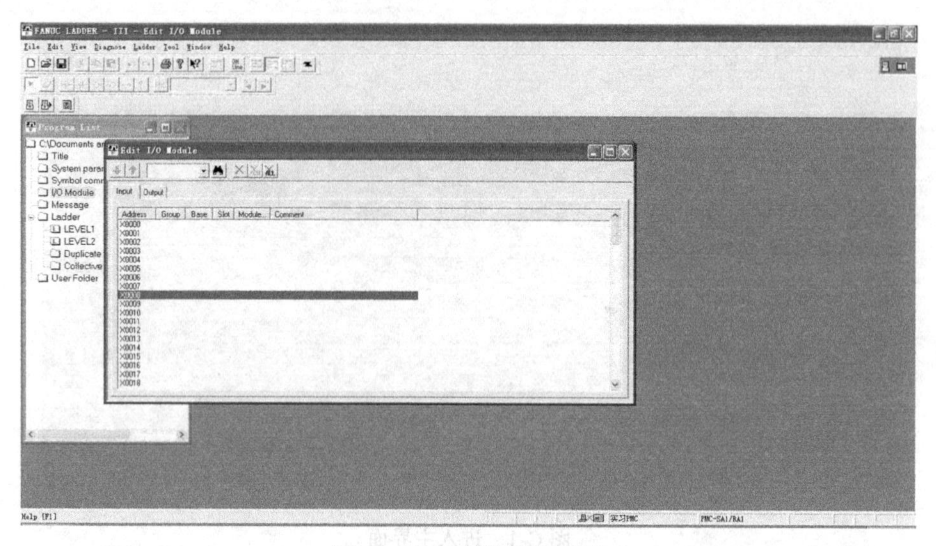

图 C-4 I/O 模块定义界面

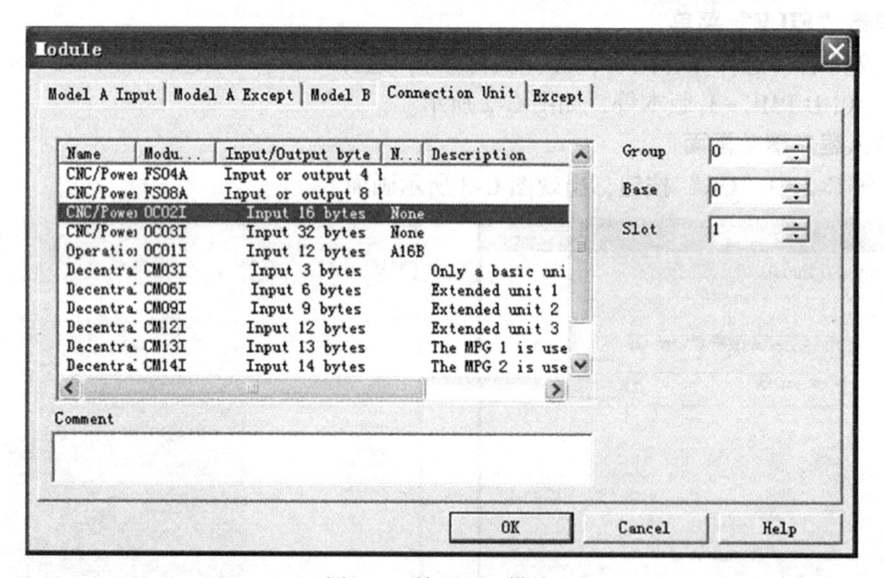

图 C-5 输入 I/O 模块

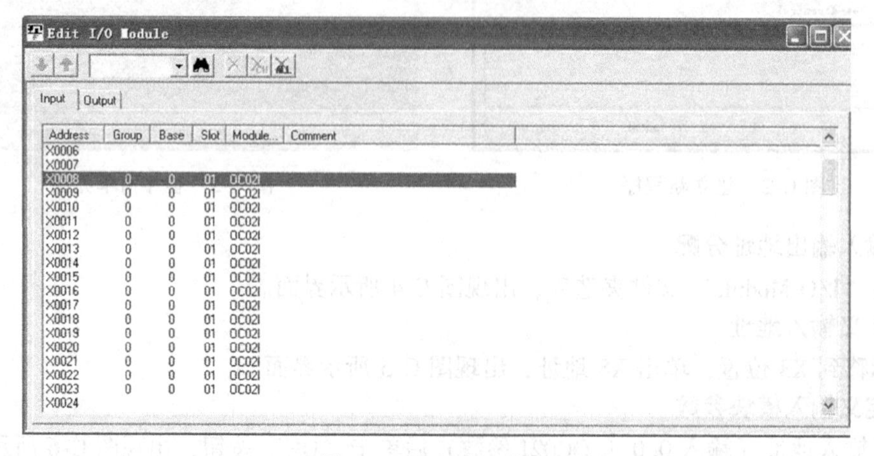

图 C-6 输入地址分配

7. 分配输出地址

单击“Output”选项卡，光标放置在 Y000 处，双击后出现图 C-7 所示界面。

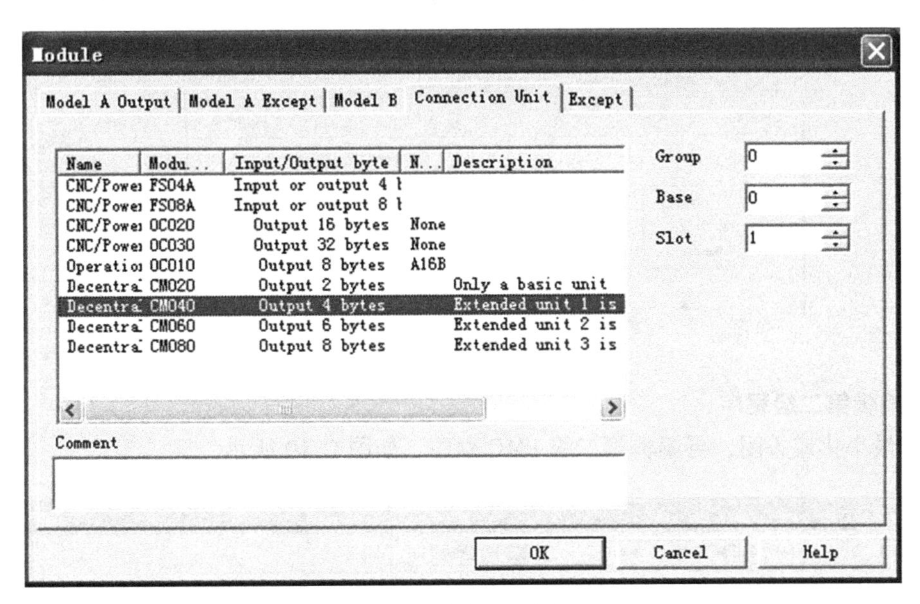

图 C-7　输出 I/O 模块

8. 定义输出地址

在图 C-7 所示界面中，输入确认 0. 0. 1. CM04O，单击“OK”按钮，出现图 C-8 所示界面。

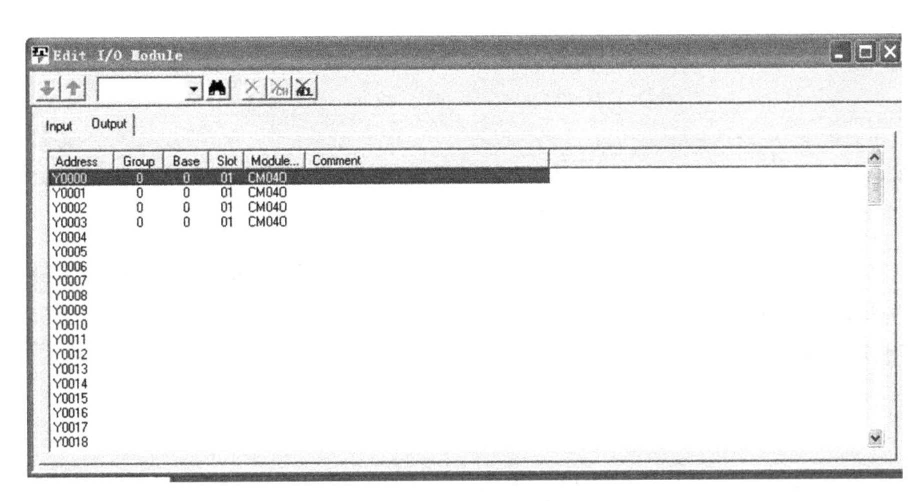

图 C-8　输出地址分配

9. 保存地址分配

单击保存按钮将 I/O 模块定义保存至计算机，再将窗口关闭或最小化，进入程序编辑界面。

10. 编辑第一级程序

单击“LEVEL1”选项，输入第一级 PMC 程序，如图 C-9 所示。

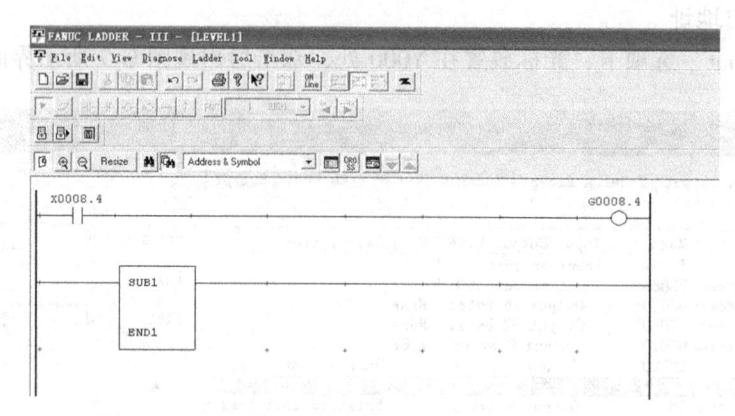

图 C-9　编辑第一级程序

11. 编辑第二级程序

窗口最小化或关闭，再编辑第二级 PMC 程序，如图 C-10 所示。

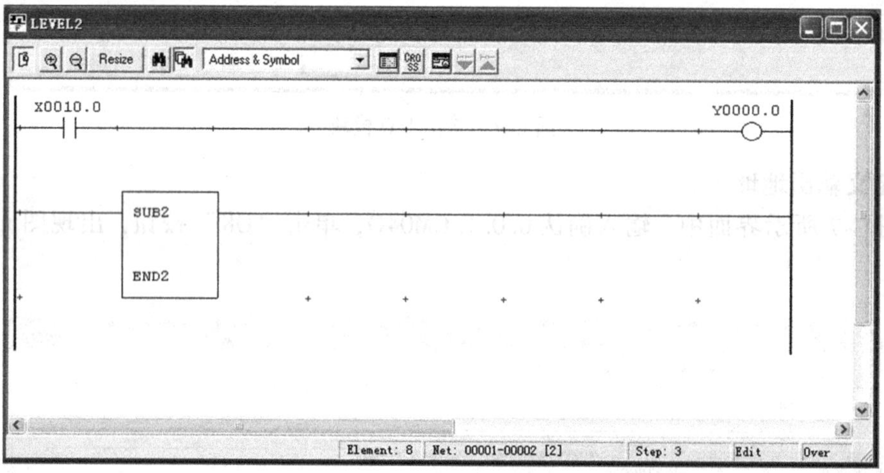

图 C-10　编辑第二级程序

单击“TOOL”→“compile”→“EXEC”→“close”→保存→“OK”按钮命令，样板程序编制完成。

单击“TOOL”→“Communication”→“Setting”命令，界面如图 C-11 所示。

若有 COM1/COM2/COM3 串行接口，单击“Add”按钮并确认实际使用接口和参数：波特率（9600）、奇偶校验（无）、停止位（2）。

12. 设置 CNC 参数

多按几次“SYSTEM”→“PMC”→画面翻页→“MONIT”→“ONLINE”出现通讯设置画面，确认：RS232（USE），波特率

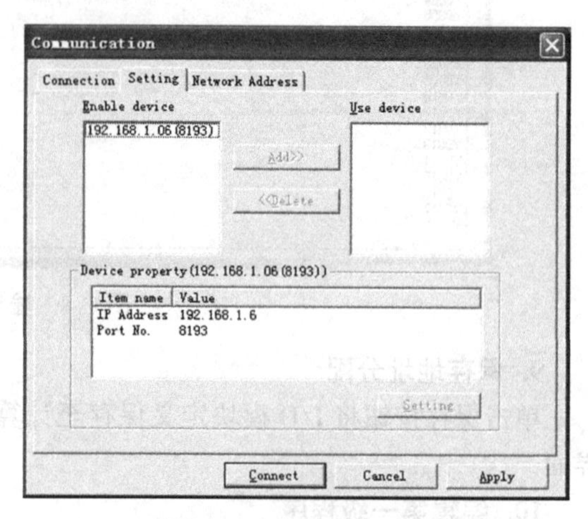

图 C-11　设置通信画面

(9600)、奇偶校验（无)、停止位（2)。

13. 建立通信

在计算机中单击图 C-11 设置通讯画面，确认无误后，单击“Connect”按钮进入计算机与 CNC 通信画面。

14. 保存备份数据

通信完成后，单击“TOOL”→“Backup”命令，把 PMC 程序和 I/O 地址分配并保存在 CNC 的 FROM 中。

15. 再断电，再上电

(1) 检查实验装置机床操作面板和模拟输入的钮子开关是否完好：

多按几次“SYSTEM”→“PMC”→“PMCDGN”→“STATUS”→输入 X8，按“搜索”键界面出现 X8 字节为首行的画面，依次合上相应的钮子开关，检查钮子开关输入是否完好。

(2) 操作面板急停的硬件连接与使用

在图 3-4 中，样本程序中输入地址是从 X8 开始分配的，操作面板上红色急停输入地址是 X8.4，与 Xm +0.4 钮子开关并联。若地址不从 X8 地址开始分配，急停随初始 X 地址分配浮动，比如：X 地址分配从 X7 开始分配，急停 X8.4 就移到 Xm +1.4 位置。

(3) 测试输出状态

多按几次“SYSTEM”→“PMC”→观察显示右上角是否为 STOP→“RUN/STOP”，使 PMC 程序停止→“PMCDGN”→“STATUS”，根据输出地址分配，输入 Y0（示例)，按“搜索”键，显示屏下方有“FORCE”，移动显示光标到相应的输出 Y 地址，按“ON”键，观察相应输出指示灯是否点亮，按“OFF”键，相应的指示灯熄灭。

参考文献

[1] 广州数控设备有限公司. GSK980TDc 车床 CNC 数控系统使用手册 [Z]. 2015.
[2] 广州数控设备有限公司. GS2000T 系列交流伺服驱动单元使用手册 [Z]. 2015.
[3] 广州数控设备有限公司. DA98C 驱动使用手册 [Z]. 2015.
[4] 广州数控设备有限公司. GSK SJT 系列交流伺服电动机 [Z]. 2015.
[5] 三菱电机自动化（中国）有限公司. 三菱通用变频器 FR－D700 使用手册 [Z]. 2015.
[6] 汪木兰. 数控原理与系统 [M]. 北京：机械工业出版社，2004.
[7] 王永华. 现代电气控制及 PLC 应用技术 [M]. 4 版. 北京：北京航空航天大学出版社，2016.
[8] 张宪，张大鹏. 电气制图与识图 [M]. 2 版. 北京：化学工业出版社，2013.
[9] 余朝刚，史志才. Elecworks2013 电气制图 [M]. 北京：清华大学出版社，2014.
[10] 邵群涛. 数控系统综合实践 [M]. 北京：机械工业出版社，2004.
[11] 王先逵. 机床数字控制技术手册 [M]. 北京：国防工业出版社，2013.
[12] 北京发那科机电有限公司. FANUC 0i C/D 硬件连接说明书 [Z]. 2013.
[13] 北京发那科机电有限公司. FANUC 0i C/D 维修说明书 [Z]. 2013.
[14] 北京发那科机电有限公司. FANUC 0i C/D 功能连接说明书 [Z]. 2013.
[15] 北京发那科机电有限公司. FANUC PA1/SA1/SA3 梯形图编程说明书 [Z]. 2013.
[16] 北京发那科机电有限公司. FANUC 0i D /0i－Mate D 梯形图编程手册 [Z]. 2013.
[17] 李宏胜，朱强，曹锦江，等. FANUC 数控系统维护与维修 [M]. 北京：高等教育出版社，2011.